大飞机出版工程

总主编 顾诵芬

民用飞机工业设计的
理论与实践

The Theories and Applications of
Civil Aircraft Industrial Design

任 和 徐庆宏 等 编著

上海交通大学 出版社
SHANGHAI JIAO TONG UNIVERSITY PRESS

大飞机读者俱乐部

内容提要

　　本书系统地介绍了民用飞机工业设计的基本理论、方法和特点,全面总结了目前国内外民用飞机工业设计的实践,综合阐述了目前国内外民机工业设计趋势和工业设计的流程与方法。本书系统地介绍了客舱舒适性、客舱内饰设计、客舱厨厕与板柜系统设计、客舱智能化设备与创新设计、公务机内饰设计、客舱智能化设备、民机涂装设计及样例分析、民机工业设计标准规范和常用工具等。

　　本书内容详实,图文并茂,既可作为民用航空工程技术人员的工具书和手册,也可作为高等院校飞行器设计、工业设计等专业的参考书,是一本不可多得的民用飞机内饰设计和工业设计的指南。

图书在版编目(CIP)数据

民用飞机工业设计的理论与实践/任和等编著.—
上海: 上海交通大学出版社,2017
(大飞机出版工程)
ISBN 978 - 7 - 313 - 18547 - 1

Ⅰ.①民… Ⅱ.①任… Ⅲ.①民用飞机－工业设计
Ⅳ.①V271

中国版本图书馆 CIP 数据核字(2017)第 306097 号

民用飞机工业设计的理论与实践

编　　著:任　和　徐庆宏 等
出版发行:上海交通大学出版社　　　　　　　地　　址:上海市番禺路 951 号
邮政编码:200030　　　　　　　　　　　　　电　　话:021 - 64071208
出 版 人:谈　毅
印　　制:苏州市越洋印刷有限公司　　　　　经　　销:全国新华书店
开　　本:710 mm×1000 mm　1/16　　　　　印　　张:21.25
字　　数:418 千字
版　　次:2017 年 12 月第 1 版　　　　　　　印　　次:2017 年 12 月第 1 次印刷
书　　号:ISBN 978 - 7 - 313 - 18547 - 1/ V
定　　价:198.00 元

大飞机出版工程

丛书编委会

总主编

顾诵芬（中国航空工业集团公司科技委原副主任、中国科学院和中国工程院院士）

副总主编

贺东风（中国商用飞机有限责任公司董事长）

林忠钦（上海交通大学校长、中国工程院院士）

编委会（按姓氏笔画排序）

王礼恒（中国航天科技集团公司科技委主任、中国工程院院士）

王宗光（上海交通大学原党委书记、教授）

李　明（中国航空工业集团沈阳飞机设计研究所科技委委员、中国工程院院士）

刘　洪（上海交通大学航空航天学院副院长、教授）

任　和（中国商飞上海飞机客户服务公司副总工程师、教授）

吴光辉（中国商用飞机有限责任公司副总经理、总设计师、中国工程院院士）

汪　海（上海市航空材料与结构检测中心主任、研究员）

张新国（中国航空工业集团副总经理、研究员）

张卫红（西北工业大学副校长、教授）

陈宗基（北京航空航天大学自动化科学与电气工程学院教授）

陈迎春（中国商用飞机有限责任公司C919飞机常务副总设计师、研究员）

陈　勇（中国商用飞机有限责任公司ARJ21飞机总设计师、研究员）

陈懋章（北京航空航天大学能源与动力工程学院教授、中国工程院院士）

金德琨（中国航空工业集团公司科技委委员、研究员）

赵越让（中国商用飞机有限责任公司副总经理、研究员）

姜丽萍（中国商用飞机有限责任公司总工程师、研究员）

敬忠良（上海交通大学航空航天学院常务副院长、教授）

曹春晓（中国航空工业集团北京航空材料研究院研究员、中国工程院院士）

傅　山（上海交通大学电子信息与电气工程学院研究员）

总　序

国务院在 2007 年 2 月底批准了大型飞机研制重大科技专项正式立项,得到全国上下各方面的关注。"大型飞机"工程项目作为创新型国家的标志工程重新燃起我们国家和人民共同承载着"航空报国梦"的巨大热情。对于所有从事航空事业的工作者,这是历史赋予的使命和挑战。

1903 年 12 月 17 日,美国莱特兄弟制作的世界第一架有动力、可操纵、比重大于空气的载人飞行器试飞成功,标志着人类飞行的梦想变成了现实。飞机作为 20 世纪最重大的科技成果之一,是人类科技创新能力与工业化生产形式相结合的产物,也是现代科学技术的集大成者。军事和民生对飞机的需求促进了飞机迅速而不间断的发展和应用,体现了当代科学技术的最新成果;而航空领域的持续探索和不断创新,为诸多学科的发展和相关技术的突破提供了强劲动力。航空工业已经成为知识密集、技术密集、高附加值、低消耗的产业。

从大型飞机工程项目开始论证到确定为《国家中长期科学和技术发展规划纲要》的十六个重大专项之一,直至立项通过,不仅使全国上下重视起我国自主航空事业,而且使我们的人民、政府理解了我国航空事业半个世纪发展的艰辛和成绩。大型飞机重大专项正式立项和启动使我们的民用航空进入新纪元。经过 50 多年的风雨历程,当今中国的航空工业已经步入了科学、理性的发展轨道。大型客机项目其产业链长、辐射面宽、对国家综合实力带动性强,在国民经济发展和科学技术进步中发挥着重要作用,我国的航空工业迎来了新的发展机遇。

大型飞机的研制承载着中国几代航空人的梦想,在 2016 年造出与波音 B737 和空客A320改进型一样先进的"国产大飞机"已经成为每个航空人心中奋斗的目标。然而,大型飞机覆盖了机械、电子、材料、冶金、仪器仪表、化工等几乎所有工业门类,集成了数学、空气动力学、材料学、人机工程学、自动控制学等多种学科,是一个复杂的科技创新系统。为了迎接新形势下理论、技术和工程等方面的严峻挑战,迫切需要引入、借鉴国外的优秀出版物和数据资料,总结、巩固我们的经验和成果,编著一套以"大飞机"为主题的丛书,借以推动服务"大型飞机"作为推动服务整个航空科学的切入点,同时对于促进我国航空事业的发展和加快航空紧缺人才的培养,具有十分重要的现实意义和深远的历史意义。

2008年5月,中国商用飞机有限公司成立之初,上海交通大学出版社就开始酝酿"大飞机出版工程",这是一项非常适合"大飞机"研制工作时宜的事业。新中国第一位飞机设计宗师——徐舜寿同志在领导我们研制中国第一架喷气式歼击教练机——歼教1时,亲自撰写了《飞机性能及算法》,及时编译了第一部《英汉航空工程名词字典》,翻译出版了《飞机构造学》《飞机强度学》,从理论上保证了我们飞机研制工作。我本人作为航空事业发展50年的见证人,欣然接受了上海交通大学出版社的邀请担任该丛书的主编,希望为我国的"大型飞机"研制发展出一份力。出版社同时也邀请了工礼恒院士、金德琨研究员、吴光辉总设计师、陈迎春副总设计师等航空领域专家撰写专著、精选书目,承担翻译、审校等工作,以确保这套"大飞机"丛书具有高品质和重大的社会价值,为我国的大飞机研制以及学科发展提供参考和智力支持。

编著这套丛书,一是总结整理50多年来航空科学技术的重要成果及宝贵经验;二是优化航空专业技术教材体系,为飞机设计技术人员培养提供一套系统、全面的教科书,满足人才培养对教材的迫切需求;三是为大飞机研制提供有力的技术保障;四是将许多专家、教授、学者广博的学识见解和丰富的实践经验总结继承下来,旨在从系统性、完整性和实用性角度出发,把丰富的实践经验进一步理论化、科学化,形成具有我国特色的"大飞机"理论与实践相结合的知识体系。

"大飞机"丛书主要涵盖了总体气动、航空发动机、结构强度、航电、制造等专业方向,知识领域覆盖我国国产大飞机的关键技术。图书类别分为译著、专著、教材、工具书等几个模块;其内容既包括领域内专家们最先进的理论方法和技术成果,也包括来自飞机设计第一线的理论和实践成果。如：2009 年出版的荷兰原福克飞机公司总师撰写的 *Aerodynamic Design of Transport Aircraft*（《运输类飞机的空气动力设计》），由美国堪萨斯大学 2008 年出版的 *Aircraft Propulsion*（《飞机推进》）等国外最新科技的结晶；国内《民用飞机总体设计》等总体阐述之作和《涡量动力学》《民用飞机气动设计》等专业细分的著作；也有《民机设计 1 000 问》《英汉航空双向词典》等工具类图书。

　　该套图书得到国家出版基金资助，体现了国家对"大型飞机项目"以及"大飞机出版工程"这套丛书的高度重视。这套丛书承担着记载与弘扬科技成就、积累和传播科技知识的使命，凝结了国内外航空领域专业人士的智慧和成果，具有较强的系统性、完整性、实用性和技术前瞻性，既可作为实际工作指导用书，亦可作为相关专业人员的学习参考用书。期望这套丛书能够有益于航空领域里人才的培养，有益于航空工业的发展，有益于大飞机的成功研制。同时，希望能为大飞机工程吸引更多的读者来关心航空、支持航空和热爱航空，并投身于中国航空事业做出一点贡献。

2009 年 12 月 15 日

本书编委会

主　编

任　和　徐庆宏

主　审

朱　焘　徐嘉善

编写人员

刘　剑	付秀民	吕　晔	罗啸宇
余　欢	桂亚昕	蔡婷婷	肖　琳
李剑利	钟昕烨	贾　琳	焦　佳
赵双苑	张　琳	易争卓	彭　露
宋昱旻	汪安瑞	王元昊	曾永陈

主 编 简 介

任和：毕业于西北工业大学,博士,澳大利亚航空航海实验室(DSTO-AMRL)博士后、教授。曾任西安飞机设计研究所高级工程师、研究室副主任;教育部高级访问学者(RMIT);澳大利亚纽卡斯尔大学(Newcastle University)研究教授;皇家空军科学与工程顾问,皇家墨尔本理工大学(RMIT)航空学院高级讲师、教授等。现任中国商飞上海飞机客户服务有限公司副总工程师、科技委常务副主任、上海市民机健康监控工程技术中心常务副主任、工业设计所所长等职,同时,兼任皇家墨尔本理工大学(RMIT)荣誉教授,国际自动机工程师学会(SAE)委员,澳大利亚工程院成员(Fellow),西北工业大学、上海交通大学兼职教授和博士生导师;国际学术期刊《航空运行(英文)》副主编,中国工业设计协会民机分会秘书长等职。2012年当选上海市浦江人才,2016年当选上海市闵行区领军人才。

参与过JH7、B707加油机、F18、PAX750、A380、JSF35、ARJ21、C919等型号飞机的研制工作;发表论文一百多篇、学术专著5部;获得省部级科技成果奖4项,专利17项;其领导设计的两个飞机内饰设计项目荣获国际"红点"设计大奖(2017概念设计类)。

徐庆宏：毕业于南京航空航天大学,博士,研究员。曾供职于上海飞机设计研究所、美国波音公司、上海航空工业集团等单位。现任中国商飞上海飞机客户服务有限公司执行董事、总经理、科学技术委员会主任(兼),上海市民机健康监控工程技术中心主任(兼),同时,担任中国工业设计协会副会长、中国工业设计协会民机分会会长。曾获中国民用航空局科技进步一等奖、中国商飞ARJ21首飞一等功、中国一航新支线二等功、上海市科学技术奖三等奖等奖项,发表多篇学术论文和专著;当选过上海市领军人才;参与过运七-200B、MD82、MD90、ARJ21、C919等飞机型号的研制工作。

序

我很高兴应邀为本书作序,并以此为荣,是源于我与航空工业、工业设计的深厚情缘。

自1968年从北大校门出来,我就去沈阳航空发动机公司和航空部工作了十三年,那时,虽然以军品设计制造为主,但也有运输机、直升机等军民两用品,还有客机"运-10"的试制。之后,我去国家计委、经委、经贸委、中央企业工委、国资委和机械、轻工等部门工作过,离岗三年后我又以监事会主席的身份参与过航空工业公司的管理事务。经组织推荐,我于1999年底起兼任中国工业设计协会会长十五年间,一直在为我国发展工业设计事业"鼓"与"呼"。

五十年来,我亲见我国航空(军民)工业由弱变强的巨大进步,也亲见了工业设计专业从小到大的快速成长。最令我欣慰的事情之一,是中国商用飞机有限责任公司(简称中国商飞)从2008年创建起就重视工业设计,并成立了工业设计所;值得称赞的是,其组建不到四年就获得了国际著名设计大奖——"红点奖",实属不易。

改革开放之初,工业设计在我国知者少,做者更少。然而,在科学发展观指导下,在创新驱动发展战略的推动下,从中央到地方相继出台了许多相关的激励、扶持政策,上下同心共力,截至目前愈来愈多的个人和企业开始喜爱、理解、重视和开展工业设计。工业设计有魅力、有力量,在各行各业捷报频传。我个人的专业是化学,喜欢的是文化艺术,做的是经济工作;有人据此说这"三涉猎"是我重视工业设计的缘由,其实,这只是我容易理解工业设计的缘由罢了。多年参与宏观管理和企业管理实践,让我深切地感到我国必须推广和运用工业设计来推动国民经济的发展。如今已是"春光无限好,设计正热时。"

时代在快速进步,作为以集成创新为特点的行业,不但要适应市场,而且应该引领市场的工业设计,其理论、理念、方法、工具及运作模式也在与时俱进,不变的是宏大的总目标。习近平总书记说："人民对美好生活的向往，就是我们的奋斗目标。"从 2009 年时任国务院总理温家宝对我的报告批示"要高度重视工业设计"，到 2016 年现任国务院副总理马凯在首届世界工业设计大会（杭州）上讲"产业因工业设计而更具活力，世界因工业设计而更加美好"，以及原国务委员兼秘书长王忠禹给我文集题的书名"设计创造美好生活"，都为工业设计指明了方向和总目标。当然，路在脚下，我们现阶段工业设计的主要任务就是实现国家《中国制造 2025》规划。研制大飞机项目就是国家战略之一。今年 5 月，C919 首飞成功；中国商飞工业设计所被工信部等部门评定为"国家工业设计中心"，其两个项目获得国际设计大奖，都令人欢欣鼓舞。

中小企业获得工业设计成果不易，大企业则更难。中国商飞工业设计所边学习、边实践、边总结，编写了《民用飞机工业设计的理论与实践》这本书。设计师们借鉴了世界许多民用飞机的设计成果，总结了自己的设计经验，归纳了相关流程和规范，并努力使经验得以升华，促进理论与实践结合，这些本身就是一个有益的尝试。相信这本书对我国未来民用飞机的设计会有一定的指导意义，对各行业设计师也会有较高的参考价值。

发展工业设计和发展大飞机一样都是国家战略。中国商飞工业设计取得突破性进展，是践行国家创新、协调、绿色、开放、共享发展理念的一个可喜结果。这对设计界是个鼓舞，对大企业要重视工业设计会起到启示和促进作用。

中国工业设计协会原会长
现协会战略咨询委员会主任

前　　言

　　工业设计的概念始于20世纪四五十年代。在人类进入大规模工业化时代以后，人们开始思考工业品的艺术性、可靠性、安全性、维修性和经济性等诸多因素。当时的工业设计主要考虑轻工业品的造型和色彩如何满足或迎合客户的需要，由此产生了许多创新创意产品，也形成了一些产品设计工具和方法，固化了一些规范和标准。然而，随着时光的流逝，尤其是到了21世纪，工业设计的内涵有了很大的外延：它从关注产品的外观形态和涂装色彩，到关注产品功能的创新创意设计、客户体验的舒适性设计、用户使用的人机工程学设计、生产维护的便易性设计。工业设计已经从原始狭窄的造型艺术设计拓展为产品的全面创新创意设计，成为科技创新与艺术创新的结合体。创新创意设计成为工业设计的灵魂，它把手绘、电脑数字设计平台、互联网、云平台、大数据、3D打印、新材料等现代技术融合一体，成为现代"智造"的重要组成部分。

　　目前我国政府在推动"设计引领，创新驱动"的发展理念。自工信部发布了《关于促进工业设计发展的若干指导意见》(2010年390号文)后，各行各业都在推动"工业设计"工作，因为设计可以利用现存的成熟技术开展产品和服务创新、市场和品牌创新，催生出巨大的经济效益。设计和科技密不可分，互为支撑；设计引领产业发展，科技创新则为设计创新提供基础支撑和方法工具。设计的创新能力必须依靠科学技术的进步来实现，科技创新和设计创新都是推动经济发展和社会进步的原始动力。

　　早在1978年10月，我国著名科学家钱学森就说过，工业设计综合了工业品技术功能的设计和外形美术的设计，所以使自然科学技术跟社会科学、哲学中的美学相融合。"诺贝尔奖"获得者杨振宁教授也说过："21世纪是工业设计的世纪，一个不重视工业设计的国家将成为明日的落伍者。"国务院前总理温家宝曾经在中国工业设计协会原会长朱焘的报告中批示："要高度重视工业设计。"

2016年12月2日,现任国务院副总理马凯在杭州良渚召开的首届世界工业设计大会上强调:"产业因工业设计而更具活力,世界因工业设计而更加美好。""工业设计是科学与艺术结合产生的新的生产力,是创新驱动战略的重要内容,是未来产业的核心竞争力,是中国制造向中国创造转变、中国速度向中国质量转变、中国产品向中国品牌转变的重要抓手,要摆在《中国制造2025》的突出重要位置上加以推动。"

由此可以看出中国政府已经高度重视工业设计产业发展,把工业设计作为促进制造业转型升级、推动产业深度融合发展、推进高端综合设计服务、实现制造强国的有力支撑。

民用飞机是现代工业皇冠上的明珠,是一个国家科学技术、工业化水平和经济实力的综合体现。商用飞机的客舱内饰和外部涂装设计一直都是民用航空工业市场竞争力和商业成功的重要组成部分。据不完全统计,工业设计的投入产出比可高达1∶200,甚至某些行业领域可达1∶3 000。然而中国的航空工业以前主要以军机为主,以军用技术指标为要求,鲜有工业设计的硬性指标。因此,中国航空工业的工业设计工作相对落后,还没有形成系统的规范和设计要求。

中国商飞于2008年成立,肩负着统筹国家商用干支线飞机的主体责任。大飞机项目是国家意志的集中表现,把大飞机项目建设成改革开放的标志性工程,建成创新型国家的标志性工程是公司发展的目标。中国商飞客服中心工业设计所成立四年来,已经初步形成了飞机内饰和外部涂装的工业设计能力,开展了一批科技创新课题的研究,形成了一批设计标准规范和专利。2017年中国商飞工业设计所设计的某宽体机头等舱方案和某国产公务机方案,荣获被誉为"设计界奥斯卡"的国际"红点奖"。这说明我们的飞机客舱工业设计水平已得到世界同行的认可,达到了世界先进水平。

因此,工业设计所的设计师们把他们的设计成果和设计经验编撰成册,供相关行业的人员参考,非常有意义。该书的出版对促进航空技术创新,完善设计创新体系,提升工业设计创新能力;扩大新技术、新工艺、新装备、新材料的设计应用,增进学术交流,推动行业标准体系发展,保护设计产品的知识产权大有裨益。

在此感谢中国商飞金壮龙原董事长、贺东风董事长、客服公司党委书记徐峻等领导,是他们对民机工业设计事业和工业设计团队持续的关怀和支持才使得本书得以面世。同时感谢澳大利亚皇家墨尔本理工大学和上海交通大学来客服公司实习的学生们,本书收录了他们的部分设计成果。

　　本书可供从事工业设计和航空工业的设计师和工程师使用,也可作为相关专业高等院校的参考书。

　　由于时间仓促,疏漏错误之处,敬请读者批评指正。

2017 年 8 月

目　　录

第1章 绪 论

本章主要介绍民机工业设计的发展与现状;探讨工业设计与品牌、产品价值之间的关系;讲述工业设计与工程设计的区别以及工业设计在民机产业链中的作用和地位。

1.1 民机工业设计的发展与现状

工业设计在我国曾称为工业美术设计、产品造型设计等。大家对工业设计,内涵和外延的认识各不相同,有过很长时间的争论。2010 年,中华人民共和国工业和信息化部(简称工信部)发布了《关于促进工业设计发展的若干指导意见》(2010 年 390 号文),给工业设计做出了明确的定义:工业设计是以工业品为对象,综合运用科技成果和工学、美学、心理学、经济学等知识,对产品的功能、结构、形态及包装等进行整合优化的创新活动。2015 年,国际工业设计协会给出了新的定义:(工业)设计旨在引导创新、促发商业成功及提供更好质量的生活,是一种将策略性解决问题的过程应用于产品、系统、服务及体验的设计活动。它是一种跨学科的专业,将创新、技术、商业、研究及消费者紧密联系在一起,共同进行创造性活动、并将需解决的问题、提出的解决方案进行可视化;重新解构问题,并将其作为建立更好的产品、系统、服务、体验或商业网络的机会,提供新的价值以及竞争优势。(工业)设计旨在通过其输出物对社会、经济、环境及伦理方面问题的回应,创造一个更好的世界。

工业设计是工业现代化和市场竞争的必然产物,其设计对象是以工业化方法批量生产的产品。工业设计不仅涉及一系列传统学科,如材料学、工艺学、力学、电学、色彩学等,还涉及许多新兴学科,如人机工程学、价值工程、行为工程、仿生学、设计美学等。计算机辅助设计(Computer Aided Design, CAD)已成为现代工业设计的最重要的手段。

民机工业设计,就是围绕着民用飞机及其系统所进行的创新设计活动,是对其在工业生产过程中飞机的内部形态(包线)、色彩、材料、工艺、结构、机构、表面装饰等,从效用、经济、美观的角度给予综合处理,使之既能满足乘客对其功能的要求,又能满足人们审美的精神需要。

与军用飞机不同,民用飞机需要接受航空公司和乘客的最终检验。对于民机制造企业来说,唯有市场的成功,才是真正的成功。而工业设计正是连接工程设计与客户需求的重要桥梁,能够在满足功能要求之外,满足乘客对乘坐舒适性、艺术性的要求。

随着全球航空业竞争的不断加剧,工业设计在航空工业中的地位和作用日益突出。良好的工业设计能够提高飞机型号的品牌价值,提升乘客乘坐满意度,提高飞机运营商的经济效益,对于民机的市场成功和商业成功有着重要的意义。

1.1.1　国外民机工业设计发展概况

自 20 世纪 50 年代以来,国际民机巨头波音公司一直与美国著名的工业设计公司——提格(Teague)公司合作开展客舱内饰设计[1]。1955 年,波音公司与美国工业设计师 Walter Teague 合作,共同完成了 B707 的工业设计。B707 不仅外形简练,而且开创了现代客机经典的内饰设计。此后,提格设计公司在西雅图开设了办公室,参与了包括 B747、B787 在内的波音公司几乎所有机型的设计工作。

数十年来,波音公司的工业设计取得了丰硕的成果。1992 年,B777 凭借兼具美学与舒适性的驾驶舱获得美国工业设计师协会的"工业设计优秀奖"。2011 年,在美国工业设计师协会"工业设计优秀奖"评选中,B787 凭借视觉效果极佳的客舱设计获得了"交通工具"及"设计策略"两个类目的金奖,并且获得了 2011 年的国际"红点产品设计奖"。

空客公司拥有自己独立的工业设计部门,建立数百人的专业团队,为自己的产品提供专业的工业设计和配套服务。2008 年,空客公司开发的两款创新型机舱系统在同年飞机内饰展览会上获得"水晶机舱奖",A350 也获得了国际"红点设计大奖"。

巴西航空工业公司也非常重视飞机工业设计。2012 年,由巴西航空工业公司和以阿尔玛设计公司(Alma Design)联合开展的 LIFE——轻型、整合、友好及生态型——客舱项目,获得了"愿景概念"类别的"水晶客舱奖"[2]。Amorim 软木复合材料公司(Amorim Cork Composites)、波尔图大学工程学院的工业工程研究所(INEGI)、Couro Azul 和 SET 等机构参与了此次概念客舱项目,共同为生态型飞机内饰整合兼具可持续性、轻型和功能性的解决方案。

巴西航空工业公司 E‐Jets E2 客舱内饰设计理念获 2015 年度"工业设计与视觉概念"组"水晶客舱奖"[3],其设计融合了诸多创新元素,更注重"个人空间",使其从同类竞争对手中脱颖而出。通过该设计理念,能够扩大乘客的个人空间及其随身行李空间。该设计理念源于模块化理念,为航空公司重新配置客舱提供了更大的灵活性。

1.1.2　国内民机工业设计发展概况

目前,我国工业设计处于产业化发展初期阶段,环渤海、长三角、珠三角工业设计产业带初步形成。2010 年,工信部等 11 个部委联合发布《促进工业设计发展的若干指导意见》后,各级政府和企业的重视程度有了明显提高,工业设计产业取得了较快发展。

在各方努力下,我国不少企业已建立了自己的设计部门。据统计,我国具有一定规模的工业设计服务专业公司已超过 2 000 家,主要集中在 IT、通信设备、航空航天等领域,900 多所高等院校设立了工业设计和相关设计专业,30 多个省市制定了相关政策。

具体到中国民机研制领域,中国商飞成立后,在其设计研发中心总体气动研究部设置了总体布局室、总体布置室;在结构设计研究部设置了舱内装饰室,进行客舱相关的工程设计和工业设计。2013 年 7 月,中国商飞在其客服公司成立了工业设计所,下设工业设计室、产品设计室、选型支持室、3D 打印研究室,进一步提升了工业设计能力。2017 年中国商飞客服公司工业设计所设计的宽体头等舱方案和某国产公务机方案获得世界顶级设计大奖——"红点奖"(概念设计类),这说明我们的民机工业设计水平得到了国际同行的认可。

总的来说,和国外先进水平相比,中国民机工业设计基础薄弱,配套的技术、理念、体系也不成熟,工业设计目前在国内民机研制领域还未发挥其应有的作用。

1.2 工业设计与品牌

1.2.1 品牌的价值

品牌是一种名称、术语、标记、符号或图案,或是它们的相互组合,用以识别企业提供给某个或某群消费者的产品或服务,并使之与竞争对手的产品或服务相区别。品牌是一种识别标志、一种精神象征、一种价值理念,是品质优异的核心体现。

全球经济一体化的背景下,企业对于科技、成本、质量和价格方面的问题,可以通过引进技术人才、优化原材料和生产工艺、加强管理监管体系等方式逐步解决,但品牌的塑造却是十分艰难和漫长的过程,品牌的竞争也是最激烈的。

品牌是企业确保竞争优势的有力武器,主要表现在以下四点[4]。

(1) 品牌的专属性地位受到法律保护。企业的品牌权益受到法律的严格保护,假冒仿冒品牌的侵权行为,会受到法律的追究。

(2) 品牌的扩展作用帮助企业获得更多利益。品牌有纵向和横向两种扩展方式。纵向扩展是指企业在同一个品牌下销售所有产品,如必胜客、海尔、苹果、飞利浦等企业就是在一个品牌商标下销售产品线上的所有品类产品。这种纵向扩展便于更集中地整合利用企业的各类资源、提升品牌的知名度、加强品牌的认同感、建立稳定的用户群。横向扩展是指企业根据不同的产品品类或者针对不同的目标市场而采用不同的商标,这种做法会消耗企业更多的资源,但是它的优势是分解了单一品牌的市场风险,强化了子品牌的独特性。

(3) 品牌的抗风险能力十分突出。这种能力是指品牌能抵御因开拓新市场和开发新产品而带来的种种风险。企业在开拓新市场时会投入大量营销费用,在开发新产品时会投入大量研发资金,这都有可能造成潜在的风险。如果企业拥有强势品牌,那便意味着其拥有较高的市场占有率和较稳定的消费群体,因此大大减小了企业可能遭遇的风险,甚至能够完全抵御这类风险。

(4) 品牌可以作为资产使用。品牌是企业具有独特价值属性的无形资产。从法律意义上来看,品牌可以用来投资、抵押贷款、有偿转让、担保债务等,这就表示它和有形资产一样具有流动性。此外,企业拥有了强势品牌还可以最大限度地吸引优秀人才,使企业始终能保持丰沛的人力资源。

品牌给消费者提供了相关利益,而品牌又以消费者为载体获取价值回报。从消费者的层面来看,品牌价值主要体现在三个方面。

(1) 品牌有助于消费者进行自我表现。基于消费心理学理论分析,消费行为的高层次心理需求是通过选择的商品寻求价值认同感,并将该商品品牌承载的个性理念和文化内涵移植于消费者自身。在物质生活水平大为提高的今天,消费者追求的不仅是产品功能本身,而且更看重品牌带来的心理享受和精神满足。

(2) 品牌减少了消费者不必要的消费过程支出。信息社会的便利使消费者可以在购买抉择之前通过互联网等各种信息渠道搜集大量商品信息,但是这依旧会消耗不少精力和时间,并且无法保证消费抉择的正确性与合理性。因此,许多消费者更倾向于直接购买自己较为熟悉和信赖的品牌,这种品牌忠诚度直接地减少了消费过程的支出。

(3) 减少消费负担和购买风险。消费者购买的是包括产品本身和相关服务在内的所有配套系统,优质品牌通常将优等质量和优质服务相捆绑共同支付给消费者,因此才能让企业实现对消费者的全部承诺。

1.2.2　工业设计在品牌建设中的内容与意义

设计的本质是发现问题、解决问题,在品牌建设过程中起促进及调和作用。设计的最终产品要能满足消费者的需求,这是建立在对消费者的价值预期做出准确判断的基础上实现的,通过运用设计手段来整合资源,提供给消费者符合他们价值预期的产品和服务。当用户对首次使用此品牌产品的体验感到满意时,就会与该品牌产生契合感,从而会在以后的消费行为中更倾向于选择此品牌的产品,这就表示用户跟该品牌建立了良好的信任关系和较高的忠诚度。在整个品牌建设过程中,工业设计主导着消费者与品牌进行良性的互动。

1) 定位价值的设计

必须对目标客户群的价值需求进行设计定位。在对品牌的价值取向和产品理念的塑造过程中,必须找到能加强自身品牌识别性的差异化方法。差异化所蕴含的文化属性始终受到所处时代的社会心理和消费心理的影响,因此,对目标客户群的心理分析研究是定位目标客户群价值的核心基础。

2）供应价值的设计

企业最终向消费者供应的价值终端就是产品,产品包含的关键要素有形态、功能、质量和服务等。企业向消费者供应产品的过程要先用工业设计的手段来寻找和挖掘一些针对目标客户群的兴奋点,再根据兴奋点来设计营造消费者所需要的具体利益。判断产品是不是能够有效地满足用户需求,必须看企业供应的价值观和消费者的价值观是否一致。强势品牌的优势是能够持续地向消费者供应利益和价值。工业设计的核心内容是产品设计,产品设计是产品所要提供的关键利益的总称,这些利益所对应的心理定位恰恰形成了与同类竞争性产品的差异性。产品设计毫无疑问可以通过外观特征去表达对产品的承诺,其中包括外观特征在内的所有这些关键利益才是构成品牌价值存在的基础。

3）传播价值的设计

在品牌与消费者接触时即发生传播,品牌承载的各种信息都会传达给消费者。品牌与消费者的接触是随时随地出现的,各种接触时的情境都可称为触点。这些触点的形式多种多样,但是有一个共同的特征就是它们都能有效地传播价值。

4）支付价值的设计

产品必定通过给消费者带来一定的价值而使其满意。通过设计来完成产品系统组成的三个层面,包含内核产品、附属产品和延伸产品。其中,内核产品就是产品能提供给消费者的本质功能。

1.3　工业设计与产品价值

价值的概念在不同的领域如哲学、社会学、政治经济学中都有着不同的含义。而价值分析中的价值是评价产品或事物有益程度的标准,是以产品或事物的效用和为了达到这种效用所投入的资源的比值来表示的,即价值等于效用与投入资源之比。

产品设计可以决定产品的价值。一件产品的价值往往在它的设计生产阶段就已经确定了。产品的设计可以更好地满足使用者对产品功能的需求。工业设计创造了产品的高附加值,它为企业带来的回报是丰厚的。美国工业设计协会 1990 年调查统计,美国企业工业设计平均每投入 1 美元,其销售收入为 2 500 美元;在年销售额达到 10 亿美元以上的大企业中,工业设计每投入 1 美元,销售收入甚至高达 4 000 美元。日本日立公司的统计表明,对于每增加 1 000 亿日元的销售额,工业设计的作用占 51%。2004 年 9 月,英国议会的一项研究结果表明,英国效益增长最快的公司在制造中明显地利用了设计活动,71% 的公司认为,设计、革新以及创新是和公司运营融为一体的;相比之下,效益没有增长的公司中,有 67% 没有设计活动。

1.4　工业设计与工程设计

产品工业设计和工程设计作为产品开发过程中两个重要过程,有以下三点本质区别。

(1) 工程设计的重点在"内",而产品工业设计的重点在"外"。

所谓"内"与"外"是在设计一件产品时从整体出发对解决内部技术和外形设计这两种性质不同各有相对独立性而又关系密切的许多问题而划分的范围,主要是针对那些技术含量高的产品而言,有些产品并无内外之分,所以"内"与"外"的划分也不能一概而论,但有内有外的产品设计无疑是主流设计。

"内"一般指产品内部产生产品功能的部件,包括这些部件的品质、性能、作用、相互间的关系以及与此有关的诸多技术问题,应该说这一部分是产品的心脏,属于工程设计的内容。

"外"一般指产品的外观形态,是与人直接接触或看得见的部分,包括两个方面的要求:① 功能上的要求,包括与外形有关的结构、构造、材料、表面肌理、质地、颜色及表面装饰等,应该满足人的识别、操作、使用、维护等;② 形式上的要求(也有人把它归于另一种功能),即满足消费者的审美、形式上的象征意义等。

产品设计是一个系统工程,虽然工程技术设计的主要工作在"内",但是并不代表就可以完全与"外"割裂开来。同样,产品造型设计在设计"外"之前也必须对"内"有一个大体的了解,这样才能做到"内""外"协调。

(2) 产品工业设计相对工程设计来说是一个感性大于理性的过程,而工程设计几乎是一个纯理性的设计过程。

产品工业设计研究产品与人以及环境的关系,它的最终目的是人。过去的产品设计更多的是关注人类物质和功能的需求;现在的产品设计更多的是物质与精神并重;那么未来的产品设计应该更多的是倾注设计师的感情,关注人类的情感交流。但是,产品造型设计最终还是要通过实实在在的产品来满足人类的需求,所以理性也是产品造型设计所不可或缺的。

(3) 工程设计师与设计师知识结构及思维方式不同。

设计师必须具备较强的想象力,对产品市场和客户需求有敏锐的把握,完成产品的功能定义和构架设计;而工程设计师必须具备较强的科学技术知识,在总体产品定义和构架设计的指引下完成产品的工程实现,并保证产品的质量品质。

1.5　工业设计在民机研发中位置和作用

1.5.1　工业设计参与民用飞机研制的内容

随着工业设计这门学科的蓬勃发展以及全球航空业竞争的加剧,工业设计在航空工业中的战略地位和作用更加突出,主要表现在以下四个方面。

1) 飞机的外形设计需要工业设计的参与

在飞机的制造中,科学技术是最重要的,它是飞机安全经济运行的保障。现如今,随着经济的发展,人们对飞机的舒适性有了进一步的要求,因此,西北工业大学工业设计专业的陆长德教授提出了"飞机美学"的概念。

据调查,当前世界 500 强的公司中有 400 多家都购买了私人飞机,而全球目前大约有 70 多万架私人飞机。在 2016 年印发的《国务院办公厅关于促进通用航空业发展的指导意见》中,曾指出截至 2015 年底,我国通用航空企业 281 家,在册通用航空器 1 874 架,计划到 2020 年,通用航空器达到 5 000 架以上。当然,不管是民航飞机还是私人飞机,都需要工业设计的参与,就像普通消费品一样,通过设计,使飞机的外形让人赏心悦目,使乘客乘坐愉快。

2) 飞机驾驶舱需要工业设计的参与

驾驶舱是飞机的控制与操作中心,也是飞机的大脑,驾驶舱设计的好坏直接影响到飞机的安全性。据调查,第二次世界大战期间,许多军用飞机的坠毁并不是由于被敌方打落下来,而是由于飞行员的操作失误造成的,这与飞机驾驶舱的设计不当密切相关。

飞机驾驶舱里有许多仪表、仪器和各种操作按钮、控件,它的形状、大小和布置非常重要。这也是常说的人机界面设计,并需用人机工程学和设计心理学的原理来进行。而人机工程学和设计心理学则是工业设计最核心的课程之一,其目的就是要让所设计的产品安全、能用、好用、舒适和高效。因此,在飞机驾驶舱设计中,工业设计师可根据飞行员的静态尺寸、动态尺寸、活动范围、心理特性、视觉特性、感觉特性等来设计各种仪表、仪器、按钮和控件的形状、大小,并对它们进行合理的布置,使飞行员能更好地观察这些仪表、仪器,能更好地操作这些按钮、控件,最终保证飞机安全飞行和舒适驾驶[2]。这实际上与其他交通工具中的驾驶室设计比较相似,可以从中获得借鉴。

3) 飞机座位舱需要工业设计的参与

无论是大飞机、支线飞机还是小飞机,其座位舱都是直接与乘客接触的场所,它关系到乘客乘坐的舒适性。乘坐飞机出行时,受座位舱的空间限制,乘客不可能像坐火车那样,在飞机里来回走动,以减轻旅途的疲乏;也不可能如坐汽车那样,可以隔一段时间停下来休息。如何让乘客长时间坐在座位上而不感到疲劳和无聊是飞机座位舱设计的追求目标,这需要通过座位舱座椅的设计、相关设施的设计、空间布置和内部装饰来实现。座椅的设计包括座椅的造型和色彩、座椅的舒适性、座椅的附件(放置物品)设计、座椅的布置、座椅与座椅的连接、座椅的安装、座椅与座位舱的协调性等内容。在人性化设计理念的指导下,使座位舱变得美观、时尚、舒适,乘客置身其中感觉愉悦,且乘客在座位舱里走动顺畅,尽量减少乘客之间的干涉。当然,飞机座位舱的设计必然要考虑飞机飞行的特点,如高空颠簸、超重和失重等。

4) 飞机配套设施需要工业设计的参与

进出港的飞机都需要一系列的地面服务,这些服务往往都是由工作人员操作各种车辆(牵引车、电源车、加油车、行李车、升降平台、客梯车等)或设备来完成。

为了保证飞机在飞行区内正常运行,机场应配备维护、检测设备(清扫车、吹雪车、推雪车、割草机、道面摩擦系数测试车等)以及驱鸟设备等。这些设备本身也是产品,有造型、使用的舒适度和效率性、与使用者的关系等属性。我们要把这些设备设计得尽量美观、时尚、容易驾驶、使用方便,而这就是工业设计的工作范畴。

1.5.2　工业设计对飞机行业的影响[5]

1) 工业设计能够提高航空产品的技术性能

随着航空工业的发展,各种自动装置、电子装置及计算机装置得以广泛应用,这一方面将操作者从各种复杂、繁重的活动中解放出来;另一方面,这些复杂的机器设备和自动化系统对操作速度和准确度提出了更高的要求。过去由于只注重新式设备的功能研究而忽略了其中"人的因素",因操作失误而导致失败的教训屡见不鲜。

通过分析认识到,在人和设备的关系中,主要限制因素不是设备而是人,"人的因素"在设计中是不能忽视的一个重要条件。同时还认识到,要设计好一个高效能的设备,只有工程技术知识是不够的,还必须有生理学、心理学、人体测量学、生物力学等学科方面的知识,而这些对"人的因素"的研究,便是工业设计的研究范围。

2) 工业设计能够提高航空产品——飞机的美学质量

所谓飞机美学质量即指飞机的外观质量,包括形态、色彩、质感和装饰等综合的整体给予人们的审美形象。飞机产品本身是多种技术的综合体,因而仅仅局限于使其安全、快捷以及经济性能得到提高的设计已远远无法满足人们的需求,设计者还应该注重其舒适性、宜人性的要求。要使我国飞机制造业能在激烈的国际市场上具有竞争力,需要保持其高质量、低成本,还要赋予它"从内到外"的高品质,所以,飞机设计中的美学问题急待解决。目前,我国航空工业已经注意到这一点,许多工业设计研究机构已相继成立。

3) 工业设计能影响航空领域中相关学科的发展

目前我国航空工业设计才刚刚起步,尚有许多新课题、新技术需要加以开拓。

例如,在开发以 Y7-200A 客舱内装饰设计为对象的工业设计系统时,针对主要用于设计的概念阶段,通过基于实例的设计参考,提供相关的设计辅助工具,方便、迅速地生成产品的外观设计方案。本系统是基于现代工业(造型)设计基本原理,基于网络技术开发的内装饰工业设计系统而开发的。在真实效果图或 Web 下的 3D 漫游辅助工具的帮助下,进一步得到产品决策的设计信息。它创新地将各种人机原则和美学法则与客机内舱装饰有机结合,对内舱空间设计、座椅、行李舱等设施的布局,各种材质的表现效果、灯光效果等进行了归纳整理,并创造性地提供了相应的设计辅助工具,如实例库、材质库、灯光模板库,运用基于网络的交互、审查和评价以及方案信息集成管理技术。因此,在该系统的研制开发过程中主要实现了以下几个方面的理论创新:将各种人机原则和美学法则与客机内舱装饰有机结合,形成科学合理的飞机内装饰原则和方法,并以各种设计辅助工具加以实现;将设计方案扩展为几何信息和非几何信息,运用具有交互性的网络技术实现设计方案信息的集成管理。

当前,我国航空工业已经进入新的历史时期,成为我国经济建设的支柱和创新引领产业。要实现我国航空事业的新腾飞,我们必须顺应时代的需求,开辟出一条将技术与艺术完美结合的道路。运用工业设计的理论与方法,将诸如人工智能技术、网络技术等新的手段融入航空工业中。

参考文献

[1]　童悦.民机工业设计漫谈[J].大飞机,2014(7):43-45.

[2]　航趣飞机网巴航通讯员.巴西航空工业公司 LIFE 项目获"水晶客舱奖"[EB/OL].[2012-04-01].http://www.sirenji.com/article/201204/13035.html.

[3]　巴航工业 E-Jets E2 客舱内饰获"水晶客舱奖"[EB/OL].[2015-04-15].http://www.embraer.com.cn/press-events/news/index2_id=3361.html.

[4]　白石,胡飞,杨寅秋.品牌建设过程中的工业设计作用研究[J].长春理工大学学报:社会科学版,2013(12):111-114.

[5]　李洁,陆长德.浅谈工业设计在飞机产品中的应用[J].航空史研究,2001(2):13-14.

第 2 章　工业设计的流程与方法

本章主要介绍工业设计常用的工作流程与方法。

2.1　工业设计流程概述

科学的工业设计流程就是围绕需求、创造、评价三者展开循环而进行的。

图 2-1　工业设计流程的四个阶段

需求：是设计的目的，你要做什么设计、解决什么问题、设计最终预计达到什么效果。

创造：是满足需求或解决问题的方法和手段，往往需要利用创造性思维来进行。

评价：评判设计的效果是否满足需求，是否解决了问题。

工业设计的流程是产品开发流程中的一个子流程，它与产品开发流程是并行的，贯穿于新产品开发的每一个阶段。根据工业设计在新产品开发中所起的作用，可以将工业设计流程划分为四个阶段，即设计前期准备、概念设计与选择、详细设计与设计评价优化，如图 2-1 所示。

2.2　设计前期准备

2.2.1　设计计划

项目确立后实施具体设计工作前，应制订"设计项目进程和项目总体时间计划"，用以把握设计工作开展的进程，如图 2-2 所示。设计计划是由设计、工程技术、制造、营销、管理人员等在交流沟通各方信息、构思、企业战略、经营宗旨、经营方针的基础上，经过产品开发会议和规划会议等逐步明确设计目标并制订实施设

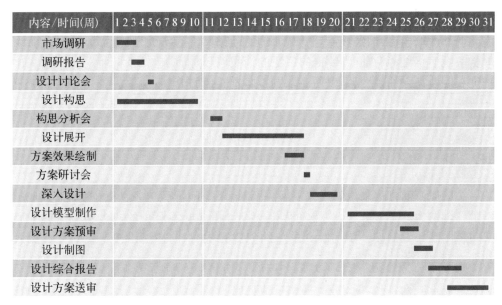

内容/时间(周)	1 2 3 4 5 6 7 8 9 10	11 12 13 14 15 16 17 18 19 20	21 22 23 24 25 26 27 28 29 30 31
市场调研			
调研报告			
设计讨论会			
设计构思			
构思分析会			
设计展开			
方案效果绘制			
方案研讨会			
深入设计			
设计模型制作			
设计方案预审			
设计制图			
设计综合报告			
设计方案送审			

图 2 - 2　设计项目进程和项目总体时间计划

计的计划。当然,也有设计项目团队成员或设计方与委托方进行多次沟通、协商,反复调整后形成的计划。

　　设计计划的目的和作用是提高产品形象的设计,把握社会趋势、需求预测的设计,基于技术开发、技术预测的设计,基于产品生命周期预测的设计,适应市场竞争的设计,基于需求变化和价值观多样化的设计,降低成本的设计等。

2.2.2　市场调查与分析

　　市场调查,就是指运用科学的方法收集、整理、分析产品和产品在从生产者到达用户的过程中所发生的有关市场营销情况的各种资料,从而掌握市场的现状及发展趋势,为企业进行项目决策或产品设计提供依据的信息管理活动。

　　市场调查的内容包括消费者对产品本身的意见,信息时代人们在各种文化的冲击下生活方式和思想观念的发展趋势、转变等,评估现有技术水平在商业竞争中的地位,对未来技术在产品设计中的应用走势做出判断以及针对各方面的宏观信息收集等。

　　市场调查分为三个时段:① 对已经上市的产品,通过市场调查,了解消费者对现有产品的意见,寻求产品设计突破口,对产品进行改进或再设计;② 在新产品小批量投产试销后,测试客户的购买情况,了解消费者在使用过程中对产品设计的意见,通过市场调查,改进产品设计,为投产提供可靠的依据;③ 探求市场现在和未来的需求状况,以便设计和开发新产品。

　　由于市场调查的目的不同,因此在调查问卷的设计和操作上,也应有所侧重。询问方式要具体化,在一道题中,不要包含两个以上的问题,以免对统计和分析造成困难;所设置的问题应使被访者容易理解,在解答时不会感觉困难;问题的内容和提法,应使被访者乐于回答,并能为调查者提供明确信息;询问的着眼点要明确,避免诱导性的用语,避免涉及个人隐私;在问卷设计上,应让被访者尽量用最简短的文字表达意见;调查问卷要面向广泛的消费者群体,应包括不同年龄、性别、文化程度和职业类别的消费者,以便获取有普遍代表性的资料。

2.3　概念设计

2.3.1　头脑风暴与设计构思

1) 头脑风暴

头脑风暴通常用来激发集体创意,针对某一个问题产生各种点子和构想,是激发大脑创造力的有效方法,也是初步生成设计概念必不可少的一个环节。头脑风暴组织图除了方便设计师团队列出新的创意和构想外,还能以视觉化的方式深入问题空间,如图2-3所示。

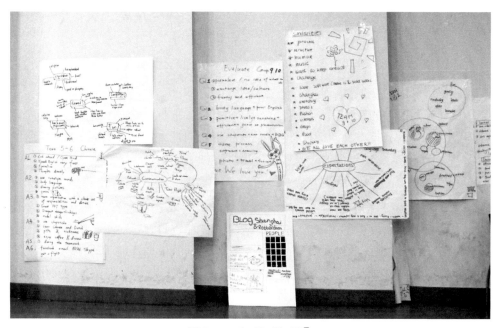

图2-3　头脑风暴①

在大部分头脑风暴中,设计团队可以利用网状图、树状图、流程图这三种视觉化架构图来进行精准沟通。

2) 概念生成

产品概念是对产品的技术、工作原理和形式的近似描述,是对产品将如何满足客户需求的简洁描述。概念生成的过程可以分五步完成:① 把一个复杂的问

_____

① 图片来自 http://www.j.news.163.com。

题分解成简单的子问题;② 通过外部
和内部的搜寻程序为这些子问题确定
解决概念;③ 用分类树和概念组合表
系统地探索解决概念的空间;④ 将子
问题的解决方案整合成一个总体解决
方案;⑤ 对结果和所采用的步骤的有
效性和适用性进行反思,如图 2 - 4
所示。

图 2 - 4　概念生成过程

　　3) 概念选择

　　概念选择是一个依据客户需求和其
他标准评价概念的过程,以便比较各概
念的相对优点和缺点,从而选出一个或
多个概念进行进一步的调查、测试和开
发。虽然概念选择是一个收敛的过程,
但它经常是反复进行的,而且可能不会
立即产生一个占绝对优势的概念。开始时是把一个大的概念集合"框选"成一个小
的集合,随后这些概念会被组合和改进,从而使可供考虑的概念集合暂时性地扩
大,经过几次反复,最后选择一个优势概念。图 2 - 5 为概念选择的漏斗模型。

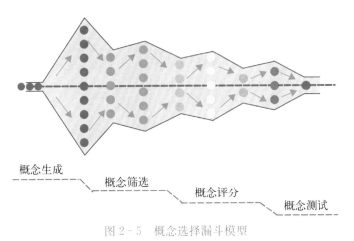

概念生成　　　概念筛选　　　概念评分　　　概念测试

图 2 - 5　概念选择漏斗模型

2.3.2　手绘表达

　　手绘表达是对提出的问题所做的多种解决方案的思考,是把模糊的产品形象
明确化和具体化的过程。初步设计构思成形以后,最有效的手段就是开始绘制设
计草图和制作草模型,如图 2 - 6 所示。通过反复思考,使较为模糊的产品形象逐步
清晰起来,如图 2 - 7 所示。这就是设计的草图、草模型阶段,是具体设计环节实施
的第一步,也是设计的关键一步。

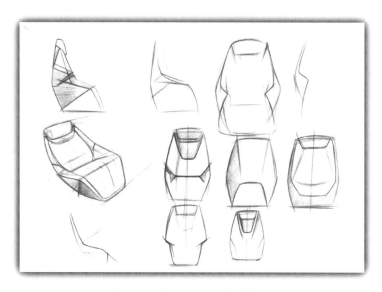

图 2-6　公务机座椅手绘草图一

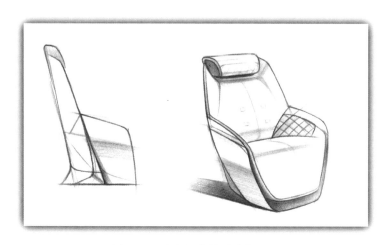

图 2-7　公务机座椅手绘草图二

　　手绘草图主要是设计师本人分析、研究设计的一种方法,是帮助自己思考的一种技巧。草图主要记录设计思考的过程,能把设计师的创意形象地表现出来,不必过分讲究技法。手绘草图可以省略细节,是设计师表达创意并研究造型形态、人机界面等最直观有效的设计方法和工具,对于拓展设计创意也很有实效。当然在与委托方共同研究讨论的时候,手绘表达应该讲究一定的完整性和真实性,如图 2-8、图 2-9 所示。手绘表达是评估初步成果、拓展设计、深化设计的基础,是设计师将构思由抽象变为具象的一个重要的创造性过程,是工业设计流程中必不可少的方式和方法。

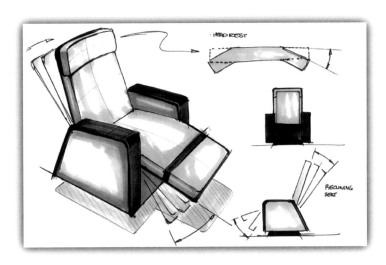

图 2-8　公务机座椅手绘草图三

图 2-9　客舱手绘效果图

　　在有阶段性设计评审或概念展示宣传的特定要求或安排时,设计团队也可能在手绘草图的基础上进行一定量的二维层面的设计渲染工作,通常使用 Photoshop 之类的软件完成,该图由于拥有更多的拟真化质感与细节展示,因此拥有更强的观赏性。如图 2-10 所示为 Airbus 及其供应商 B/E 公司合作推出的具有办公空间的商务舱设计。

图 2-10　Airbus 与 B/E 的办公空间商务舱设计草图①

2.4　详细设计

2.4.1　详细设计概述

在详细设计阶段，设计师通常在创意构思和草图的工作基础上，借助计算机辅助工业设计手段对方案进行深入推敲。

计算机辅助工业设计（Computer Aided Industrial Design，CAID），是指设计人员在计算机及相应的计算机辅助工业设计系统的支持下进行工业设计领域的各类创造性活动。工业设计师在以电脑为载体的虚拟场景中完成产品设计与开发工作，并将虚拟数据模型与相关资料传递到后续的研发与生产环节。在 CAID 设计环节中，设计师可以对方案的形态、色彩、材质、人机交互等各项指标进行高真实感的设计，并可以对设计方案进行美学、语义学等多方面的分析评价。在此之后，能够将最终方案的虚拟数据模型输出至工程部门进行后续工作，直至投产并投放市场。

CAID 环节除了有 Rhino、Alias 等专业的工业设计类软件支持外，不少 CAD 软件也提供了对 CAID 环节的技术支持，如Pro/Engineer、UnigraPhics、SolidWorks 等都提供了有关产品早期设计的系统模块，称为工业设计模块、概念设计模块或草图设计模块。

2.4.2　详细设计具体流程

若将产品开发过程按研发逻辑和流程的差异进行区分，可大致分为顺向工程与逆向工程，两者之间没有明显界限，企业会根据实际项目研发情况对设计方法进行调整，有时会为解决一些具体问题采取折中的办法。

---

① 　图片来自 http://www.j.news.163.com。

对现代制造业近年的产品设计研发状况进行总结，其顺向工程开发流程如下（各类生活产品多见）。

产品开发前期市场研究—产品形态、功能、成本、面向群体等因素的系统规划—设计师绘制概念方案并进行初步评审—拣选优势初选方案进行深入设计（包含部分 CAID 三维建模以及效果图制作工作）并进行下一阶段评审—修改、调整、完善数模，明确与相关工程部门协作的各项细节—用 CAD 软件和试生产样件对方案进行产前各项工程设计与检验，直至产品正式投产。

基于产品研发的逆向工程阶段开发流程如下（载具等大型系统化产品多见）。

（前序工作流程与顺向工程类似，载具如汽车、摩托车等产品还将制作真实比例的胶带图对产品平面图进行推敲）深入设计及 CAID 建模渲染—模型师、高级技术工人借助必要的机器仪器构造产品实体形态模型—评审并于产品实体模型上进行必要且可行的修改和调整—通过 3D 扫描手段将实体模型返回为三维虚拟数据—（后续工作流程与顺向工程类似）产前各项工程设计与检验，直至产品正式投产。产品开发可能涉及的交付物及软件情况如表 2-1 所示。

表 2-1 产品开发阶段性交付物及其软件

阶　段	完　成　物	软　件
创意及初始设计表达	产品平面视图、机绘草图、二维效果图等	Photoshop CorelDRAW SketchBook Illustrator 等
深入设计及外观建模	产品外观三维模型、三维渲染图等	3ds Max Rhino Alias UG CATIA Pro/E SolidWorks 等
结构设计及检测	产品结构、细节、加工工艺等	UG CATIA Pro/E SolidWorks 等

注：软件的具体能力和特点将在后续章节中进行讲解。

2.4.2.1 基准与基础尺寸的确定

在进行三维建模之前，设计师须首先确定模型的基本尺寸与基准，一般这类数据在概念设计与草绘阶段就已经被纳入考量并制订出一个合理的范围，形式一般是手绘或机绘平面视图，有时也可以是自由造型的简易数据模型。平面视图主要用于在制作三维渲染效果图所使用的三维数据模型时提供参考，最终目的是保证三维模型在完成时,其整体尺寸符合要求,不产生大的偏差。

　　基准和基础尺寸的预估通常有以下几点来源或可参照以下几点资料:市面类似产品的基本尺寸与结构特征、行业标准与人体尺寸标准、现有技术与工艺对该产品的影响等。

　　绝大多数 CAID 软件或 CAD 软件都提供了"放置底图"功能,这时可以把平面视图以正确比例放置在软件环境中,为数据模型搭建提供参考。某座椅平面视图如图 2 - 11 所示。

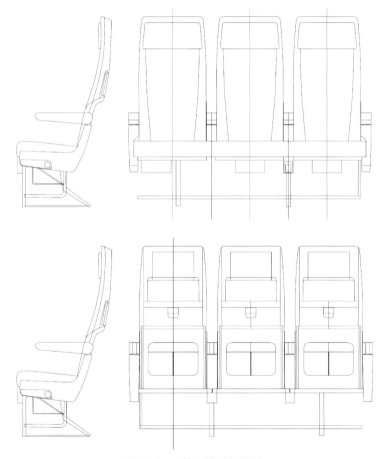

图 2 - 11　某座椅平面视图

2.4.2.2　自由造型设计阶段

　　设计师在对草图方案进行三维环境下的初步推敲时,有时由于方案在此阶段不定性因素较多或方案本身结构复杂,特别是有较多曲面有机特征的,无法直接进入建模,逻辑限制较大,工程类因素考量更细致的 CAID 的 NURBS① 设计阶段,而

――――――――――

　　① NURBS:计算机图形学专业术语,即非统一有理 B 样条,为 Rhino、Alias 等 CAID 软件和各类 CAD 软件模型的主要数据结构。

可能更多地首先采用自由造型进行推敲,产生多种三维数据方案,使方案更为直观,适宜评审。其代表的数据结构有 Polygon① 等,在实际操作时能够较自由地变换整体结构造型。而且在以展宣为主要目的的概念化设计项目中,由于设计师可能采用更为发散的创意和更为自由的造型语言,因此自由造型设计及建模占有更大的比重。在工业设计流程中,3ds Max、Maya、Cinema4D、Z-brush、Rhino 的自由造型插件 TS 等都能够支持该阶段的工作,但就目前情况而言,产出物往往与传统的产品研发及生产流程还有一段距离。某概念形态设计在 3ds Max 环境下的自由造型实例如图 2-12 所示,概念设计的视觉化效果渲染实例如图 2-13 所示。

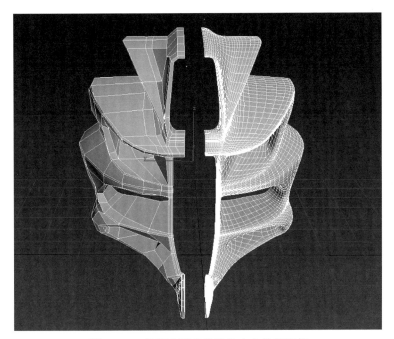

图 2-12　某概念形态设计的自由造型实例

此环节可确定的因素有:

(1) 产品方案的整体尺寸与基本结构。

(2) 产品方案的基本形态特征与较真实的三维效果。

(3) 该类产品具有的重要特征。

(4) 能够识别主要功能和使用方法。

此环节可为以下后续工作提供支持:

(1) 确定方案进行深入设计。

(2) 可满足当前阶段的效果图制作和展宣需求。

———————————

① 　Polygon:计算机图形学专业术语,即多边形网格,为 3ds Max、Maya 等软件模型的主要数据结构。

图 2-13　概念设计的视觉化渲染实例

（3）为 CAID 或 CAD 阶段的 NURBS 设计提供三维基准。

（4）最新的增材制造技术可以对该阶段的实体模型制作提供支持。

（5）若数模设计质量和数据转化质量较高，那么可减少后续建模优化的工作量。

2.4.2.3　CAID 的 NURBS 设计阶段

在拥有较完善的平面视图（较简单的设计方案）或自由造型草模后，即基本方案确定后，设计师可进入 NURBS 设计阶段。在工业设计流程中，Rhino、Alias 等软件或 CATIA 的 Freestyle 模块、UG 的 Freeform 模块能够支持该阶段的工作。在设计方案足够清晰简便且容易掌控最终效果的前提下，也有直接用 CAD 类软件进行后续工作的。在此阶段，为保证各细节部件的可加工性并能够对未来的产品实物效果产生合理预期，设计研发团队对方案所用材料、色彩、表面处理工艺方面进行定义与验证的工作即 CMF 设计，也将系统化地开展。CMF 设计流程存在但不仅仅存在于该阶段与后续产品研发阶段，其工作内容可能会在概念设计阶段就已经有所展现，有时也会作为一种高效的产品革新方式、对客户进行个性化服务的独立流程而进行。有关 CMF 设计的相关内容将会在后续章节进行集中讲解。Rhino 环境下的建模实例如图 2-14 所示，3ds Max 环境下模拟真实环境的渲染实例如图 2-15 所示。

此环节可确定的因素有：

（1）更详细的尺寸特征。

（2）曲面具体的分片特征和逻辑。

（3）曲面连续质量和简单的可制造性分析。

此环节可为以下后续工作提供支持：

（1）将外观模型导入工程类软件，进行结构设计、分析等工作。

（2）作为展宣用轻量模型，制成效果图，做外观展示。

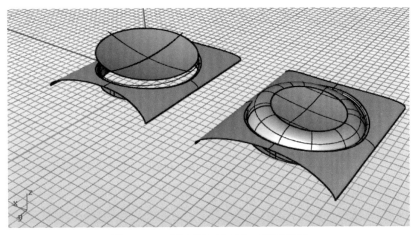

图 2 - 14　某面板按钮 Rhino 建模实例

图 2 - 15　某客舱模拟真实环境渲染实例

（3）作为进行阶段性的设计方案实物验证的数模蓝本。

（4）在精度、结构等要求较低的实物模型制作项目中，可直接转出工程接口数模，进入制造程序。

2.4.2.4　CAD 设计阶段

在完成 CAID 设计流程并确定方案后，设计师将数据模型传递给工程部门，开启 CAD 设计阶段。

此环节标志着产品研发重点工作将逐渐转移给相关的工程设计部门，在此期间，工业设计部门需与工程设计部门保持密切的联系与协作。CAID 软件和大型工程软件的 CAID 模块能够为后续的 CAD 设计提供可进行一定编辑操作的数据模型，工程师可在该数模的基础上对方案进行更深层次的工程设计。不过，CAID 系统图形文件的数据格式一般对外保密，CAD 软件无法直接调用，这就使得 CAID 设

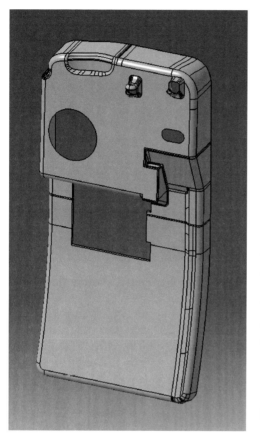

图 2 - 16　某舱门装饰板 Rhino 模型
导入 CATIA 环境实例

计环境下的数模在 CAD 设计环境的改动受到一定限制,不过这种情况也许会随着未来 CAID - CAD 接口的发展完善而得到解决。一般在项目研发过程中,该环节可能出现许多需沟通、协调的情况,在不能满足一些工程方面的硬性要求的情况下,设计师需返回前一流程,对现有设计进行改动。

在 CATIA 环境下打开 Rhino 转存的 stp 格式文件,效果如图 2 - 16 所示。

实体模型验证方面的工作一般在 CAID 或 CAD 设计阶段有较为明确的方案后,根据实际情况要求,有选择地对数个最具有发展潜力的方案进行深入推敲。具体工作内容在后续章节中会进行讲解。

2.4.3　三维软件间的数据转化

CAD 与 CAID 软件之间数据的传输可分为间接型接口和直接型接口。

间接型接口是指通过一种同时能够在 CAID 和 CAD 软件中转化与读取的中间数据格式,将数模进行传递。目前较为通用的中间数据格式主要有: IGES、STEP、ACIS、STL 等。

IGES 是大部分设计与工程软件都采用的标准格式,在 Rhino 与各类工程软件之间的数据转化中表现较好,也能支持工程软件间的数据转化。

STEP 能够在转化时保留更多的数模特征树,是一种不依赖于具体系统的中性机制,能够支持设计软件与工程软件、各类工程软件之间的转化。

STL 是一种以多边形网格为特征的格式,常用于或常见于有限元分析、逆向工程、样品制作等工作中。3ds Max 等以 Polygon 为基础的设计软件,可以将模型导出为 STL 格式,进入要求较不严苛的制作流程。

直接型接口是指不含有中间数据格式的 CAID 与 CAD 软件之间的转换,例如,在 Alias 中可以直接把文件保存成 CAD 软件的格式,从而能够避免二次转化过程,减少数据损失。

在 Alias 环境中可以直接把文件转存为 CAD 软件专用格式,如 CATIA 的 CATPart 和 CATProduct、Pro/E 的 prt 格式和 asm 格式等。

2.5　CMF(色彩、材料、表面装饰)设计与管理

2.5.1　CMF 概念

CMF 即色彩(color)、材料(material)及表面装饰(finishing)的英文缩写,是联系工业设计、工程设计、生产制造的重要工作部分。设计师进行设计时,不但会考虑材料如何选择和组合,也会考虑材料的色彩、质感、纹理应该如何相互搭配,同时兼顾材料部件可制造性和生产成本、产品生命周期、可持续发展性等因素,以此表达设计主题、实现设计目标。

早期的产品设计只是为产品外壳喷涂颜色,大多数的企业并没有意识到色彩、材料、表面装饰在其产品塑造、语意表达、企业文化传达等方面的优良表现。如今,随着设计学科的发展,色彩、材料、表面装饰已融合成一个独立的 CMF 设计方向,且越来越多的公司注意到 CMF 在提供更多可能性方面的潜力,许多企业纷纷成立自己的 CMF 研究所、CMF 设计组,包括从诺基亚、三星这样的国际企业到海信、公牛这样的本土品牌。苹果公司(Apple)推出的 iPhone5c 就是在相同造型基础上进行的多种色彩尝试,在中国家电研究院创新设计中心也有设计师专门研究色彩材料趋势及在家电行业中的应用。

恰当地进行 CMF 设计在产品的整个感知过程中起着某种决定性的作用。一项针对 100 个当代设计师及设计团队所做的关于 21 世纪设计趋势的调查显示,设计师们广泛认同:提供新材料的可能性是今后产生新产品的一个关键推动力[1]。另一方面,即便是运用现有的传统材料并配合色彩、装饰进行巧妙的组合,也可以给产品带来激动人心的魅力。

2.5.2　民用飞机客舱内饰 CMF 设计与管理的作用

CMF 在民用飞机客舱内饰设计中起着重要的作用——飞机设计的目标包括安全性、经济性、舒适性、环保性等,而民用飞机客舱 CMF 设计与管理是提升机舱整体品质的最直观媒介,不仅在舒适性和经济性上贡献突出,还能够帮助飞机减重和增加环保性,从而成为影响用户对产品与企业做出良好评价、触发旅客良好旅行体验的不可忽视的组成部分。

民航业的发展同样将 CMF 设计与管理推向了关注焦点——在民航业发展中,我国被认定为发展速度最快、发展潜力最大、发展前景最广阔的国家。从波音公司发布的中国民用航空 2013—2032 年市场预测中发现,中国民航机队未来 20 年将达到如今规模的 3 倍,共 6 450 架,成为全球第二大航空市场[2]。CMF 设计由于其可在较短工期产出多种方案、实现与应用方案周期短、在标准化的基础上更多地支持用户个性定制、设计改进效果突出等特点,能够帮助各大厂商在较短时间内进行有效的设计升级,从而备受关注。

具体而言,民用飞机客舱内饰 CMF 设计与管理产生效益的作用机理如下。

1) 降低成本

对舱内某个局部进行造型、功能、布局的设计改良是牵一发而动全身的大工程。CMF 的装饰性在此刻就显得相对自由和灵活,色彩的更改和搭配、表面装饰形式的改变、装饰图样的选择都会相对简便,且效果又十分明显。以往,装饰会提高成本,但随着技术的发展和进步,很多工艺在带来更强装饰性、改善视触觉感受的同时,还能降低成本,一些轻金属和复合材料,例如玻璃纤维改性塑料在航空领域中的应用顺应了轻量化、纤薄化等需求,逐渐开始受到青睐。

2) 塑造形象

飞机制造商、客舱产品供应商提供的基础内饰属于一次 CMF 设计,或原始 CMF 设计。各航空公司为宣传和提升品牌形象,往往会进行二次 CMF 设计。主制造商推出的标准版本的客舱设计往往没有明显的设计文化倾向或携带着主制造商的企业文化(见图 2-17);当飞机销售给客户,客户会拥有对其进行二次设计的需求,而二次设计的重点往往集中在 CMF 设计上,如厦门航空针对自身的用户群和企业文化定制了适用于自身的 CMF 设计方案(见图 2-18)。

图 2-17 客舱内饰基础 CMF 设计示例①

3) 提升体验

CMF 设计可以囊括从整体的大环境到局部的小细节,全面提升机舱内的用户体验。比如,现有的飞机座椅空间小,用料粗糙、干燥。设计时就可引入 CMF 概念,采用平整、柔软、防水防污面料,甚至是记忆棉来打造舒适的、温馨的座椅,保证安全感、私密感;也可以在背部采用立体织物,通过粗糙纤维和特种表面处理保证透气性能和防污性能;而像公务机这样的强化私人专属、顶级体验的内饰来说,

① Airbus350 内饰,图片来自网络。

图 2 - 18　厦航客舱内饰 CMF 设计示例①

CMF 更能从细微处提升品质。

2.5.3　民用飞机 CMF 研究的流程与方法

民用飞机 CMF 研究首先是建立在产品定位的基础上的,其设计研究流程和方法的大致总结如图 2 - 19 所示。

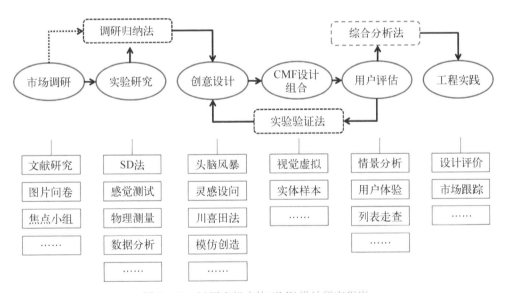

图 2 - 19　民用飞机内饰 CMF 设计研究程序

实际操作时,可以运用文献研究的方法了解国内外民用飞机内饰的发展情况以及飞机内饰行业中的 CMF 最新动态;调查各大设计公司及飞机供应商的飞机内饰设计,并进行比对分析;查阅专业类书籍和国家标准,更深刻地了解飞机内饰 CMF 设计

---

① 图片来自 http://tieba.baidu.com/p/2122063188? pn＝0&.。

的内容及特点。通过网络问卷调查用户对于飞机内饰设计风格的喜爱程度、对于目前飞机内使用材料及色彩的不满及期待。在一定样本量的基础上，利用图表等方式将调查结果呈现出来并分析。在前期调研的基础上，可以进行实体物理样品的材质、表面装饰定量的问卷实验，也可以进行色彩的搭配和喜好的问卷实验以及客观的物理测量实验。完成实验后，在基于主观研究和客观研究相结合、定性研究和定量研究相结合的统计分析基础上，提出相对应的舱内材料、色彩、表面装饰创新设计组合。并利用用户评估进行 CMF 创意设计结果的验证，这是一个"否定—肯定—否定"的循环过程，若通过评审和验证，则 CMF 设计组合可以付诸工程实践；若不通过，则重新回到创意设计阶段。在完成工程实现后，还可以继续进行设计综合评价、市场反馈跟踪等工作，让民用飞机内饰 CMF 设计流程满足"发展、反思、改良"的需要。

在设计中，产品体验有"三层次理论"（Levels of Experience），如图 2-20 所示。

图 2-20 产品体验三层次理论

相对应的，CMF 的物理表象刺激"本能层次"，带来生理和心理的变化；CMF 的形式和呈现刺激"行为层次"，带来心理和情绪的变化；CMF 的关联和背景刺激"反思层次"，带来情绪和文化上的变化（见图 2-21）。详细的分层如表 2-2 所示。

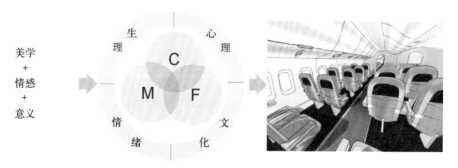

色彩材料表面装饰质地肌理质感样式
Colour Materials Finish Texture Perceived texture Pattern

图 2-21 CMF 框架结构

表 2－2　CMF 的详细分层

生理	视觉、触觉、听觉、嗅觉、味觉	光泽度、透明度、软硬度、冷暖度、粗糙度等
情绪	正面情绪、负面情绪、低唤醒、高唤醒	平静刺激、快乐悲伤、放松紧张等
心理	理解、感受	冰冷温暖、疏远亲和、喜欢厌恶、柔美阳刚等
文化	象征联想、符号意义	高贵的、廉价的、神圣的、权威的等

作为航空工业中唯一的工程技术和艺术相结合的飞机内舱设计,在材料、工艺、技术、空间、乘客心理生理等方面存在诸多限制,要求也更高。CMF 的色彩、材料、表面处理以及灯光设计、空间形象等作为乘客对于机舱环境整体空间最直接的感受来源,担负着重要的使命。一个全面的、和谐的设计一定是经过多方考虑的,CMF 的创新从定位、设计、实验、定稿、加工到组装都可以贯穿始终,接受各部门的反馈意见,优化设计,由各部门协同合作将符合适航标准的新工艺、新材料引入飞机内舱。

2.5.4　民用飞机 CMF 设计体系

中国商飞民机 CMF 体系(见图 2－22)是一个多学科交叉融合的应用型平台,除了完善和深化数据库的建设,也能够实现设计与其他学科(如材料、生物、心理、航空等)的嫁接和融合。适时地举办一些材料与设计的研讨会、工作坊、试验观摩以及设计展览,通过应用型型号任务连接设计师、用户、供应商、运营商等多方面,可以更完整地探讨民用飞机内舱设计中色彩、材料、表面装饰的功能要求、制造条件限制、经济及产品生命周期、生态可持续发展性、材料的感官美学及认知等复杂因素。

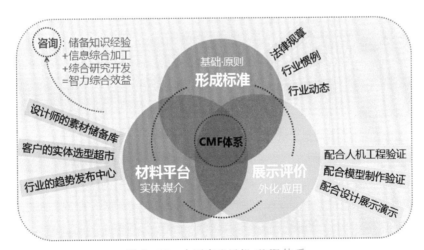

图 2－22　中国商飞民机 CMF 体系

2.5.5　CMF 常用虚拟工具

目前,市场上也产生了对 CMF 典型阶段工作进行支持的软件与工具。如在项目设计和选型工作中适用的 CMF 虚拟配置程序(见图 2 - 23),可以让设计师、工程师、用户都参与产品开发的过程,并通过体验正确的可视化内饰效果,选择座椅、地毯、侧壁板、天花板、装饰件等组件的颜色、材料、面积、比例等。在飞机销售时,也有助于用户在不同系列的飞机中进行选择。

图 2 - 23　某客舱设计可视化虚拟配置系统

　　市场上同样拥有支持设计材料与工艺进行管理工作的软件。例如由 Ashby MF 建立的剑桥工程选择器(Cambridge Engineering Selector,CES),是一个强大的用于帮助界定与选择材料及加工工艺的虚拟数据管理平台,以各种材料的性能参数(物理的、化学的、机械的、电学的、光学的以及可回收性)和产品应用条件为依据,软件界面如图 2 - 24 所示。

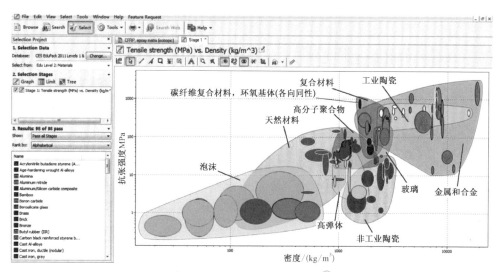

图 2 - 24　剑桥 CES 软件界面①

　　①　图片来自 www.grantadesign.com

2.6　模型制作

2.6.1　概述

产品模型制作是工业设计的主要表现形式之一,它以立体的形态表达特定的创意,以实体的形体、线条、体量、材质、色彩等元素表现设计思想,使设计思想转化为可看见的、可触及的、接近真实形态的产品设计方案。产品模型是验证产品造型方案是否符合实用、经济、美观、安全、舒适、环保以及文化传承等设计原则的有效手段。

模型按功能可分为草模型、仿真模型和原型。草模型是指在设计初期对产品形态的初步推敲,其功能主要用于推敲方案初步设计的可行性;仿真模型是指根据产品设计的真实尺寸按比例放大或缩小而制作的仿真实体形态,仿真模型用于系统推敲方案形体、线条、体量、材质、色彩等形态设计的可行性;原型是根据产品设计的真实尺寸制作的近实体形态,原型除用于系统推敲方案形态设计的可行性之外,还能进行必要的科学试验和市场论证。

除传统模型制作方法外,近年随着增材制造技术的兴起和逐渐成熟,3D 打印模型也成为工业设计研究与验证的有力帮手。

2.6.2　传统模型制作主要用材及表面处理工艺

石膏是传统的模型材料。其优点有材料价格低廉;成型方便,易于直接浇注、车削加工成型、模板刮削成型、翻制粗模成型后加工、骨架浇注成型等工艺;便于表面装饰处理;能长期保存。其缺点有大模型笨重,不易搬动;质地坚硬,塑型工作量大、工时长,因而加工成本较高。

木材也是传统的模型材料。其优点有材料价格低廉;密度小,质轻易搬动;便于表面装饰处理;细小部件不易损坏。其缺点有材质各向异性明显,塑型工作量较大、工时较长,故加工成本较高;木材随湿度变化会出现裂纹和弯曲变形等情况,不易较长时间保存;加工时所需的设备要求高,加工难度较大。

陶土曾是传统的模型材料。其优点有材料价格低廉;便于塑型;烧制模型能长期保存。其缺点有易开裂;烧制变形大;难以表面装饰处理;模型尺寸准确性难以把握;不能制作细小部件;工时长、烧制成本较高。

油泥是大型模型的普通用材。其优点有可塑性强;不易开裂;能反复使用;能长期保存。其缺点有材料价格较高;表面装饰处理工时长;模型尺寸准确性难以把握。油泥模型如图 2-25 所示。

塑料也是模型制作的主要材料。其优点有质轻、强度高、耐化学腐蚀性好;具有优异的绝缘性能;耐磨损;热塑性塑料,如聚氯乙烯、有机玻璃、ABS 塑料等,还可以受热成型,成型效果好。其缺点有加工复杂时间长、较为费工。

不同的材料有其不同的特性,在产品模型的制作中必须了解不同材料的特性,

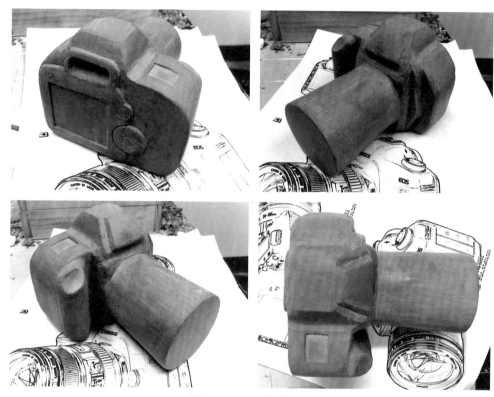

图 2-25　油泥模型

才能根据不同的设计需求选择适合的材料进行模型制作。不同材料的对比分析如表 2-3 所示。

表 2-3　不同材料的对比分析

材料	材料价格	加工成本	塑型	表面处理	工作量	适合制作模型类别
发泡	适中	低	易	难	小	造型简单大块面产品的模型
石蜡	适中	较高	较难	难	大	适合小首饰、小产品的制作，难于直接雕刻，采用脱模制作后进行细致加工的方式更加的方便
油泥	较高	适中	易	难	较大	适合多类产品的模型制作，难于表面光滑度和细致程度的掌握

2.6.3　传统模型制作实例

模型制作不仅是工业产品设计最为直观的视觉表达手段，而且是研究设计不可缺少的行之有效的方法，也是意见反馈、评估、交流沟通和决策生产的最为有力的依据。在民机工业设计中以驾驶舱造型设计研究为例,驾驶舱的造型验证模型制作可以分为两种:一种是小比例模型,另一种为 1∶1 的原始比例模型。

小比例模型成型快速,可以帮助推敲造型。在方案前期研究阶段,可以通过小比例模型展示设计效果,如图 2-26 所示。1∶1 比例的模型制作周期长,费用较高,适合用在方案接近定型阶段,这个阶段可以用真实比例模型来测试人机工程学、加工成型、仪器安装等多个方面的内容。

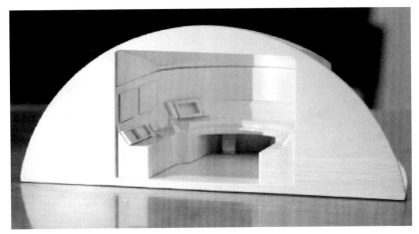

图 2-26　某机型驾驶舱小比例模型

1∶1 原始比例模型一般为验证模型,其制造过程也是形体块面的推敲过程。某机型 1∶1 原始比例模型的简要制作过程如图 2-27 所示。

该模型可以用于检验造型的美观度及各个主要部件之间的关系。该模型依据的是飞机设计方法中的原准法,即通过制造造型样机来判断各个部件之间的承接关系、干涉关系等。还可以测试造型的简单人机工程学数据,如手眼的可达性分析。这种检验方法相对于高仿真的样机造价较低,工程时间较短,特别适合于前期的造型设计方案验证及评估挑选。

2.6.4　3D 打印技术及应用

3D 打印(3D printing),又称增材制造,是快速成型技术的一种。它的出现改变了传统的生产制造模式,将复杂的生产程序变得简单。它最突出的优点是无需机械加工或开模,只需将 PLA、ABS 或者金属材料等加热、融化之后,再通过层层叠加,依据计算机中模型数据直接打印生成任意形状的物体,极大地缩短了产品的研制周期和加工周期。

空客公司在 A380 客舱里使用了 3D 打印的行李架,在"台风"战斗机中也使用了 3D 打印的空调系统。空客公司最近提出了"空中客车概念客舱"的计划,从打印飞机的小部件开始,一步一步发展,最终在 2050 年左右用 3D 打印机打印出整架飞机(见图 2-28)。"概念飞机"本身有许多令人眼花缭乱的复杂系统,如仿生的弯曲

图 2 - 27　某机型驾驶舱 1∶1 原始比例模型制作过程

图 2 - 28　"空中客车概念客舱"的舱内模拟图①

---

① 图片来自 http://i.carnoc.com/detail/291939。

机身,能让乘客看到周围蓝天白云的透明机壳等,这些由传统制造手段难以实现,而采用 3D 打印可以降低技术难度。

东方航空技术有限公司(简称东航)研制完成并测试成功 3D 打印制造飞机舱门手柄盖板、飞机座位指示牌等客舱部件,获得了中国民用航空局颁发的 DMDOR(民用航空器改装设计委任单位代表)授权证书,并于 2015 年 4 月将上述部件装配到 B777 - 300ER 飞机上执行正常航班。东航成为中国民航首家运用增材制造技术制造飞机部件的航空企业,所制造的装饰件如图 2 - 29 所示。

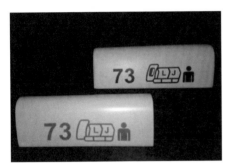

图 2 - 29　东航增材制造装饰件①

参考文献

[1]　Fiell C, Fiell P. Designing the 21st Century [M]. TASCHEN GmbH, 2001.
[2]　肖静.波音发布 2013 中国市场展望[J].中国民用航空,2013(10):23.

———————————

①　图片来自 http://m.hexun.com/tech/2015 - 04 - 13/174914642.html 和 http://blog.sina.cn/dpool/blog/s/blog_141736f2e0102vo25.html。

第3章 民机客舱工业设计与舒适性

客舱是乘客乘机出行的主要活动空间,其舒适性一直是乘客和航空公司关注的重点。本章讲述与舒适性相关的理论,并探讨了客舱空间布局、座椅、环境与舒适性的关系。

3.1 舒适性的定义、影响因素和评估方法

3.1.1 舒适性概念及其定义

在汉语大辞典中,舒适是指给人以安乐舒服的感觉;在牛津词典(2010 版)中定义舒适是一种身体安逸的状态,免受痛苦和约束。然而在许多科技文献中提供了不同的定义,如 Pineau 在他的舒适定义中,包括了生活中一切对于人的幸福感和物质方便性有贡献的元素[1];Slater 定义舒适是一种人与周围环境之间生理的、心理的和身体上的愉悦状态[2];Dumur 等人的定义指出舒适超越了生命的身体层面,还包括心理层面[3]。综合而言,这些定义突出了舒适应视为与周围环境相互作用,受心理、生理和身体因素影响的主观和个人状态结果。

3.1.2 乘坐舒适性

针对乘坐舒适性,Richards 和同事在将乘客舒适性概念化的工作中做出了最重要的尝试[4,5]。他们对于 1 619 名乘客的飞行经历进行了调查,归纳总结后提出了乘客舒适概念理论。该理论指出乘客体验受物质环境、交际和客舱内饰有关情景的输入信息影响。

Vink 采用相同的分析方法,通过互联网调查了 10 000 名乘客,确定了影响乘坐舒适的因素,并进行排序[6]。调查结果显示舒适与物质环境输入(如腿部空间、座椅)、交际因素(如邻座乘客)、情景因素(如飞行延误)、期望和飞行时间等许多因素存在重要的联系。

上述研究揭示了影响乘客舒适的输入因素,并区分了这些因素的重要次序,为飞机客舱设计师如何提升乘客舒适度提供了有价值的视角。但是当关注乘客体验时,对于这些飞行过程中的输入信息是如何转变为主观的个人状态的,仍然缺乏身体层面的原理性分析。

3.1.3　影响客舱舒适性的因素

1) 乘客舒适性体验机制

乘客舒适性体验机制如图 3-1 所示。乘客本身具有心理、生理、社会经济地位和期望等特征,在特定的时间段会产生特定的行为动作。这些输入实质性地影响乘客,同时也由乘客主观感知和察觉。因此,乘客会体验到一定程度的舒适/不舒适感觉,从而产生一定的行为动作。

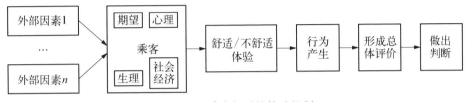

图 3-1　乘客舒适性体验机制

2) 影响乘客舒适性的外部因素

在前一节中已经提到,影响乘客舒适性的物理因素有很多。综合而言,共有 21 个因素影响乘客的舒适性,这些因素可分为环境因素、乘客活动、社会因素三大类。其中环境因素又分为周围环境(如温度、噪声、灯光、空气质量、气压、食物、卫生、信息)、动态因素(如湍流、入座/离座、IFE 娱乐系统、服务)和空间因素(如座椅、腿部空间、客舱布局、窗户、盥洗室、存储空间、行李架)三类。所有因素划分如图 3-2 所示。

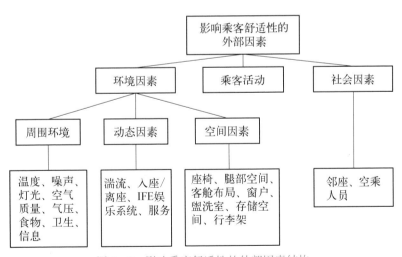

图 3-2　影响乘客舒适性的外部因素结构

根据 Naseem 等人对 857 份飞行经历调查问卷样本的统计结果[7],22 个外部因素的排序如图 3-3 所示。其中座椅投票人数最多,余下超过 20% 的依次是腿部空间、IFE 娱乐系统、温度、活动、噪声和服务。根据图中的数据可以分析出,在影响乘客舒适性的外部因素中最重要的是环境因素(占 89%),乘客活动和交际因素占比相对较少,不超过 10%。在环境因素中,空间因素居首(占 43.3%),周围环境次之(占 28.7%),动态因素最少(占 17%)。

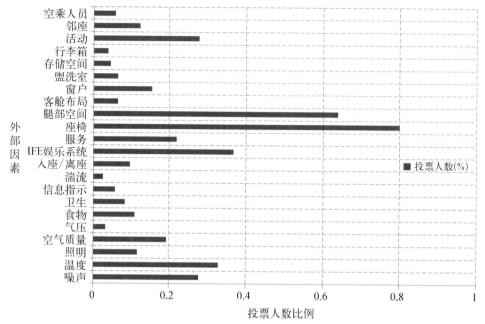

图 3-3 影响乘客舒适性的外部因素排序

Naseem 等人通过对 857 份调查问卷对影响乘客舒适性的感性因素进行了提炼和归纳,共八个因素,分别是:心态平静、身体健康、近体空间、快乐、满意、审美、社交和联想。术语释义如表 3-1 所示。

表 3-1 乘客舒适性感性因素

序 号	名 称	解 释
1	心态平静	是指人的精神状态平静、和谐,不受任何因素打扰破坏
2	身体健康	身体或生理上的健康舒适,不存在疼痛
3	近体空间	在飞行过程中,乘客对于自主和控制行为的反应以及独处的感觉
4	快乐	强调飞行中体验到愉快、高兴和满意
5	满意	在环境因素和产品辅助下,完成预定目标的成就感和满足感
6	审美	利用经验感受到的愉快或不愉快
7	社交	在飞行过程中,乘客与他人的社交互动,如果通过社交互动感受到愉快,则会形成舒适性体验
8	联想	乘客对于客舱环境的意义和关乎个人重要性的解释

图 3-4 给出了在飞机客舱环境下,乘客与影响舒适性的感性因素之间的关联关系图。心态平静代表了乘客的心理状态,而身体健康代表了身体状态,因此这两个因素放置于身体模型的中心。近体空间是指乘客对于个人空间内的控制和独处的感知和察觉,这个空间视为乘客自己的私人空间,因此,它位于最靠近乘客的周边。在乘客个人空间的外围是公共空间,能与其他人分享,这就是社交空间。剩余的四个因素,不管距离乘客有多远,在给予乘客激励时,都能够被探知,因此他们充满了整个空间。

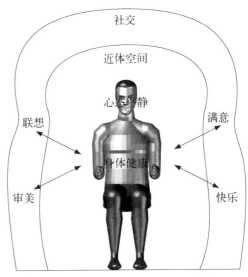

图 3-4　乘客舒适性主题空间关系

图 3-5 给出了乘客舒适性主题的外部因素构成图,该图根据 Naseem 等人的调研数据绘制而成。每一个舒适性主题都与不同的外部因素相关,且不同的主题,其构成的外部因素比例并不相同。从关联每一个舒适性主题的所有外部因素中,选择比例最大的两个因素,重新绘制客舱舒适性主题与主要外部因素关联图,如图3-6所示。

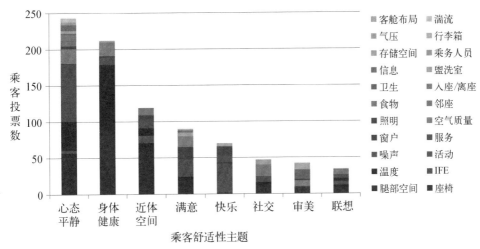

图 3-5　乘客舒适性主题的外部因素构成

从图中可以看出,不同的环境因素会产生不同的感知效果,其中,座椅的关联性最强。座椅会影响"联想",这是因为座椅的构造或材料会唤起乘客曾经坐在酒店大堂里时的体验;座椅影响"社交",是因为座椅会有利于社交互动的活动,例如

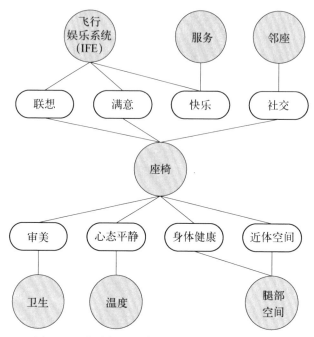

图 3-6　客舱舒适性感性因素与环境因素的关联

当移除两个座椅中间的扶手时，能够创造出私密的空间，会使情侣感到更加舒适；座椅影响"满意"，是因为座椅容易调节或座椅材料的质量令人满意；座椅的造型、色彩和清洁会影响乘客的"审美"；当座椅提供小的储物空间方便乘客放置个人物品时，会让乘客产生乘坐的飞机已经提前做好准备的感觉，这时"心态平静"会被改变；座椅对于"身体健康"的影响，取决于座椅是否能满足乘客身体的需求，如自然的坐姿；座椅对于"近体空间"的影响，取决于座椅是否能提供多个选项满足个性化需求，从而使得乘客有可操控的感觉，或者提供较好的遮挡，与邻座乘客隔开，从而使得乘客有处于私密空间的感觉。

3.1.4　客舱内乘客舒适性模型

综合前面关于乘客舒适性的外部因素和主题分析，乘客舒适性模型如图 3-7 所示。模型输入包括人性特征和环境因素，人性特征包括社会经济地位、在飞行前形成的期望、乘客身体状态和心理状态。乘客受飞行过程中的环境因素影响，并发生互动，产生一定的行为，进而乘客身体会受到影响（如不同的客舱压力、体感温度），最终会产生感知（由前述八个感性因素描述），使得乘客体验到某种程度的舒适度。

通过对乘客感知外部环境因素的概念化解析工作，乘客舒适性模型突出了舒适性的主观本质。在模型中，与乘客感知有关的八个主题放置在受外部环境因素显著影响和关联的位置。如"快乐"放置在"动态"环境因素一行，因为受 IFE 和服务显著影响。此外，模型还描述了"空间"因素（如座椅和腿部空间）对多个主题（如

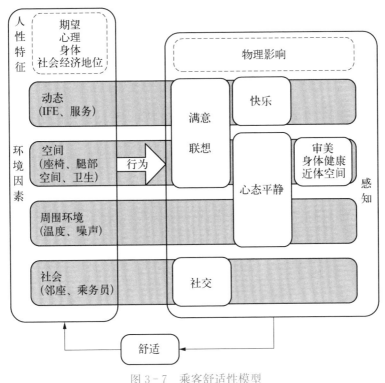

图 3 - 7　乘客舒适性模型

近体空间、审美、心态平静)起决定性作用。从模型中可以看出,动态和空间影响了乘客感知的绝大多数主题(八个中的七个)。

　　在乘客舒适性体验模型中将舒适与模型的输入用箭头相连。原因有两点:① 由于乘机体验的动态变化特性,当外部环境因素变化时,会随时改变乘客的舒适体验;② 在飞行过程中体验到的舒适会影响乘客的未来飞行期望。

3.1.5　客舱舒适性评估方法

　　舒适性评价就是在找出影响舒适性因素的基础上,通过实验、建模等主观和客观方法找出各影响因素间的关系以及对舒适性的影响程度,最后建立有效的舒适性评价指标体系。

　　舒适性评价指标体系是一套完整的指标,能够合理有效地对客舱舒适性做出评价。指标的设立应当遵循简明科学、公正合理、易于操作、主客观结合的原则;应当综合考虑现有国际、国家或地区及行业标准,将舒适性特征中的定性描述用可测量的主观和客观定量指标表示出来。主要的主观评价指标包括对疼痛、乏力、酸痛和麻木等主观感受测量的量表分值、问卷答案等;客观评价指标包括肌电水平、脊柱压力、肌肉疲劳程度、人椅界面压力分布等生理、生化和物理指标。

　　舒适性评价方法有主观和客观之分。舒适感与不舒适感通常是相对的,在对舒适性进行评价的同时,需要顾及不舒适性。因此可以从不舒适性的角度出发来考察舒适性。为了客观评价客舱舒适性，最理想的方法就是能够建立定量模型，用数据说话，来预测座椅的不舒适性，从而评价其舒适性。

主观评价方法就是让座椅使用者凭自己的主观感觉对舒适性进行打分，通过分值可以直观地看出使用者对舒适性的评价。主观评价大体上有量表和问卷两种。

量表方法采用一维量表对舒适性做出主观评价，再结合其他客观评价方法建立对应的评价指标对舒适性的评价模型。典型的一维量表如图 3-8 所示，设置了多个问题，每个问题给出 9 点分值，便于评价打分。

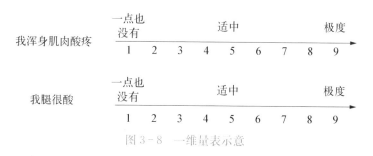

图 3-8　一维量表示意

目前在舒适性评价方面多采用的是问卷方法。问卷不同于量表，问卷的设计比较灵活，采用经过统一设计和具有固定结构的问题，将涉及的有关座椅舒适性的影响因素考虑进去，以问题的方式让受试者回答。问卷有结构问卷和无结构问卷之分，无结构问卷的限制少，可以获得更为丰富的资料。受试者在回答问题时，可以采用量表的方式回答，因此，从某种意义上说，问卷相比量表具有更广泛的应用。

在对客舱舒适性进行主观评价时，采用问卷方法，同样需要对影响舒适性与不舒适性的因素有一个清晰的了解，可以结合已有的一些研究结论和成果，结合自己的研究重点选择合理的因素，并把这些因素的影响以问题的方式设计到问卷中去，这种做法其实是对舒适性评价指标体系的扩展和延伸。

3.2　客舱空间布局与舒适性

对于每一架飞机而言，客舱的空间布局对舒适性的影响最大。能够提供宽敞舒适的空间布局，是吸引和留住旅客的一大法宝。因此，应该对客舱空间布局的各个要素进行深入分析，改善客舱的空间布局，提升客舱的舒适性。

3.2.1　客舱空间布局的要素

图 3-9 和图 3-10 为民机客舱的典型剖面图和客舱平面布置图。从图中可看出，客舱空间布局通常包括天花板高度、入座高度、行李箱到椅面的高度、过道宽度、座椅排距。

本书设有专门章节介绍盥洗室及厨房的布局，因此本节不针对盥洗室及厨房做探讨。

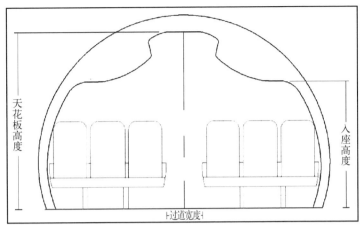

图 3-9　民机客舱剖面图

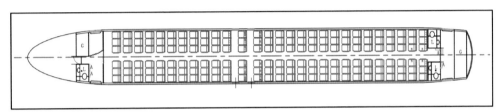

图 3-10　民机平面布局图

3.2.2　客舱空间布局各要素对舒适性的影响

3.2.2.1　天花板高度

走进一个空间,人们通常会无意识地打量它面积有多大、是否宽敞。这就是空间与人的心理相互作用。

科学家们研究发现,天花板高度对于人的心理影响可能更大。2012 年,美国明尼苏达大学卡尔森管理学院的梅尔斯莱维教授等人在《消费者研究》上发表文章,从心理学信息加工的角度证明了这一点。他们招募了一些大学生志愿者,让他们进入 4 个不同的房间,这些房间除了天花板高度不同、其余布置都是一样的。结果发现,在天花板高 2.4 m 左右的房间里,受试者普遍反映心情比较压抑、受限制;而在天花板高 3 m 以上的房间里,则感觉心态更自由、开放。有趣的是,研究者还发现,在天花板高的房间里,人们变得更宽容友善、不爱挑剔,容易关注到事物的优点。

对于通常的居室环境,行业内惯例要求居室内吊顶高度的底线是离地板 2.6 m (2.6 m 是人心理上承受的高度底线)。人长期居住在低于 2.6 m 的空间环境下会精神压抑,对工作、学习和生活有很大的影响。

对于飞机而言,在适航规章中,并没有对客舱天花板高度的做硬性要求。在民机设计中,从飞机造型、安全性及舒适性度角度出发,一般的单通道飞机的客舱天花板的高度约为 2 m,前后服务区天花板可设置得比客舱天花板略低;双通道飞机的天花板高度可以根据实际需要,设置得比单通道更高一些。

3.2.2.2 行李箱到椅面的高度

行李箱底面与椅面的垂直高度以及行李箱的形式决定了客舱乘客的头部空间。在《飞机设计手册》第 11 册中,对行李箱的设计要求提到"行李箱盖开启时,不应当碰到旅客(坐姿)的头部。"[8]

旅客服务装置(PSU)是飞机在飞行过程中给乘客提供阅读照明、个人通风、乘务员呼叫帮助的综合服务单元,它通常安装在行李箱的底部。在旅客乘坐过程中,会经常使用旅客服务装置组件,因此,在设计行李箱底面与椅面的垂直高度时,要保证大多数乘客使用 PSU 组件的方便性。

此外,客舱行李箱的结构形式会影响旅客对客舱头部空间的直观感觉。客舱行李箱按开启方式的不同大致分为两种:上翻式和下拉式。上翻式行李箱结构形式比较简单,行李箱空间较大;下拉式行李箱结构形式比较复杂,行李箱空间较小,但是能提供乘客乘坐区域更广的视野,有较好的空间舒适感觉。宽体飞机上会更多地使用下拉式行李箱。

3.2.2.3 旅客入座高度

中国民用航空规章中对于旅客的入座高度没有做明显的要求。旅客入座高度受行李箱容积的影响,应在保证旅客行李箱放置的前提下,尽量提高入座高度;但同时也应意识到入座高度的增加会对乘客在入座状态时使用客舱 PSU 带来不便。在《民用支线飞机客舱空间舒适性评价研究》[9]一文中,给出了旅客的舒适性与入座高度呈曲线增长关系,如图 3-11 所示。一般情况下,按照航空业的惯例,客舱的旅客入座高度若能达到 1.6 m,则是比较舒适的选择。另外,通过改变行李箱的造型可以给旅客更多的入座高度空间,比如下拉式行李箱就能创造更多的入座高度空间,减少了压抑感,给旅客带来了更加舒适的乘机体验。

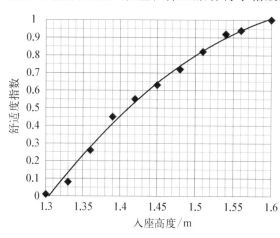

图 3-11 旅客舒适性能随座椅入座高度的变化曲线[9]

3.2.2.4 过道宽度

关于民机的过道宽度,一般考虑两方面的要求,一方面是适航规章的安全性要求,一方面是手推车通过的便捷性要求。在适航规章 CCAR25 部,第 25.815 条中对"过道宽度"有规定:座椅之间的旅客过道宽度在任何一处不得小于表 3-2 中的值。

表 3-2　旅客过道最小宽度

客座量/座	旅客过道最小宽度/mm(in)	
	离地板＜635(25)	离地板≥635(25)
≤20	300(12)	380(15)
11～19	300(12)	510(20)
≥20	380(15)	510(20)

其中,针对客座量≤10 座,离地板＜635 mm 的旅客过道最小宽度,经过适航当局认为必需的试验证实,可以批准更窄的但不小于 230 mm(9 in)的宽度。

按照航空行业标准,通常手推车的宽度尺寸为 305 mm(12 in),因此在使用手推车的民机上,一定要保证过道宽度在 305 mm 以上,以保证手推车顺利通过。

目前无论是宽体还是窄体客机,过道的宽度基本是 19 in(483 mm)[10],这样的宽度使得拉杆箱前行总是磕磕碰碰,影响登机和下客速度,也很难让乘客从手推服务车旁边通过;而新一代客机的过道则会更宽些。

3.2.2.5　座椅排距

1) 座椅排距

Richards 和 Jacobson 在 1977 年编写的《人机工程学》这本著作中曾对 861 名乘客进行了调查,计算了几个影响舒适性因素的伽马系数。如果伽马系统较高,影响因素与舒适性之间关联的概率也较高,详情如表 3-3 所示。

表 3-3　影响舒适性因素的伽马系数[14]

因　　素	舒适性/(%)	因　　素	舒适性/(%)
腿部空间	54	噪声	41
座位硬度	54	前后移动	40
座位宽度	52	突发下降	35
座位形状	51	空气流通	31
工作空间	49	转向	28
侧向活动	48	照明	27
座位调整	47	温度	27
上下活动	46	压力	26
一般振动	44	气味(臭味)	15
突发颠簸	43		

由表 3-3 可以看出,影响旅客舒适度最大的因素是腿部空间,人们常常用腿部空间不足来评价他们坐的飞机不够舒适,可见飞机旅客座椅的布局非常重要。当然座椅座面的高度、深度及硬度也与旅客乘坐舒适度高度相关,但由于座椅的造型属于供应商设计的范畴,不在本报告的研究范围内,故此处不做展开说明。

中国民用航空规章是安全性的最低标准,对于座椅之间的排距没有做明显的要求。在航空行业标准《HB 8397-2013 民用运输类飞机应急撤离的安全要求》[11]中针对座椅的最小间距有如下规定:"允许的最小座椅间距为 711.2 mm(28 in)。"在满足安全性要求的前提下,应考虑经济性,同时尽可能提高乘坐舒适性。座椅排距影响着旅客腿部和下肢的活动空间,研究座椅间距对旅客舒适性的影响,可以通过邀请旅客对座椅排距进行体验并打分的方法,也可以通过人体仿真的方法进行。在《飞机设计手册》第 7 分册中给出了客舱座椅的排距数据[12],如表 3-4 所示。

表 3-4　客舱座椅排距数据/mm(in)

	一 级	公务级	经济级
第一排座椅与前隔板距离	508(20)	458(18)	407~458(16~18)
最后一排座椅与后隔板距离	178~254(7~10)	127~178(5~7)	51~178(2~7)
排　　距	864~1 575(34~62)	813~1 016(32~40)	737~813(29~32)

2) 座椅与舱壁间隙

在《飞机设计手册》第 5 分册[13]中对座椅与舱壁间隙有如下规定:"每位旅客必须能自由地活动头部而不碰到客舱壁面,这要求从眼睛量起至少有 0.20~0.25 m(8~10 in)半径的活动空间,通常要求靠舱壁座椅的中心线至舱壁至少应有 30 cm(12 in)的距离,这样靠壁座椅扶手与舱壁之间也有一定的间隙,此间隙一般在 1~5 cm(0.4~2 in)之间。大都在 2.5 cm(1 in)左右。"

在航空行业标准《HB 8397-2013 民用运输类飞机应急撤离的安全要求》[11]中针对座椅与舱壁间隙座椅有如下规定:"通过使用安全带和消除头部碰撞半径内的障碍物来保护靠近舱壁乘坐的旅客,从坚硬的舱壁到头排座椅参考点之间的距离不应小于 1 066 mm(42 in)。"

3.3　座椅舒适性

3.3.1　影响座椅舒适性的因素

典型的经济舱座椅如图 3-12 所示,主要由座椅骨架、靠背、靠背调节机构、走廊扶手、中间扶手、舱壁扶手、背藏式餐桌、座椅垫等组成。

研究表明,座椅舒适性水平取决于以下因素[14]:

(1) 靠背是否能后倾便于阅读。

(2) 座椅能否适于坐姿的改变。

(3) 是否适用于不同的体型。

(4) 是否具有理想的体压分布。

(5) 椅面无剪切力。

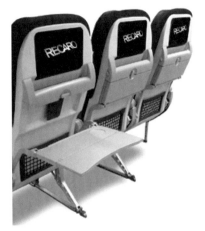

图 3-12　经济舱座椅①

（6）能够在座位上舒服地进行各种不同的活动。

（7）靠背符合人体曲线。

（8）是否方便调节。

3.3.2　座椅宽度和间距

飞机座椅的设计应符合人体需求，无论是身材娇小的亚洲女性，还是个子挺拔的欧美男性，都应感到座椅的舒适性。因此，在座椅设计过程中，应使用人体测量学数据。要想在较长时间内舒适地坐着，就需要更多的空间，而空间取决于座椅的宽度。此外，座椅间距也是影响座椅舒适度的重要因素，如前所述，座椅间距不能与腿部空间直接联系，还需要考虑座椅不同部位的厚度。总体而言，座位间距大，乘客乘坐更加舒适。

表 3-5 给出了目前航空公司关于飞机座椅常用的宽度和间距尺寸[15]。

表 3-5　飞机座椅的宽度和间距尺寸/mm(in)

	头 等 舱	商 务 舱	经 济 舱
座位宽度	533～838(21～33)	508～559(20～22)	432～470(17～18.5)
座椅间距	1 727～2 159(68～85)	1 397～1 651(55～65)	787～864(31～34)

3.3.3　理想体压分布

相关研究表明，体压分布与颈背疼痛有直接联系，理想的体压分布可直接减少不适感。针对飞机座椅的理想压力分布还需要进一步研究确立，但是飞机座椅与汽车座椅具有一定相似性。关于汽车座椅的体压分布和舒适性研究已经有

---

①　图片来自 www.recaro.com。

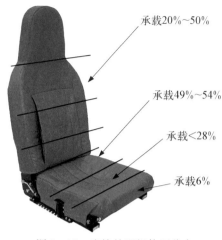

承载20%～50%

承载49%～54%

承载<28%

承载6%

图 3 - 13   座椅的理想体压分布

了不少成果：后仰式的靠背产生高度舒适感；腿前下方的支撑，可分散负荷，降低压力，减少不适感。假定乘坐飞机坐姿与驾驶汽车坐姿类似，则根据 Peter 和 Klaus 的研究结果[14]，理想的体压分布如图 3 - 13 所示。

3.4   客舱环境与舒适性

3.4.1   客舱温湿环境

客舱的温湿环境是决定乘务人员和乘客的作业效能与健康的重要影响因素。温度和湿度需要保持在一定范围内，因为人体对压力高度的降低感觉可能并不灵敏，但对温度和湿度等的感觉就会非常明显。

先进的民用飞机都采用了温度区域控制技术。客舱被划分为若干个区域，每个区域可以根据需要调节温度。乘务员可以在控制面板上看到并调节每个区域的温度。乘务员使用控制面板输入每个区域的乘客人数，根据乘客人数而不是座位数来调节空调组件的空气流量，提高了能源的利用效率。

高海拔巡航飞行时，客舱的空气会变得比较干燥，相对湿度为 10%～15%，有时甚至低于 5%，而人体感到舒适的相对湿度约为 50%～70%。湿度过低会使乘客感觉不适，引起高原反应或者眼干、喉咙疼痛等症状，需加湿来提高舒适性[16]。飞机上安装的环境控制系统可以调节空气的流动，保持客舱相对湿度在设定的范围内。A350 上提供了空气加湿系统的选装，可以使驾驶舱和头等舱的湿度达到 20%～25%，由于对流作用，经济舱的湿度也会增加 3%～4%。

但是加湿也存在问题，如携带水增加了起飞重量，意味着更大的成本支出；加湿器附近会诱发生物体生长；高湿度会导致机舱内壁发生冷凝、滴水和湿气冻结等现象，造成腐蚀等安全问题。

3.4.2   客舱噪声

客舱内的噪声会造成听觉疲劳，长期在噪声环境下工作还有可能产生噪声性耳聋。对客舱成员的生理、心理、人机效率都会产生影响。飞机噪声大小不但关系到该机型的适航符合性，同时也影响到飞机舱内的舒适性。噪声过大将导致飞机营运市场竞争力和乘客上座率的降低，因此民用飞机舱内噪声必须要达到适当的噪声水平。一般大型喷气客机巡航飞行时舱内噪声为 72～85 dB(A)声级，并向 75 dB(A)以下的目标发展。

为了提高客舱的声学舒适性，飞机制造商包括发动机制造商做出了巨大的努力，B787 巡航状态下舱内噪声可控制在 75 dB(A)以下。

发动机噪声、气动噪声以及内部设备噪声是舱内噪声的主要来源。要降低噪声，就需要从这几个方面入手。比如发动机采用消声短舱，就是为了降低发动机噪声。飞机机身的壁板设计为隔声结构，减弱外界传入的噪声，客舱的座椅和地毯也具有一定的吸声功能。

还有一种主动噪声抑制技术，对声场和结构振动进行跟踪，并实时产生与声源相反的次级声源和力源来抑制噪声。被称为"安静的空中巨人"的 A380，配备有一流的消音隔板与地板，并采用了新一代发动机和先进机翼、起落架设计技术，使起飞时座舱噪声相对于 B747 降低了 50%。

3.4.3　客舱压力

飞机的舒适程度在一定程度上取决于"客舱高度"。飞机升空后，随着飞行高度的增加，周围的空气越来越稀薄，气压下降，温度也在下降。在海拔 4 000 m 以上的高空，人就会出现较严重的缺氧症状。到了海拔 6 000 m 的高空时，机外温度下降到−24℃，空气密度仅为地表的 53%，此时人能维持有效知觉的时间仅为 15 分钟。由于高空空气稀薄，不能满足人体正常的生理需求，所以飞机客舱都是需要增压的。

现代客机的座舱是气密性客舱，飞机上的空调系统向座舱提供空气，用控制外流阀门的开度来控制客舱压力，使舱内压力高于外界大气压力。因为飞行高度和气压有一个对应关系，所以飞机一般以"客舱高度"来表示客舱压力。

较早的飞机的客舱压力高度是 8 000 英尺（2 438 米），这一高度通常可以避免乘客产生严重的组织缺氧、高空病等，美国和欧洲都规定飞机在最大使用高度上的客舱压力高度低于该值。A330、A340 和 A380 将此值降低到 7 500 英尺（2 286 米）；为了保障旅客的健康，提高乘客的乘坐舒适性，B787 和 A350 采用了 6 000 英尺（1 829 米）的最大压力高度；公务机的"客舱高度"通常比民航客机的低，所以更加舒适。

飞机爬升和下降，发动机供气量的变化等都会使座舱压力发生变化，造成人体不适。当大气压力变化速度达到一定数值后，还会引起航空性中耳炎、航空性鼻窦炎、航空性牙痛；当外部压力迅速降低时，按照降低速度的数值会依次引起耳鸣、耳痛及轻度眩晕等；当外部压力迅速升高时，中耳腔出现较大负压，按照压力增加速度的数值会依次出现剧烈的耳痛、明显的耳鸣，并常伴有眩晕、恶心。目前美国为了最大限度降低压力变化对座舱舒适性的影响，在 B787 上采用了新型的压力调节规律。

3.4.4　客舱空气质量

空气质量是影响座舱舒适性和安全性的重要因素。在飞行中的飞机里，我们呼吸到的不是新鲜的空气，而是客舱的循环空气与外部新鲜空气的混合气体。飞机客舱空气里含有的有害物质，主要来源于废气、燃料、润滑油、液压油、防冻液、灭火剂、涂料、电器绝缘物质、飞机内装饰材料、黏胶和机上运载物品。这些物质受热后能发生氧化分解反应,污染舱内环境;在机械故障、管道破裂或密封失效情况下,可冲出自己的封存系统和管道,产生的有害气体主要有 CO、CO_2、氮氧化物、氰化物、醇、醛和苯等。这些有害物将会造成严重空气污染,危害乘客健康。

近年来,国外飞机厂家在客舱舱内空气污染方面做了很多努力,如为飞机座舱环境提供监测设备;保证飞机通风和空气质量符合标准,禁止吸烟;装备和精心维护高效空气过滤器;在飞机内使用防火材料和无毒热分解产品,包括墙壁板、厢子、地毯和装饰材料等。

大多数飞机客舱都安装了常用于医院手术室的高效微粒空气(HEPA)过滤器,可有效地去除空气中的多种污染成分,包括细菌、病毒和真菌;HEPA 过滤器对 $3\ \mu m$ 以上颗粒物的灭菌率可达到 99.97%。

传统的空调系统从发动机引气,而 B787 飞机的空调系统通过飞机腹部的通道吸入外部大气,然后再通过电动压气机压缩后,进入热交换器和涡轮,调节空气的温度和压力,这种方法从根本上消除了燃油带来的潜在污染。

参考文献

[1]　Pineau C. The Psychological Meaning of Comfort [J]. International Review of Applied Psychology,1982(31):271 - 283.

[2]　Slater K. Human Comfort [M]. Springfield,IL:Charles Thomas 1985.

[3]　Dumur E,Bernard Y,Boy G. Designing for Comfort [J]. Human Factors in Design,2004:111 - 127.

[4]　Richards L G. On the Psychology of Passenger Comfort [J]. Human Factors in Transport Research,1980(2):15 - 23.

[5]　Richards L G,Jacobson I D,Kalthau A R. What the Passenger Contributes to Passenger Comfort [J]. Applied Ergonomics,1978,9(3):137 - 142.

[6]　Vink P,Hallbeck S. Editorial:Comfort and Discomfort Studies Demonstrate the Need for a New Model [J]. Applied Ergonomics,2012,43(2):271 - 276.

[7]　Naseem A,Gitte L,Jean-Marc R,et al. The thematic structure of passenger comfort experience and its relationship to the context features in the aircraft cabin [J]. Ergonomics,2014,57(6):801 - 815.

[8]　《飞机设计手册》总编委会.飞机设计手册.第 11 册,民用飞机内部设施[M].北京:航空工业出版社,1998.

[9]　许松林,周健,樊彦予.民用支线飞机客舱空间舒适性评价研究[J].航空科学技术,2014(07):17 - 22.

[10]　李渊.浅谈飞机客舱设计与乘机舒适体验[EB/OL].[2011 - 11 - 10] http://news.carnoc.com/list/205/205073.html.

[11]　中华人民共和国工业和信息化部.HB 8397 - 2013 民用运输类飞机应急撤离的安全要求[S].北京:中国计划出版社,2013.

[12]　《飞机设计手册》总编委会.飞机设计手册.第 7 册,民机构型初步设计与推进一体化设计

　　　　［M］.北京：航空工业出版社,2000.

［13］　《飞机设计手册》总编委会.飞机设计手册.第 5 册,民用飞机总体设计［M］.北京：航空工业
　　　　出版社,2005.

［14］　Peter V，Klaus B. Aircraft interior comfort and design［M］. New York：CRC Press，2010.

［15］　Airlire Seat Comparison Charts ［EB/OL］. http://www. seatguru. com/charts/
　　　　generalcharts.php.

［16］　袁领双,庞丽萍,王浚.大型客机座舱舒适性发展分析［J］.航空制造技术,2011(13)：
　　　　54 - 57.

第4章 客舱内饰设计

本章将着重针对客舱空间中的子系统来详细阐述,包含客舱壁板与舷窗、灯光照明、行李箱、客舱舱门、驾驶舱门、分舱板等的设计方法。

4.1 客舱内饰设计概述

4.1.1 客舱内饰设计的定义

通常所说的客舱内饰(cabin system)是指由一部分具有一定装饰性的飞机零部件所组成的系统。这部分零件不仅有装饰的作用,而且他们所涉及的功能性、安全性、舒适性以及工程属性也是非常重要的。

客舱内饰是乘客对机舱最为直观的感受,是乘客认知航空公司品牌的重要途径之一。优秀的客舱内饰设计能够表达出超乎产品之外的文化与价值,对于提高乘客对航空公司的忠诚度有着非常重要的影响力。因此如何通过总体的规划设计和对细节的把控,提升客舱内饰的品质,毫无疑问成了飞机制造商不断创新、突破的地方。唯有令人"耳目一新"、富于现代时尚气息、融合企业文化特征与国际性审美品位的客舱内饰设计,才能建立过目难忘的品牌形象,并给乘客留下美好独特的飞行体验,让乘客爱上飞行。

4.1.2 客舱内饰的构成

客舱内饰是民用飞机机身的重要组成部分,其设计工作量所占到的比重也相当大,民机主制造商往往会有一支庞大的内饰团队以及多个内饰供应商来共同完成与内饰相关的大量工作。客舱内饰主要包括客舱空间、座椅系统、厨厕系统等几个大系统。

客舱内饰工业设计首要满足功能、空间、舒适性、照明、氛围等多方面的要求,还必须符合客舱布局、人机工程学、适航标准、国家标准、行业标准、企业标准等要求。一般要设计多套方案进行评审,通过精细改进,达到设计预期效果。

4.1.2.1 客舱内饰设计项目策划阶段

通过对总体要求的分析研究,找准设计需求,准备相关资料,进行初步概念设计。初步设计包含设计要求分析报告、产品故事板设计、手绘效果图、相关设计数据整理等。

4.1.2.2　客舱内饰设计项目详细设计阶段

此阶段包括详细设计和样件制造以及详细设计评审和样件制造评审。详细设计包含三维数模建立、CAD/CAE、效果图渲染、人机验证、干涉验证等;样件制造包含软模、3D打印件外观验证以及人机验证;详细设计过程中需要不断结合验证结果进行设计修正,同时比较各种方案的真实实现成本,并筛选最优方案进行样件制造。设计样件通过评审后,进行设计数据冻结并开始产品工艺方案设计、模具设计与定制生产计划。

4.1.2.3　客舱内饰设计项目批产准备阶段

此阶段根据设计样件进行进一步工艺验证及工艺方案评审,并将评审意见收集整理,提供解决措施,提出产品工艺方案。通过产品工艺与模具设计评审后,发布对产品的物理机械性能及装配匹配进行认可的报告,完成控制计划、工装图和工艺卡后,即可进入批生产阶段。工业设计流程如图 4-1 所示。

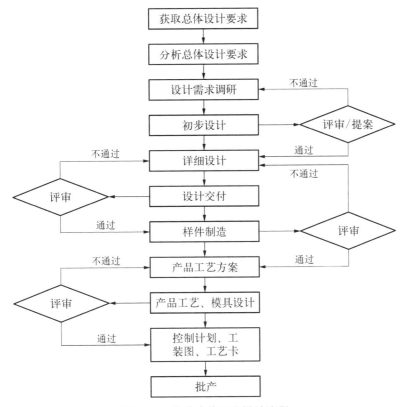

图 4-1　客舱内饰工业设计流程

4.1.2.4　客舱内饰工业设计要求

(1) 客舱内饰设计应符合总体设计的要求和效果。

(2) 客舱内饰组件应满足可批产的技术成熟度,并满足相关技术协议的要求。

（3）客舱内饰设计应执行国家适航标准和企业标准。

（4）客舱内饰设计应符合客舱布局的要求。

（5）客舱内饰设计应满足人机工程学要求，提高舒适性。

（6）内饰产品设计尽量系列化、标准化、通用化；尽量采用标准件、通用件。

（7）内饰产品设计中应考虑到加工、装配、维修的便捷性和经济性。

（8）表面质量：高可见区，A级曲面，局部相切连续；低可见区，B级曲面，相切连续；不可见区，C级曲面，位置连续。

4.1.3 典型客舱内饰案例分析

1）某国产飞机客舱内饰

某国产客机客舱内饰在设计之初，就提出了"以旅客需求为中心"的设计理念。整个方案能够保证飞机在飞行中提供良好的工作条件、必要的储藏和使用设备；同时为旅客提供优雅的飞行空间环境和舒适方便的使用及服务设备。内饰将采用流线型的设计语言和素雅的色彩环境（见图4-2），以及最新技术材料以降低噪声并改进客舱的空气循环。

图4-2 某国产飞机公务舱设计方案之一

某国产飞机机身的宽度为3.96米，比B737提升了20厘米。客舱使用新型下拉式头顶行李箱，尽可能地解放乘客头部空间。在1 640万色的LED灯光系统作用下，其客舱情境灯光系统将会给旅客带来更加梦幻的飞行体验（见图4-3）。

全新的旅客服务装置PSU，其最大特点是采用了光环形的灯光系统设计，融合了阅读灯与旅客服务灯，通过不同的色彩来区分使用状态；同时，个人通风口也设计在光环之内。整体设计简洁统一，非常具有科幻感。

2）某新型客舱内饰

某新型客舱内饰如图4-4所示，以柔中带刚的线条营造轻盈、浪漫的客舱氛围；不露锋芒的科技感内敛地传递出悠闲从容的心境，营造出静谧柔和的意境，充

图 4-3　某国产飞机经济舱设计方案之一

图 4-4　某新型宽体客机头等舱内饰方案之一

满了人文气息的和谐韵味。

　　头等舱段采用头顶行李箱下置设计,行李箱与座椅系统整合,保证行李箱功能的同时,提供更为便捷的行李存取动作,释放大量的客舱上部空间。并使用新型智能情景灯光系统,可以模拟出各种动态光照效果,烘托个性化的空中客舱氛围。内饰方案如图 4-5 及图 4-6 所示。

　　各类交互式标识标牌的应用,可使原本固定的可视化形态,达到适应因不同情景灯效而改变的客舱灯光环境(见图 4-7)。

　　更新的旅客服务装置 PSU,沿用并升级了某国产飞机的光环形灯光系统设计,在融合了阅读灯与旅客服务灯的基础上添加了情景灯光。

　　3) 空客 A320 系列内饰

　　空客 A320 系列内饰于 2017 年巴黎航展上推出了其全新客舱设计(见图

图 4-5　某新型宽体客机头等舱动态情景灯效方案之一

图 4-6　某新型宽体客机公务舱内饰方案之一

图 4-7　某新型宽体客机经济舱内饰方案之一

4-8),客舱使用新型头顶行李箱,可容纳行李件数由 5 个增加至 8 个,同比提升 40%。采用完全客户化定制的客舱灯光系统,应用在从登机区域的迎宾氛围灯光 到整个客舱多样的情景灯光系统中。

图 4-8 空客 A320 客舱内饰①

优化后的新型客舱壁板设计将乘客的肩部空间增加了 1 英寸(25.4 毫米),并 采用与 A350 相似的舷窗设计。

新 A320 内饰采用了统一的舱门包围(见图 4-9),框架采用简约的线条设计,保持 了统一的客舱设计理念。乘客还可以享受到由模块化的 IFE 平台提供的个人娱乐系统 服务、座椅电源、无线互联网和手机通话服务。A320 的全新客舱将于 2020 年投入使用。

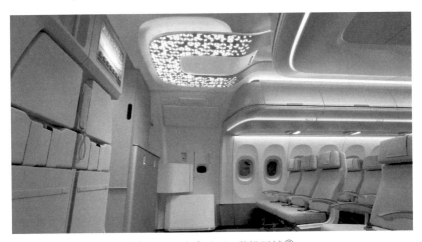

图 4-9 空客 A320 登机区域②

① 图片来自 https://apex.aero/recaro-airbus-offer-SFE-economy-seat。
② 图片来自 http://weibo.com/u/2929429725? sudaref = image. baidu. com&-retcode = 6102&-nick = SkyHunter1911。

4）波音 B737 系列内饰

波音 B737 系列内饰如图 4-10 所示，B737 采用了与 B787 相同的"蓝天内饰"。其特点是采用了多彩 LED 的情景灯光照明系统、重新设计的天花板、更大的行李箱以及新设计的侧壁板与舷窗等。

图 4-10　波音 B737 客舱内饰（一）①

精心设计的侧壁和舷窗框造型把乘客的视线引向窗外的景致，而窗外才是乘客们认为最能深刻地体验激动人心的飞行感觉的地方。与 B787 同款的新型头顶行李箱的设计使得 B737"蓝天内饰"的客舱显得更为宽敞。行李箱采用了下拉式旋转开启的方式，当其关闭时可藏入天花板中，给过道和座椅顶部带来了更大的空间。开启箱门的手柄能满足不同人群的使用习惯，可下揿，也可上拨。行李箱可以容纳 4 个标准的 9 英寸×14 英寸×22 英寸（229 毫米×356 毫米×559 毫米）的拉杆箱（见图 4-11）。

波音公司重新设计了旅客服务装置 PSU，控制开关更加接近对应的阅读灯，呼叫乘务员按钮在形线上进行了引导设计，确保不会在开灯的时候误按呼叫按钮，两种显示按钮在亮度和色泽上也保证了一定的差异。同时，个人通风口的设计很形象，其外形看起来就像是一个四叶风扇（见图 4-12）。

5）空客 A330neo 内饰

空客 A330neo 作为 A330 系列飞机的最新型号，对客舱内饰也进行了全面的优化，从 A350XWB 的客舱设计中借鉴了许多设计亮点。

采用 18 英寸（457 毫米）宽的经济舱座椅使乘客肩与肩的接触减少；没有任何

---

① 图片来自 http://www.boeingchina.com/productsandservices/737ng/。

图 4 - 11 波音 B737 客舱内饰(二)①

图 4 - 12 波音 B737 客舱内饰(三)②

阻碍的前排座椅下方空间很大程度上增加了乘客的脚部活动空间。新设计的侧壁板使用向外的曲线巧妙地隐藏于结构梁之间,营造出一个更开放、更明亮的乘坐空间(见图 4 - 13)。

更大的行李箱保证了长途旅行的乘客能够轻松放置他们的随身行李,行李箱造型设计采用了平行线和连续面的延展,这样有助于减少体积感,扩大客舱的空间感。另外,一些特点鲜明的设计元素也会成为"空客飞行空间"客舱的标准配置,比如目前最新的 LED 情境灯光系统,简明、笔直的线条和形状,整洁的表面,以及空客独有的可进行客户化设计的欢迎区域(见图 4 - 14)。

---

① 图片来自 http://www.boeingchina.com/productsandservices/737ng/。

② 图片来自 http://jingyan.todgo.com/shenghuo/240122wja.html。

图 4-13　空客 A330neo 客舱内饰(一)①

图 4-14　空客 A330neo 客舱内饰(二)②

总而言之,以上这些方面不仅能够从美学角度为乘客提供愉悦的感觉,而且能够为乘客实实在在地提供更大的空间,而不只停留在感官感受。所有这一切都将从 A330neo 的全新客舱开始。

6) 庞巴迪窄体飞机

庞巴迪的 100～150 座的 C 系列窄体飞机客舱内饰如图 4-15 所示,其客舱采用一排 5 座布局。其整体客舱内饰设计方案由美国内饰公司 Zodiac C&D 重点打造。在长达 10 年的设计开发中,该公司一直注重把飞机机身的形线设计应用到内饰设计里,以满足庞巴迪对该产品可运营二三十年的要求。Zodiac C&D 的工业设计和模型制造商 Zeo 一共提供了 50 多个虚拟的电子客舱方案,仅样段就制造了 6

①　图片来自 http://news.carnoc.com/list/340/340197.html。
②　图片来自 http://www.010lm.com/roll/2016/0402/1460480.html。

个。在内饰设计竞标中,几家飞机供应商都不约而同地选择了使用下拉式客舱行李箱,这样的设计扩充了人员的活动空间,使 C 系列飞机能让 95% 的乘客自如地在客舱内行走。C 系列飞机上所采用的这种创新型箱斗式设计是目前窄体飞机的内饰设计趋势,它能够为乘客带来宽敞的视觉感受,更重要的是在进行照明系统、电缆和其他航线的维修检测及进行可更换设备的快速拆卸时,也相比传统的行李箱更方便、易操作。C 系列的大行李箱设计可以多提供 25% 的行李箱空间,一个行李箱内可以同时存放 3 个旅行用标准的 22 英寸(559 毫米)拉杆箱,最大可以存放 24 英寸(610 毫米)的拉杆箱。

图 4-15　C 系列飞机客舱内饰(一)①

　　C 系列的侧壁板轮廓线和遮阳板的组合设计,扩大了视野(见图 4-16),也给靠窗旅客坐高肩部位置的尺寸多出了 2 英寸(50.8 毫米)空间。庞巴迪 C 系列的视

图 4-16　C 系列飞机客舱内饰(二)②

---

① 　图片来自 http://commericialaircraft.bombardier。
② 　图片来自 http://blog.swiss.com/en/2016/06/c-series-cabin-space-short-haul。

窗非常大,尺寸为 11 英寸×16 英寸(279 毫米×406 毫米),比其他飞机长度和宽度大了 4 英寸(102 毫米)。C 系列提供了一个特别的后盥洗室,其内部拥有一个与客舱内一样的观察窗,此外,双铰链式盥洗室门能保障残障人士使用轮椅时进出便利。

4.1.4　未来客舱内饰设计趋势

民用航空业随着人类出行需求发展的脚步不断更迭,人们对民机内饰的要求也从交通工具实用性演变为高品质和个性化。对于运营着大型客机和中远程航线的航空公司而言,一般将头等舱和公务舱客户作为其盈利重点。如何最大限度地提高旅客乘坐品质、提高客舱空间利用率以及跨界新技术的引入,不仅能为航空公司带来更大的经济利益,而且能提高旅客的品牌忠诚度。

不管是新型远程宽体飞机,空客公司的 A350XWB,还是波音公司的 B787,或者研制中的 B777X,飞机设计者们都在考虑如何更为高效地利用位于机体客舱天花板之上的顶部空间,如何提供更为舒适的乘坐体验以及更为多元化的娱乐系统体验等,这些都将成为未来客舱内饰设计的趋势。

4.1.4.1　更高效的空间利用

Sicma 宇航座椅公司研究出了一种名为"如家"(MYAH)的设计方案,该公司在 2010 年国际内饰博览会上展出了这种最新概念的座椅和睡床模型。MYAH 设计方案克服了现有的一体式座椅的一个基本问题,实现了乘客在座椅直立、斜卧和平躺位置时能够达到同等舒适程度的目的。解决途径是对一体化功能的拆解,布置了一个针对坐姿优化的座椅(见图 4-17),结合一旁的平铺睡床,形成一套单独舱位,从而实现了坐卧分离,增强了舒适性。考虑到整体的排布密度,设计时考虑利用纵向空间使前后睡床在高度上分层布局,有部分区域是交错的。

图 4-17　Sicma 设计的"伸缩座椅"方案

在博览会期间,公司展示的这个方案很受欢迎。公司表示,有 3～4 家航空公司已经表示希望与之共同就此设计方案进行后续的研究工作,而且该方案的适航取证也没有遇到很大障碍。因为当乘客在起飞着陆阶段直坐在座位上时,旁边的床体对取证试验不会有任何影响。但目前需要通过试验验证的项目是,必须要保证床体垂直部分的通风良好。如果这个设计方案在这方面有所突破的话,会很快进入实用化阶段。

　　Aviointeriors 公司目前正在努力的方向是,在保持座椅展开后与传统座椅有同等水平舒适程度的情况下,增加传统商务舱的排布密度。当然,原则是设计团队通过对比现有的诸多商务舱布局,如传统的前向对直、前向交错、对坐或者箭尾式布局等,开发一种新的三维座椅,能够更加有效地节省细部空间,增加客舱座位数。例如,使用这种新型座椅,在反向或箭尾式布局中能够多排列 5 个座位,在前向交错式排列中基本能出 9 个座位。

　　Aviointeriors 的技术总监解释说,他们的设计初衷是在不增加座椅排距的前提下,提供一个完全意义上的平躺床(见图 4 - 18)。在传统布局中,能满足 95% 人群生理要求的平躺床的长度应达到 185.58 厘米(77 英寸),其他的一些变化则主要是为了排布密度和私密性要求而做的一些折中处理。这种三维座椅利用了前向、后向以及不同的空间位置来综合构型,使得设计后的座椅能在不同的空间高度上交错排布。在这样的布局中,座椅的排距只需 160～170 厘米(63～67 英寸)就可以实现同等的功效,而传统头等舱座椅通常需要的排距为 203 厘米(80 英寸)。此外,这种座椅在重量和舒适程度上和现在常规的平躺座椅差不多,展开后的长度能达到198 厘米(78 英寸),肩部的宽度在 63.5 厘米(25 英寸)。

图 4 - 18　Sicma 公司的座椅组合设计

4.1.4.2　更舒适的乘坐体验

　　某新型宽体客机包厢式头等舱座椅布局,座椅可变为平坦的单人床位,如图4 - 19 所示。

　　空客 A380 为头等舱旅客设计了更为宽大的私密包厢与更大的公共区域,如图4 - 20 所示。

　　阿提哈德航空公司为其 A380 配置了特色的头等舱。它配有一间客厅、独立双人卧室(见图 4 - 21)和一间可淋浴的盥洗室(见图 4 - 22)。乘客可以享受专属的私人空间,并配有专属的管家、顶级厨师以及门卫服务。

图 4-19　某新型宽体客机头等舱座椅方案之一

图 4-20　A380 头等舱区域①

图 4-21　阿提哈德航空公司 A380 头等舱卧室②

---

①　图片来自 http://roll.sohu.com/20150416/n411351141.shtml。
②　图片来自 http://www.jiemian.com/article/211312.html。

图 4-22 阿提哈德航空公司 A380 头等舱盥洗室①

　　该舱段区域位于 A380 的上层客舱区域,头等舱和商务舱之间设立了一处服务大厅,在这里高端旅客可以在舒适的环境中互相交流(见图 4-23)。

图 4-23 阿提哈德航空公司 A380 头等舱客厅②

4.1.4.3 更多元化的娱乐系统体验

　　随着娱乐技术的发展,虚拟现实将代替现在的小电视屏幕,成为航空娱乐的未来主流技术,目前已有不少航空公司在航展上搭起了自己的虚拟现实实验室,参观者可以通过 VR 眼镜体验在飞行的机舱中的状态(见图 4-24 和图 4-25)。目前虚

① 图片来自 http://www.takefoto.cn/viewnews-800067.html。
② 图片来自 http://news.ifeng.com/a/20140926/42094996_0.shtml。

拟现实的应用在航空领域还处于培训飞行员、机务维修以及设计展示的层面,但相信随着整个行业的发展,虚拟现实在航空娱乐领域会有很快的发展,届时旅客们可以在漫长的旅途中享受虚拟世界的奇妙体验了。

图 4-24　某未来飞机客舱概念图(一)

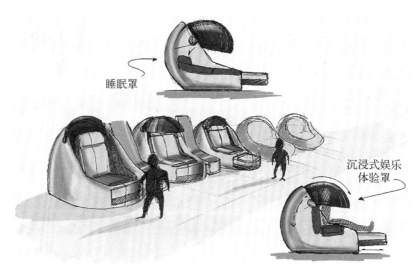

图 4-25　某未来飞机客舱概念图(二)

4.2　客舱舷窗设计

4.2.1　客舱舷窗的发展

在民用飞机客舱中,客舱舷窗位于飞机机身侧面,为座舱提供辅助采光。随着时代的发展,舷窗的设计也在不断发生着变化。

　　"巨人号"(Goliath)是最早的民航飞机之一(见图 4 - 26),改装自轰炸机。早期的飞机飞行高度不高,速度较低,因此舷窗并不需要特别的设计,此时飞机的舷窗造型看起来与公共汽车相似。随着飞行技术的提高,飞机飞得更高更快,因此对于飞机结构的要求更高。此时一些如 DC - 7、星座等飞机都开始使用增压客舱来提高旅行的舒适度,因此在舷窗周围需要一些结构设计来加强机身,舷窗的尺寸也因此开始缩小,当时的飞机舷窗没有遮阳板,采用窗帘遮挡强光。

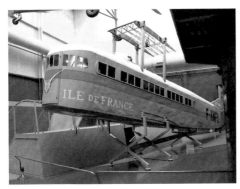

图 4 - 26　"巨人号"民航飞机①

　　进入喷气时代后,飞机的飞行高度进一步增高,客舱对增压的承受要求也有提高。根据"彗星号"空难研究发现,彗星号设计有严重瑕疵,包括机身蒙皮厚度不足、无法应付金属疲劳等,且飞机脆弱点正是出现在方形窗户上;从此客机的金属疲劳问题受到重视,航空界也将方形舷窗设计改为能减小应力集中、提高金属疲劳强度的圆弧形舷窗。而飞机机身结构承受压力的标准也提高到更高的水平。

　　此后美国波音公司吸取了"彗星号"的教训后,采用了新型材料,并将舷窗形状从方形改成了圆形来确保飞行的安全性,B707 所推出的长圆形舷窗如今已经成为行业标准(见图 4 - 27),波音公司还首次在舷窗上采用了如今已司空见惯的塑料遮阳板。

　　舷窗的设计随着时代的发展在不断发生着变化,B747 - 8i 以及 A380 采用了电动遮阳板(见图 4 - 28),只需一个按键就可以放下窗帘和遮阳板。在推出遮阳板的50 年后,波音公司却在 B787 上取消了这个风靡航空界的设计,B787 安装了亮度可调舷窗,通过给舷窗内的介质通电,不需遮阳板就可以实现不同亮度的调节。

4.2.2　舷窗的工业设计要求

在民用飞机舷窗设计中应充分考虑以下三点要求。

4.2.2.1　满足飞机的结构性设计要求

民用飞机的舷窗大小主要与飞机的结构有关。飞机的机体主要由蒙皮、桁条、

---

① 　图片来自 http://sky.news.sina.com.cn/2013 - 08 - 28/160343147.html。

图 4 - 27 B707 飞机舷窗

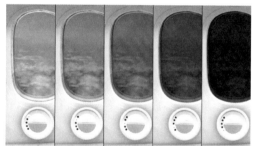

图 4 - 28 舷 窗 设 计①

隔框等组成。他们彼此交错,横竖组合,相连在一起,舷窗则镶嵌在其中,故它的大小受到限制。其中,典型代表就是"协和"客机,该机由于需要超音速飞行,对飞机结构的要求更高,机体上的加强件连接也更密集,所以它的窗户只有明信片那么大。此外,客舱窗户强度也是不一般的。飞机上的舷窗不是玻璃的,采用的材料是丙烯酸类树脂,这种树脂具有比玻璃轻、坚韧性强且加工方便等特点。通常,客舱内的窗户都采用"失效安全(fail-safe)"的设计理念,由三层树脂材料组成,当一层窗户出现破损的时候,不会影响整机的安全。

进入21世纪之后,航空领域因为使用大量复合材料而进入了新纪元。B787因为大量使用强度较大的复合材料,减少了结构加强件,故它的窗户也增大不少,比起通常的客机大出近3成,如图4-29所示。

---

① 图片来自 http://edition.cnn.com/travel/article/lufthansa - 747 - 8 - intercontinental/index.html 与 http://info.screen.hc360.com/2015/10/090914379851.shtml。

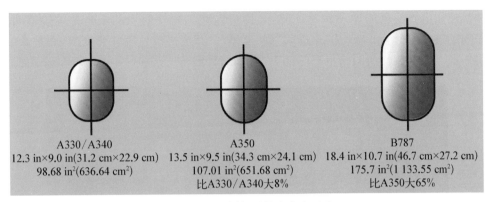

A330/A340
12.3 in×9.0 in(31.2 cm×22.9 cm)
98.68 in²(636.64 cm²)

A350
13.5 in×9.5 in(34.3 cm×24.1 cm)
107.01 in²(651.68 cm²)
比A330/A340大8%

B787
18.4 in×10.7 in(46.7 cm×27.2 cm)
175.7 in²(1 133.55 cm²)
比A350大65%

图 4 - 29　不同机型舷窗大小对比

4.2.2.2　满足飞机的安全性设计要求

在民用飞机客舱中,客舱舷窗位于飞机机身侧面,为座舱提供辅助采光;同时,舷窗作为飞机逃生救援的重要观察口,在特定条件及环境下,便于应急逃离时选择路线,为飞机外营救人员提供观察口,对乘客及乘务员尽快逃离事故现场起着重要作用。因此,飞机客舱舷窗应设计为具有良好的光学性能、可靠的力学强度和可承受高空载荷作用。

4.2.2.3　满足飞机的舒适性设计要求

民用飞机客舱舷窗作为客舱设计中的组成部分,为客舱乘客及乘组提供必要的辅助采光及满足特殊条件功能,分布于飞机的前机身段和中后机身段,临近飞机侧壁的乘客座椅处。由于飞机是一个狭小封闭的空间,因此客舱舷窗的设计直接影响飞行旅途中乘客乘坐的舒适性,特别是飞行时间长、载客量大的远程大型飞机。传统的客舱舷窗设计中,当机外的光强过强,乘客感觉刺眼或者燥热时,只能生硬地关闭遮光板;但在遮光板关闭后,乘客不仅无法欣赏机外的风景,而且客舱光线陡然变暗,也会使乘客增加心理压力,引起烦躁的心理特征。

目前,在许多新型民用飞机的设计中,越来越多地考虑了座舱环境带给乘客的舒适性飞行体验。随着新材料及新的光电技术不断发展,客舱舷窗系统也在向智能化的方向发展。采用电致变色技术,可以改变舷窗系统的透光率,淘汰传统的机械塑料遮光板,使乘客在不影响其他人的情况下改变舷窗外入射的太阳光光强,既能调节光线、减少紫外线的入射及眩光,又不会阻碍乘客观看机外的风景。此外,在设计智能舷窗系统的同时考虑飞机起飞与降落等特殊飞行条件,整个系统设计总体控制功能及监控系统功能,便于空乘人员控制舷窗透光率,监控舷窗系统状态,增加飞机的安全性。

4.2.3　舷窗设计案例

4.2.3.1　波音 B787"梦想客机"舷窗设计

舷窗是波音 B787 的一大特色(见图 4 - 30 和图 4 - 31),舷窗没有物理遮阳板,并且使用电致变色的原理调整明暗,这样可以减少窗外射入的阳光并维持透明。舱窗的透明度分为5级,从"全透明"到"全黑"。其实终极色度并非全黑,而是像墨镜一样。舱窗在任何明暗状态时都100%防紫外线。

图4-30　波音 B787 飞机舱窗(一)①

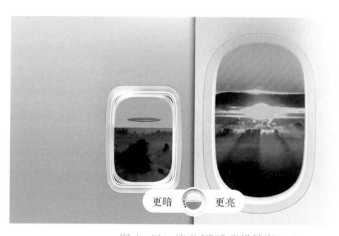

图4-31　波音 B787 飞机舱窗(二)

尺寸方面,B787 与之前的飞机相比,规格是最大的(48 cm × 28 cm),如图4-32所示。波音公司提供的数据显示,B787-9 的舱窗尺寸比 A330 大78%,比 A350 大40%,而且舱窗的位置更高。

4.2.3.2　国产某新型宽体客机舱窗设计

宽体客机客舱内饰方案在设计之初就提出"以旅客需求为中心"的设计理念。整个方案能够保证飞机在飞行中提供良好的工作条件、必要的储藏和使用设备,同

---

① 图片来自 http://www.boeing.cn/。

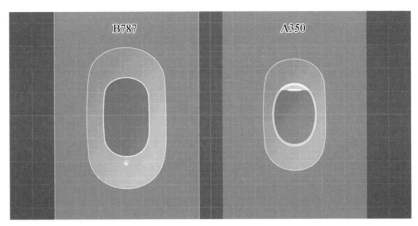

图 4 - 32　B787 与 A350 舷窗大小对比

时为旅客提供优雅的生活环境和舒适方便的使用和服务设备。

客舱采用全新的智能电子舷窗技术,舷窗采用电致变色的新材料,可触控调节舷窗的透光度;舷窗系统连接多媒体服务器,可触控显示各类航程信息,将曲面显示屏与舷窗设计为一个整体,不占用客舱空间,让旅客体验更自由的云端享受。

4.3　客舱照明设计

4.3.1　客舱照明定义

客舱照明是指适合乘客和空勤人员的正常照明,也称为一般照明,还包括局部照明和舱内应急照明,为旅客营造安全、舒适、温馨的客舱光环境。客舱部分包括座椅、卧铺、衣帽架、帘幕、壁板、天花板、地毯、书报架、屏风、顶部行李箱等。

4.3.2　客舱照明组成

4.3.2.1　客舱照明

客舱照明包括一般照明、局部照明和应急照明。

一般照明由天花板灯、侧壁灯以及标识和标牌组成,布局如图 4 - 33 所示。

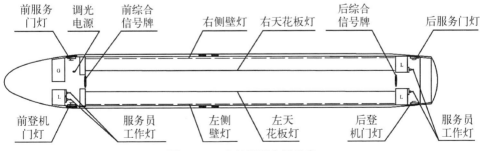

图 4 - 33　客舱照明布局示意

　　局部照明包括入口区域灯、服务员工作灯、旅客阅读灯和客舱呼叫系统,入口区域灯、服务员工作灯及客舱呼叫系统的布局如图 4-33 所示。

　　入口区域灯在登机门处,为旅客在上下飞机期间提供照明,包括前登机门灯和后登机门灯;前服务门灯和后服务门灯为服务门区域的活动提供照明。

　　服务员工作灯为服务员的工作区域提供照明。

　　旅客阅读灯位于旅客服务装置组件(PSU)上,每个座位一个,并配有可单独操作的开关,为旅客的阅读等事项提供合适的局部照明,布局及操作方式如图 4-34 所示。

图 4-34　旅客阅读灯示意

　　客舱呼叫系统的呼叫显示面板上有四种不同颜色的信号提示灯,布局如图 4-33 中的前综合信号牌、后综合信号牌。

　　(1) 蓝色灯用于旅客呼叫服务员指示。

　　(2) 红色灯用于机组人员呼叫服务员指示。

　　(3) 绿色灯用于服务员之间的呼叫指示。

　　旅客服务组件上有一个旅客呼叫服务员指示灯,当旅客按下此按钮时该灯亮,飞机上乘务员再次按压该按钮后该灯灭。

4.3.2.2　应急照明

　　客舱应急照明包括应急过道灯、应急出口标志、出口位置标志、临近地板出口标识、出口区域照明以及通道地板照明,布局如图 4-35 所示。

　　应急过道灯安装在客舱天花板上,为旅客应急撤离通道提供照明;应急出口标识安装于每个出口上方或客舱分舱隔板上,用作具体出口的指示;应急出口位置标识安装在客舱天花板上,为旅客在应急撤离时指示应急出口的位置;临近地板出口标识安装于每个出口侧下方,用作具体出口的指示;用于通道地板照明的应急地板荧光条安装在客舱地板上,为旅客到达所有应急出口指引应急撤离路线,告示具体出口位置。应急地板荧光条为非电设备,在客舱正常照明熄灭后,能自动提供至少10 分钟以上的照明。

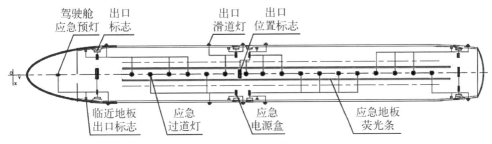

图 4 - 35　应急照明布局示意

4.3.3　照明设计要求

客舱照明设计示意如图 4 - 36 所示。

图 4 - 36　客舱照明设计要求示意

4.3.3.1　照明系统与光源

在客舱内，可使用直接、间接、混合式照明系统。灯光和客舱内部装饰品在颜色的选择上都需要充分考虑，减少空间压抑感对旅客的影响。侧壁上泛光灯的光源应该是不可见的，以防止其成为对工作人员直射或反射的眩光源。灯的色调及亮度应具有可选择性和可调节性。灯光设计要求示意如图 4 - 37 所示。

图 4 - 37　灯光设计要求示意

1）照明灯具

客舱内部,灯的位置应能提供均匀照明,因考虑到旅客的习惯,在功能设计上也应考虑到可调整性。位于可能装载设备或被人员碰撞的区域里的光源设备,应加以保护和位置设置合理化,防止意外伤害;同时,考虑到光源设备存在损坏性的问题,在设计时,要考虑光源设备具有可更换的功能,以防止光源设备损坏而影响其使用功能,致使飞行中出现故障。在保证照明质量的前提下,应优先采用开启式灯具,并少采用装有格栅、保护罩等附件的灯具。

2）照明布局

在照明布局时,应充分考虑节能和天然采光,根据实际需求设计照明布局。采用合理的照明控制方式和控制装置,避免照明系统维护困难。

3）照明设计

照明设计需要考虑亮度分布、照度、眩光、光的方向性、光和表面的颜色特性、闪烁、天然光、维护等光环境特性参数。为了防止和减少由镜面反射引起的光幕反射和反射眩光,应该避免将灯具安装在干扰区内。增加灯具发光面积,但必须避免出现光斑。

下面将通过光源种类、照度、色彩、维修、照明灯具、旅客阅读灯、衣帽间照明、信号标志、客舱照明控制装置这几个方面详细阐述客舱照明设计要求。

4.3.3.2　光源种类

目前,客舱照明光源主要有发光二极管(LED)、白炽灯、荧光灯三种。

客舱照明中的指示、信号标志、区域照明、阅读和装饰照明一般采用 0.3 W、0.03 cd 到 36 W、50 cd 范围内的白炽灯。荧光灯一般用于客舱的区域照明及装饰照明。LED 比白炽灯更高效,使用寿命更长,现多用于平面视频播放等,已成为主体光源。

4.3.3.3　照度要求

客舱过道和座椅区域照度不可低于相关规定中推荐的最小照度要求:

（1）登机和离机时:过道 21.53 lx,座椅 53.82 lx,楼梯 86.08 lx,行李架 53.82 lx。

（2）夜间飞行时:过道 21.53 lx,座椅 21.53 lx,楼梯 86.08 lx。

（3）夜间飞行睡眠时:过道 1.08 lx。

4.3.3.4　色彩要求

照明区域的灯光颜色在没有特殊要求时,以白光为主要光源色,如图 4-38 所示,并且机舱内每个区域灯光的照度都必须达到规定值。

色彩对人心理状态的影响很大。红、橙、黄等暖色,可以刺激人的兴奋度,使人体温升高;绿、青、蓝、紫等冷色,能够使人心情平静,带来清爽的感受。色彩对于人心理上的影响详见表 4-1。

4.3.3.5　维修要求

设计时要充分考虑到维修及维护的方便性,确保不使用专用工具就能更换灯泡和进行清理。

图 4-38　白光照明示意

表 4-1　色彩对于人心理的影响

色彩	特点	对人心理的影响
红色	较具刺激性	使人感到新鲜、欢快；可以增加人的食欲，促进血液循环；让人产生权力和控制的欲望；容易使人产生焦虑和身心受压的情绪，容易产生疲劳
黄色	反光强，易被吸收；明亮度大	象征健康、希望，使人欢快、喜悦
橙色	被奉为神圣的颜色	繁荣与骄傲的象征，代表力量、智慧、震撼、光辉和知识；也代表敏感、同情、自助及助人；能产生活力、诱发食欲，代表健康，也有成熟与幸福之意；在使用适度的情况下，给人柔和、温暖的感觉；对神经紧张和易怒的人有负面的刺激作用
绿色	被看作中立、和谐的颜色；最容易被看见	令人感到稳重和舒适，象征着生命、平衡、和平和生命力；代表积极向上且充满青春的活力，可以制造平静安宁的氛围；可以解除眼睛的疲劳、消除神经紧张，过分使用会产生负面作用；可以吸收噪声，不能刺激消费欲望
蓝色	搭配方便；情感化的颜色	象征和谐和平安，容易使人满足，令人产生遐想；令人想到孤独、沉思、独立和平静，是真理和和谐的颜色，常常用于冷却、安抚、调整和保护；使人感到宁静优雅，有降温冷却和催眠的作用；过多使用时，会使人感到压抑
紫色	被认为是神秘的颜色	对眼睛、耳朵和神经系统会起到安抚的作用；会压抑人的情感，特别是愤怒
黑色	用处最多的颜色	给人庄严、压抑、悲哀的感受；高贵并且可以隐藏缺陷；适合与白色、金色搭配，起到强调作用，使其更为耀眼
白色	应用最广，自然界中分布最多；是一种调和色	显得素雅、纯洁、神圣；可以点缀各种颜色；会反射全部光线，具有洁净和膨胀感；空间较小时，以白色为主可以增加空间的宽敞感
灰色	极为随和，中间色的代表	给人空虚、不实的感觉；如果以灰色为基调而不点缀其他颜色，则会显得阴郁、缺少生命力

（续表）

色　彩	特　　　点	对人心理的影响
棕色	体现着广泛存在于自然界中的真实与和谐	代表着稳定和中立,代表着充满生命力和感情,是一种可靠、值得信赖的颜色;可以令人感到难过、沮丧;象征着阳刚之气,意味着确定和旺盛的生命力
粉红色	具有抑制性	能够抑制人的冲动行为和过度的兴奋
金色	豪华的颜色	本身能够发出华丽而绚烂耀目的光芒,令人有目不暇接之感

4.3.3.6　照明灯具设计要求

同类灯具应尽量采用相同的规格尺寸,同时避免清洁死角。灯具安装区域设计要考虑散热性和通风性,近光源区域不可有吸热、易燃的材料。当灯具安装在易受到货物或机上人员正常活动而损伤的地方时,该灯应有坚固的结构,或用罩子防护,以防灯泡破裂。

如果照明设备需要安装辅助灯罩,那么辅助灯罩应有快卸紧固件,保证在更换灯泡时,易于快速装卸。紧固件应尽量隐藏在面板后,或用较柔软圆润的部件覆盖起来,避免给机务人员和乘客带来安全隐患。

4.3.3.7　灯具材质要求

灯具的材料必须符合阻燃、烟雾、无毒、热释放的相关要求,需保证其坚固、耐磨、耐潮湿、耐污染、耐老化和抗氧化的特性,并能尽可能地吸收噪声。

制作灯具的材料很多,如金属、塑料、玻璃、陶瓷等。不同的材料可根据对光线的不同反射效果分为吸光体、反光体和透明体三种类型。

（1）吸光体:包括毛皮、布料、粗陶、橡胶、亚光塑料等。

（2）反光体:不锈钢、镜子等。

（3）透明体:大多是酒、水等液体或者是玻璃制品,表面非常光滑。

4.3.3.8　旅客阅读灯设计要求

1）性能要求

为了保证旅客在旅途中的舒适性,阅读灯应为每位旅客提供 269～431 lx 的照度,不直接照到周围其他的旅客,以增加旅客的旅途舒适性。

2）设计和安装要求

灯的开关应置于凹处,并设置在容易接近的地方,设计上应具备区域分隔性。阅读灯开关、服务呼叫开关的形状设计和安装位置要区分设计,以方便使用。

4.3.3.9　衣帽间照明设计要求

衣帽间照明灯具不可直接接触衣物,衣物的材质属于易燃物,灯具长时间直接照射会产生高温,对衣物面料造成损伤,应合理设计安装位置,避开易燃材质。

4.3.3.10 照明控制装置设计要求

旋转开关易于操控,顺时针方向灯光渐亮,反之则渐暗至熄灭。灯的亮度调节控制在亮值的 0.2% 间均匀变化。照明控制装置除了旋转开关,还有平推式、按键式等控制装置。

4.3.4 客舱应急照明

4.3.4.1 应急照明定义

应急撤离照明(以下称应急照明)是通常照明系统因电源失效的情况下所启用的照明系统,也是由机上应急电源供电的泛光辅助照明系统。这类照明通常也用于雷暴雨照明。

应急照明应保证在紧急情况下及飞机滑行、起飞、着陆、舱内人员定位、前行道、操作的情况下,以及应急出口、应急滑道、救生衣、救生筏、滑梯筏和其他特殊的救生器械在使用期间的一般照明;应急照明应便于机上乘员避开撤离通道上的障碍物,迅速逃离危急现场。飞行机组设有警告灯,当飞机电源接通,应急照明控制装置处于待用状态时,警告灯自动打开。

4.3.4.2 构成及功能需求

内部应急照明灯包括通道灯、顶灯、天花板灯和出口标识灯等,应急照明系统必须独立于主照明系统。若设有尾部离机出口,则应急照明功能为:

(1)照明通向尾部出口的撤离路线。

(2)标示出各种障碍物。

(3)照明通向地面的撤离路线、离机辅助设备以及充气准备就绪指示器。

4.3.4.3 灯光种类

色光是指带有颜色的光线,安全色光是表达安全信息提示的色光。安全色光(以下简称色光)为红、黄、绿、蓝四种色光;白色光为辅助色光。

色光表示事项及使用场所如下所示。

(1)红色光:禁止、停止、危险、紧急、防火。

(2)黄色光:注意事项的场所。

(3)绿色光:准许、保护、上升、环保、和平、友善。

(4)蓝色光:沉稳、和谐、安定、浪漫。

4.3.4.4 应急照明系统设计要求

在紧急着陆后的恶劣环境条件下,内部应急照明必须在不低于最低要求数值的情况下,持续工作时间不少于 10 min;紧急撤离照明装置的电源应有足够的容量,至少应能保证 15 min 的充足照明。

灯光信号通电时,在直射阳光下其字符应可读;当未通电时,在直射阳光下该字符不应可读,也不应误判为通电状态。设计中应考虑保证在灯光信号显示时,有高的亮度对比度。

4.3.4.5　通道地板应急照明要求

各个出口通道上需设置内部电子发光的出口标记和出口定位标识,出口标识需放置在分舱板上来标示应急出口位置;楼梯位置标识需要通过对主走廊行进的乘客可见的内部电子发光的出口标识指示出来;应为通向尾部出口的通道提供照明。

4.3.4.6　出口区域应急照明要求

出口开门把手和开门操作指示的位置需要被照亮,救生筏和协助逃生装置的器械位置需要被发光的标志牌或者标识来标示出来,标示内容应该包括操作指导内容,例如如何操作隔间门。

4.3.4.7　出口定位和标识提示应急照明要求

所有应急通道和应急出口处设置应急撤离标牌、标识,在应急门、应急窗的操作部位设置警告标志。出口位置标识应设置在每个出口附近的过道上方,出口标识应设置在每个出口的附近。阶梯的位置应由出口标识指示。客舱隔框或隔板上设置出口标识以指示远离隔框或被其遮挡的应急出口。所有标识、标牌应带有内部电照明,且能从客舱主过道上看得见。

4.3.4.8　应急标识和标牌的设计要求

在烟雾环境中,标识的文字可以用一连串的点光源拼出来,这样比在前部或后部用光照明具有更好的可见性和清晰度。不改变亮度或对比度,对同一标记几种字形进行评价,并通过减少笔画的宽度来达到所期望的可读性。

4.3.4.9　座椅和地板上的应急照明设计建议

座椅和地板上安装的应急照明系统不应被所装载的行李损坏或遮挡,或被食品饮料车、真空吸尘器等其他一般清扫设备损坏,内部及外部构成不应在更换安装座椅时被损坏。不应有任何凸起物妨碍食品车或乘客通行。在地板上安装过道标识时,不应影响非纺织覆盖物在地板上的铺设,还应注意要将应急照明系统的颜色与地上的非纺织覆盖物区分开。

4.3.5　情景照明

4.3.5.1　定义

情景照明以场所为出发点,旨在营造一种漂亮、绚丽的光照环境,以烘托场景效果,使人感觉到有场景氛围。

4.3.5.2　情景照明系统构成

情景照明系统由天花板灯、侧壁灯、楼梯照明及近地照明构成,还可考虑行李架外的灯光(见图 4-39、图 4-40)。

4.3.5.3　情景照明模式及设定缘由

鉴于当前波音公司及空客公司的常用情景照明模式,客舱情景照明模式主要分为以下十种(色彩对于人心理的影响见表 4-1)。

图 4 - 39　情景照明系统构成示意

图 4 - 40　楼梯照明示意

1) 晨起(唤醒)

晨起照明模式如图 4 - 41 所示,机上乘员从深度睡眠中醒来,处于极度放松、不清醒的状态,视觉经历了明适应的过程,因此这种条件下的照明亮度应为较暗的,光的颜色由冷色调(宜为蓝紫色系)转为暖色调(宜为橘黄色系)为好(模仿从夜晚到早晨的自然现象),同时伴有缓和轻柔的声音提示,给乘员们营造一个平和舒适、贴近自然条件的照明环境,应避免出现灯光叠加染色的问题。

2) 黄昏

黄昏照明模式如图 4 - 42 所示,机上乘员大多数应是清醒的,或在欣赏窗外的景色,或在进行聊天、看书等活动,都处于较为兴奋或专注的状态。考虑到机舱外

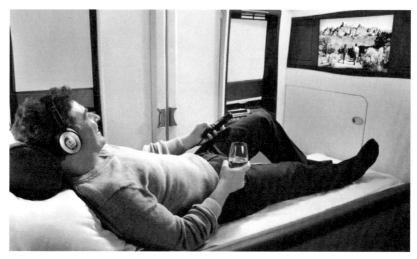

图 4 - 41 晨起照明模式示意

图 4 - 42 黄昏照明模式示意

的环境条件及舱内乘员们的活动状态,这种条件下的照明亮度应为较暗至关闭的,或者可以考虑延伸舱外的光线色调,如红、黄色系,形成一种空间贯通融合的视觉效果,给乘员们一种处于开阔空间的感官感受,使得他们更加放松惬意,放缓行动节奏。但不能同时搭配相反色系的灯光,以免造成光线叠加的染色现象。

3) 夜晚

夜晚照明模式如图 4 - 43 所示,可分为 23 点前后两个阶段进行不同的照明方案。23 点前,机上乘员处于正常活动的阶段,处于较为兴奋且注意力较为集中的状态,舱内照明亮度应为较亮,照明模式应设定为正常工作模式,光的色调应以黄、白等暖色调为主;23 点后,机上乘员逐渐进入休息阶段,处于较为安静、疲乏的状态,

图 4 - 43　夜晚照明模式示意

舱内照明亮度应逐渐均匀调暗,可以考虑延伸舱外的光线色调,如蓝、紫色系,形成一种空间贯通融合的视觉效果,给乘员们一种处于开阔空间的感官感受,有意向地引导他们进入休息阶段。但应避免同时采用相反色系的灯光,以免造成灯光染色问题。

4）登机

当旅客上下飞机时,入口通道、座椅上部、行李舱、梯子、楼梯扶手的转弯处及其他可能被遮挡区域应有较亮的照明。当不使用入口通道时,其照明应与客舱其他照明相同。登机照明模式如图 4 - 44 所示。

鉴于机组人员与地面工作人员需要查看登机乘客的登机牌基础信息,所以登机时机上乘员应大多数处于较为兴奋好奇的状态。照明亮度应参考正常工作环境,光线应以黄、白等暖色调光为主,可少量搭配冷色调的光线,以此点缀。照明区域可以考虑地面、行李舱、天花板、扶手区域、座椅上方。另外,若有楼梯,则楼梯扶手处、台阶挡板及楼梯拐角的墙壁上均应有亮度适中的暖白光照明,可伴随适度音量的语音提醒。

5）播放安全演示

播放安全演示时,应降低照明亮度,光线以冷色调为主,减少对乘客视觉的刺激与干扰,也可以从侧面引导乘客的注意力到播放的视频上。但若有机组人员示范,那么灯光的照明及亮度需逐渐均匀升高,此时宜采用暖色系光线。应避免同时使用相反色系的光线,以免造成灯光染色现象。

6）起飞与欲着陆

当一般照明减弱或熄灭时,在客舱中应提供为客舱过道和入口通道照明的光

图 4-44   登机照明模式示意

源。该灯光应能控制,光线应以冷色调为主,以便在不打扰旅客的同时提供客舱过道照明。

起飞与欲着陆时,应调暗照明亮度至完全关闭状态,以节省燃油,并预防突发事件,防止暗适应过程的发生。可考虑延伸舱外的光线色调,如蓝色调,营造更加安逸平稳舒适的舱内环境。切忌同时使用相反色系的灯光,以免造成灯光染色现象。

7) 巡航

巡航时,除去发放食物与饮料的时段,机上乘员应处于放松状态,注意力会集中在相应的主体活动上,周围环境中可能会存在干扰因素。因此,客舱照明的亮度应当适度,不宜过亮,可考虑延伸舱外的光线色调,如白、蓝、紫色系,营造更加宽敞、安定的舱内环境;而在发放食物与饮料的时段,舱内照明亮度需调高,光线应以暖色调为主,应提前送出适度音量的人工语音提醒。不应同时搭配相反色系的灯光,以免造成灯光染色现象。

8) 用餐

用餐光线较亮时,可搭配音量适度的较为轻柔的快音乐,照明亮度应比送餐时更高些,可以考虑橘色系,也可考虑主题餐厅模式。应避免同时使用相反色系的灯光,以免造成灯光染色现象。

9) 咖啡和茶时间

可以搭配音量适中的轻音乐,照明亮度应调低,可以考虑大地色调或冷色调,也可考虑灯光投影及主题模式。

10）倒时差

此时,乘客们应处于较为疲惫、困倦的状态,光线亮度应降到最低,色调可考虑蓝、紫色系,营造更加静谧、舒适的舱内环境,供乘客调理自身的状态。

4.3.5.4　情景照明设计要求

灯具的设计风格和灯光色调的选用应能够呼应客舱整体的设计格调,并能够完整无误地通过图饰、材质等方式体现文化内涵,给乘客带来安全、舒适、便捷的乘坐体验。照明设计应与客舱整体的设计风格相统一,这种统一体现在空间、色彩、文化底蕴等方面。

（1）空间上,应综合考虑灯具各自的形态特征与组合方式在光影、层次感、布局及色彩等各方面的应用效果。

（2）色彩上,应注重所使用的色调对空间层次感和客舱情景氛围以及乘客心理的重要影响。

（3）材质上,在满足标准规范的前提下,应能够尽量呼应客舱整体设计的文化内涵及风格。

在照明设计上,可以参考目前较新型的照明技术,如 OLED 照明、LED 球形灯泡照明及动态照明技术。

（1）OLED 照明可以精确到点对点照明,具有较理想的安全性、环保性与经济性,可以应用于局部照明。

（2）LED 球形灯泡共有 2 000 多万种色彩供选择,能够通过 APP 进行个性化情景模式及情景闹钟的定制,并且具有与普通灯泡相同的灯座型号,方便替换,拥有良好的功能性与经济性,适合应用于局部照明中,能够带给乘客更加智能、便利、舒适的照明体验。

（3）动态照明可结合投影和 OLED 照明技术使用,适合应用于全景照明中,给乘客带来更加绚丽、梦幻的体验。

4.3.5.5　情景照明设计样例解析

下面将通过对 A380 客机情景照明的样例分析,介绍目前最为全面的照明分类。

晨起照明如图 4-45 所示,由于乘客需经历明适应的过程,所以将光线的改变量控制在较小的范围,光线的颜色选用的是柔和的暖光,布光方式采用的是局部射灯。

黄昏照明如图 4-46 所示,运用大量的光带照明方式,灯光色调选用的是接近于黄昏晚霞的橘色调明光,整体营造出明亮温暖的悠闲氛围,有助于为乘客带来舒适、惬意的乘机体验。

夜晚照明如图 4-47 和图 4-48 所示,可以看出,夜晚的照明多采用的是蓝紫色调的灯光,照明亮度较暗,营造出舒适、适宜休息的恬静气氛,帮助乘客尽早进入睡眠状态。多选用大范围的灯带照明,并搭配局部照明供乘客选用。

图 4-45　A380 客机晨起照明①

图 4-46　A380 客机黄昏照明②

　　登机照明如图 4-49 所示，由于登机时，需要足够的光线照亮机舱通道，因此一般选用白光或偏白的暖光色调，照明方式上多选用带有一定特有造型风格的灯带搭配部分局部照明。

　　图 4-50 是播放安全演示时的照明示意，多采用深色调光线，光线亮度较暗，能够帮助乘客更好地集中注意力在安全演示上。

　　①　图片来自 http://pic.feeyo.composts5675673959.html。
　　②　图片来自 http://zhoudingchao.cnpc.blog.163.comblogstatic122993682201122546618275。

图 4 - 47　A380 客机夜晚照明(一)①

图 4 - 48　A380 客机夜晚照明(二)②

　　图 4 - 51 中是部分巡航时的照明示意,这个阶段,飞机飞行比较平稳,机组对于灯光的限制要求较少,多选用明亮温馨的暖色调光源,照明形式多是整体灯带照明。

　　图 4 - 52 为用餐光线较亮时的照明示例,多选用明亮阳光的黄色系暖调光源,一般都是采用大量灯带照明方式,提高客舱的整体光线亮度,重点集中在乘客进餐的位置,方便乘客进餐及相互交流。

　　倒时差照明如图 4 - 53 所示,在一些航程较长的国际航班中,乘客大多数都有倒时差的需求,此时就可以提供较暗的整体灯带照明,搭配局部可自行选用的点照明工具,提高自由度。

①　图片来自 http://www.guoku.com/articles。
②　图片来自 http://pic.feeyo.composts5635633010.html。

图 4-49　A380 客机登机照明①

图 4-50　A380 客机播放安全演示照明②

---

① 图片来自 http://news.carnoc.comlist8181352.html_t=t;http://www.tiboo.cnmudidib244031。
② 图片来自 http://i.carnoc.com/detail1389641。

图 4 - 51　A380 客机巡航照明①

图 4 - 52　A380 客机用餐照明②

---

① 图片来自 http：//nb.sina.com.cntravelphoto2013 - 07 - 3107209154.html。
② 图片来自 http：//huasons.nownews.comn201510271858378；http://mil.news.sina.com.cn。

图 4 - 53 A380 客机倒时差照明示意①

4.3.6 客舱照明标志

4.3.6.1 照明信息标志分类

通常,照明信息标志分为在不发光或不透明的衬底上的透明字符、在照明衬底上不发光或不透明的字符、在照明的透明衬底上发光或透明的字符,可根据照明标志的摆放位置与特殊的功能需求进行选择与搭配。

4.3.6.2 照明信息标志设计要求

标志设计要求因设置位置的不同或飞机的不同,可能会有所变化。所使用的材料应保证标志表面材料的可清洁性与耐磨损性。标志应只需进行例行的清洁和灯泡更换维护。标志的寿命应与飞机使用寿命一样,这期间除了光源外不必进行检修或更换部件。

应急出口标志和应急出口位置标志应为红字衬在有照明的白底上,其发光面积、字体和对比度等应符合硬性要求。

4.3.6.3 照明信息标志安装要求

在飞机上安装旅客信息标志时,所选择的位置应减小背景光和/或太阳光照射在标志面板上的影响;还应避免安装在过于靠近地面或会对机上乘员的行动带来不便的位置,降低安全隐患。

4.3.6.4 照明信息标志字体要求

一个照明标志的可读性很大程度上取决于尺寸、字符的比例、字符设计的配置、字符间距、亮度、亮度比以及字符与衬底的亮度对比度,还应包括字符和衬底间

---

① 图片来自 http://news.hexun.com2017 - 01 - 18187783695.html。

的颜色对比,推荐的字符高度是最小高度的两倍。

4.3.6.5　照明信息标志亮度要求

有照明图示的标志,字母之间、符号之间或各部分之间的亮度比不能超过 1.0 (最大为 2∶1);有照明衬底的标志,衬底上任何区域的亮度比不应超过 2.0(最大为 3∶1);有图示字符和衬底照明的标志,图示字符和衬底的最小亮度对比度应为 10.0(最小为 10∶1)。

4.3.6.6　标识和标牌设计参考

在打开信号标志到其稳定工作期间,信号标志可以闪烁 10 s。当这些信号标志被照明时,不论什么色度和距离,即使在日光环境照明条件下,所有的人也都应能清楚看到该信号标志。

对于不发光或不透明的衬底上的透明字符,暗色底与浅色透明字符的搭配较为醒目;对于在照明衬底上不发光或不透明的字符,应考虑暗色底与浅色透明字符的搭配;对于在照明的透明衬底上发光或透明的字符,可考虑暗色底与浅色透明字符的搭配(字体选择与色彩对比效果见图 4 - 54)。

图 4 - 54　标识和标牌设计参考示意①

4.4　客舱行李架工业设计

4.4.1　飞机行李箱的发展历史

旅客座椅上方的舱顶行李架箱主要用来存放旅客手提行李、大衣以及机组使

---

① 　图片来自 http://tupian114.com;http://ooopic.com。

用的手提式氧气瓶、灭火器、话筒等紧急设备。

　　航空产业经过一百多年的发展,已从少数人专享走入大众飞行的时代。在这个转变过程中,随着航空技术的日臻成熟,标准化、现代化的客舱设计是旅客感受最直接和最深的方面,飞机行李架的设计也随着技术的发展,不断地进行着革新,这里我们首先介绍下飞机行李架的发展历程。

　　20世纪20年代,当时的飞机主要从老旧的轰炸机改装而来,且航程有限;同时由于人们生活简单,随身携带物品较少,因此最早并没有为旅客提供行李架(见图4-55)。

图4-55　早期行李架①

　　网状的袋子(见图4-56):随着之后航空旅行的普及度大大提高,航空公司开始着手提高旅客的旅行体验,在客舱顶部加上网状的袋子,但只能存放轻小物件。

　　封闭的行李架(见图4-57):波音公司B707首次采用了行李架,1963年推出的B727引领了航空业的一次革命。B727首先采用了全封闭的行李架,这也意味着旅客此时可以把手提箱放入头顶的行李架内,不仅不会在飞机姿态发生变化时有过大移动或滑落,而且也是对飞机飞行安全的一次提升。

　　加大版的行李架(见图4-58):头顶行李架大受欢迎,飞机制造商开始着手加大行李架体积。B737、已经退役的麦道MD-90以及许多其他机型都配备了这种行李架。

　　头顶行李架(见图4-59):1994年B777科技推出了头顶行李架,行李架关闭时会向上收起,且行李架空间比以前更大,但占用旅客头顶空间较小,给旅客带来了更大的客舱空间感,在空中旅行时更为舒适。

---

①　图片来自 http://sky.news.sina.com.cn/2013-08-26/141343036.html。

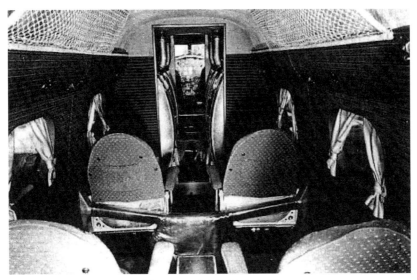

图 4-56　网袋行李架①

图 4-57　封闭的行李架②

图 4-58　加大版行李架③

①　图片来自 http://sky.news.sina.com.cn/2013-08-26/141343036.html。

②　图片来自 http://www.ce.cn/aero/201512/24/t20151224_7787731.shtml。

③　图片来自 http://mil.news.sina.com.cn/2005-04-24/0215283243.html? from=wap。

图 4-59　头顶行李架①

4.4.2　行李架的工业设计要求

4.4.2.1　行李架的功能性要求

行李架作为旅客存放行李的储物空间,应平均为每位旅客提供大约 0.048～0.05 m³ 的容积,该行李架的长、宽、高尺寸至少应达 1 270 mm、610 mm、102 mm。不仅应满足对于存放容量的要求,设计上还需满足如下的其他标准,以满足实际需求:

（1）行李架开启时,不应当碰到保持坐姿的旅客的头部。

（2）行李架盖上应带有能牢固锁住的锁机构,并且有可以识别的"已锁"或"未锁"的标记和措施,因客机飞行时,箱盖未关闭会导致行李意外跌落伤人。

（3）行李架与机身结构连接点,除了应具有足够的强度外,还应有可调环节,以便安装时调节。

（4）行李架的设计,应与客舱内其他有关的设施、系统（如照明设施、空调系统、旅客服务装置等）相协调。

4.4.2.2　行李架的造型设计要求

1）现代行李架设计类型

现代行李架设计有如图 4-60 所示的多种类型。

顶部行李架（目前最常见）:目前最常见的是一般大型客机普遍采用的,位于客舱顶部两侧,沿纵向有两排封闭式行李存放箱。宽机身客机中,除了以上顶部两侧的设置外,还在客舱顶部中央,纵向设置行李存放箱。

落地式行李存放箱:分为上下两层的巨型客机,因每层舱高度相对较低,因此设计为客舱两侧沿纵向设置的落地式旅客行李存放箱。

---

① 图片来自 http://www.chinanews.com/tw/2014/03-19/5968863.shtml。

图 4 - 60　行李架造型设计①

2) 行李架的造型设计要求

设计行李架时应遵循以下六条要求：

（1）造型的形式美。造型的形式美法则主要包括"比例与尺度""均衡与稳定""统一与变化""安定与轻巧"等。在进行行李架的具体造型设计时，应根据造型特点和设计者的立意，从艺术美的角度出发，有针对性地选择和运用这些法则和方法，灵活分析，使所设计的行李架造型能够符合飞机美学与飞机艺术的美学法则，达到良好的视觉效果。

造型设计一方面要有一定的艺术性，满足人们的审美要求；另一方面还要有一定的科学性，满足人们生理上和心理上的要求。因此，在确定行李架造型设计时，不仅要按飞机美学与飞机艺术的原则和科学规律去确定和创造新形态，而且必须符合人机工程学的有关原则，例如客舱行李架的大小尺寸、行李架的开启方式、行李架打开后与旅客坐姿的关系等方面，只有符合这些原则及规律，才能使客舱达到舒适宜人的状态。

（2）造型与材料。材料是造型的物质基础，不同的材料其造型效果也有所不同。飞机行李架材料除了应具有通用的装饰材料特性外，还应具有易加工性。要满足飞机的重量要求，同时，还要符合中国民用航空适航条例规定的阻燃、烟雾、热释放速率及毒性气体排放能量的要求。

现在，国外飞机客舱装饰材料的品种愈来愈多，为行李架的造型设计提供了良好的物质条件，我们可以利用材料的各种装饰特性以体现造型的不同感觉。但设计者必须了解材料的物理机械性能，才能充分利用材料，进行完美的造型。

（3）造型与工艺。工艺是体现造型美的重要手段，设计者必须熟悉各种材料的加工及成型工艺过程，并利用这些手段来实现预想的造型效果。在制造过程中，必须严格控制成型工艺参数和遵守工艺规程，才能使行李架的造型显得细致平整，并能充分体现现代高科技的水平。

（4）造型与结构。在对行李架的造型设计中，不同的结构方式对行李架造型的

---

①　图片来自 http://m.atwonline.com/airlines/atw-photo-gallery-news-september-2014。

布局和细节都有直接的影响。行李架造型设计必须与飞机机身结构和系统结构相一致，才能体现出真正的完美。

（5）视错觉的运用。在人们观察物体时，由于物体受到光、形、色的干扰以及受到人们的生理和心理因素的影响，会产生所视物象与实际不符的判断性的视觉误差。在客观实际中，错觉现象是很多的，主要包括透视错觉、光渗错觉、对比错觉、变形错觉、色彩错觉等。在对行李架的造型设计中，也应运用视错觉改善造型或者避免视错觉的不美观造型。

（6）线型设计。行李架的几何形体确定之后，就应着手处理形体的边界和结合面线型间的关系。通过合理处理各部分线型的排列、贯通、转折、过渡等能达到整体统一的效果。造型线型设计有直线型和曲线型，直线几何给人以工整、均齐、冷静的感觉；而曲线组成的形体，却给人以轻快、活泼、自然、奔放之趣。在行李架造型中，线型设计就是力求线型组织的统一协调，在统一的基础上求变化，避免造成造型的呆板、枯燥，实现真与美的统一。

3）行李架设计趋势

行李架是存放旅客手提行李的储物空间，大多位于旅客座椅的顶部。是客舱最突出的部位，它的造型设计对客舱的总体效果有着比较大的影响。

（1）造型设计上，行李架越来越向着曲线线型的造型形式发展。各主要表面为曲面圆滑过渡，这样可以使行李架造型显得饱满浑厚，增加了造型美。曲线线型也较易与天花板、侧壁版的线型保持一致，并保持比例协调。同时客舱行李的高度必须使每个旅客能自由地活动头部而不会碰到行李架，按照人机工程学，这就需要从眼位量起至少有 200～250 mm 半径的活动空间，才能保证头部空间符合使旅客自由活动的要求。

（2）色彩设计上，行李架颜色必须有利于旅客休息，减轻旅途的疲劳与不适，需要运用色彩基础知识和色彩配置法则，以飞机美学和飞机与艺术理论为指导原则，选择搭配和谐、感觉舒适的色彩，从色调、配色的生理和心理效果、配色的视认度、色彩的均衡与稳定、色彩的呼应、色彩的衬托等角度进行设计。具体而言，考虑客舱空间小的特殊性，色彩应尽量小，要以多胜少，选用图案，不宜太大，否则会使客舱产生拥挤感；减少旋转性强的图案，避免增加旅客的眩晕和不适；注重流行色的运用，注意不同国家和地区由于政治、地理环境、民族、宗教信仰、文化教育、风俗习惯等因素不同，对色彩形成的不同爱好与忌讳。

以上设计要求也通过不断地实践进行着不断的改进和进步。

4.4.3　行李架工业设计案例分析

4.4.3.1　波音系列客机

波音公司 B737 - 800 新型大行李架取消了现有行李架辅助机械设计（见图 4 - 61），更有利于旅客及乘务员开关操作。它比现有行李架降低约 2 英寸（5 cm），旅客和乘务员更容易将行李放入行李架内。下机的时候,也更容易看到行李架底部,便于检查,避免行李遗漏。按照目前标准的行李架尺寸 23 cm×36 cm×56 cm 计算,每个新型大行李架可以装 6 件行李,比现有行李架多装 2 件,整架飞机可以多装 54 件行李,有助于有效解决旅游旺季、客座率较高时,客舱乘务员无法充分安置旅客随机行李的苦恼,也有助于乘务员减少在安置行李上的工作,更专注于其他客舱服务的提升。B787 新型行李架拥有更大的储物空间,每个头顶行李舱都可容纳 4 个大型行李箱。

图 4 - 61　B737 - 800 新型大行李架

4.4.3.2　空客系列客机

　　行李架的设计主要围绕如何提高客舱行李架的实用性和外观的美观度展开。空客 A380 采用了铰链机械装置(见图 4 - 62),使旅客开启行李架门要比平时省力

图 4 - 62　A380 行李架①

---

① 图片来自 https://tieba.baidu.com/p/4211388200。

约 40%。波音公司的 B737 机型、B747 - 8 机型和 B787 机型也使用了类似装置。由于旅客携带的手提行李的体积越来越大,因此如何将更大的顶部行李架和衣架安置在合适的位置,同时令客舱顶部还具有空间感,都是行李架在设计时需要考虑的问题。铰链机械装置的运用,一方面省去了旅客排队放行李的不便,一方面也充分利用了客舱的储物空间。

行李架的工业设计,不仅涉及造型设计以及实际应用中的问题,还涉及旅客的实际体验等多方面因素。从发展的历史以及对未来行李架设计的构思,能看出行李架的工业设计也在不断地进步。

4.5 客舱舱门内壁设计

4.5.1 客舱舱门内壁的定义

客舱舱门内壁是指飞机应急出口舱门的内饰装饰组件,其具有覆盖舱门机械结构,达到与内饰空间统一造型的作用。

在了解客舱舱门内壁前,先要了解什么是飞机应急出口舱门。飞机应急出口舱门又称机舱安全门、飞机紧急出口,在飞机上,安全门是一个主要的门口,有利于在遇到紧急事故时放下逃生滑梯和气垫,帮助乘客逃生。坐在邻近飞机安全门位置的乘客有协助空乘人员在紧急情况下打开安全门的责任,但一般情况下不允许乘客私自打开安全门,以免危及航空安全。应急门,就是飞机上设置的"紧急出口",目的是为了保障全体旅客的生命安全。

既然是紧急出口,上面的开门机构就不可以随意触动。在打开紧急门时,一定要按照乘务员的指导或紧急门上的操作说明来进行,以便紧急门能及时打开。特别注意,当不该打开紧急门时,旅客不可自行打开紧急门。

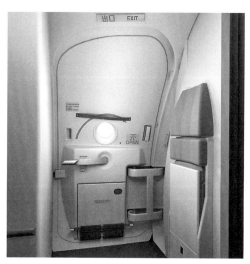

了解了飞机应急出口舱门的作用,下面简单介绍客舱舱门内壁的组成部件。它包含操作手柄、镇风锁、观察窗、应急滑梯收纳箱、警示标牌等部件。

4.5.2 舱门内壁的工业设计要求

舱门内壁工业设计必须兼顾造型的美观及人机工程学的操作便利,并且不影响应急门的机械结构,没有任何结构干涉(见图 4 - 63、图 4 - 64、图 4 - 65):

(1) 舱门内壁工业设计应符合总体设计的要求和效果。

图 4 - 63 某国产飞机登机门

（2）舱门内壁工业设计应符合整体客舱设计风格。

（3）舱门内壁工业设计应执行国家适航标准和企业标准。

（4）舱门操作应满足人机工程学要求，提高舒适性。

4.5.3　舱门内壁优化设计案例

以新型国产支线飞机某国产飞机为例，对后应急门和门框内饰进行优化设计，兼顾工业造型的美观及人机工程学的操作便利，优化后应急门区域的整体视觉效果，但不增加应急门开启和关闭过程中门结构与内饰件的干涉，保证后应急门开启和关闭的方便。

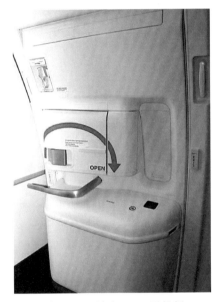

图 4 - 64　波音 B787 登机门

图 4 - 65　空客 A330 登机门

4.5.3.1　应急门情况概述

应急出口为堵塞式密封设计，开口高 1 878 mm、宽 892 mm，是旅客、机组人员等进出飞机的通道。

应急出口由以下几部分组成：① 门结构；② 机构；③ 密封组件。

门结构由内外蒙皮、盆形件、梁、纵向隔板、连接角片等组成，内侧装有内装饰板。门通过铰链与机身结构连接，铰链的形状和安装位置、安装方式使得门可以向内、向前，然后向外运动。扭力管把铰链连接在门和门框上。

门结构的上部设有一个观察窗，由两层玻璃组成。两层玻璃间隔开一个适当的距离，以防起雾。

使用装在同一个轴上的内、外手柄，可以将门开启或关闭。转动手柄，可将门向内、向前转动，同时带动上、下铰链板收起，然后向外推门，即将门打开。门框扭力管和机身结构之间装有缓冲器,它可防止由于阵风或人身的撞击而使门碰撞门框或机身。门装有一个开启位置定位钩,在门打开时,它使门与机身之间保持相对固定。

门关闭时,密封带使门密封。密封带沿盆形件外侧边缘安装,由硅橡胶板和模压的橡胶充填件组成。硅橡胶板用压条与门的盆形件连接,压条用螺钉和门相连。模压的橡胶填充件形状与盆形件吻合。门顶部和底部的密封件连接在铰链板上,是可以收缩的,使得门可以转出门框。

门的内表面装有装饰。装饰由登机门装饰板、登机门盖、门手柄、登机门观察窗组件和登机门滑梯盖构成。登机门装饰板四周有硅橡胶,当登机门关闭时,它覆盖门和门框的间隙。登机门观察窗组件安装在登机门装饰板上,与门结构上的观察窗相配,机组人员可以通过观察窗从机内观察机外的情况。在门和门框上装有舱门接近开关,监测门是否关闭到位。

4.5.3.2　应急门详细优化方案

以某国产飞机为例(见图4-66),从原实物照片可以看出后应急门存在分块较多、裸露内部结构件容易产生安全隐患、外形不够美观等问题。由于应急门作用为紧急情况下逃生,所以有些应急门处于座位间,会占据一定空间,与乘客距离过近。不完整的设计如同不专业的服务会造成乘客安全感、信任度、接受度降低。

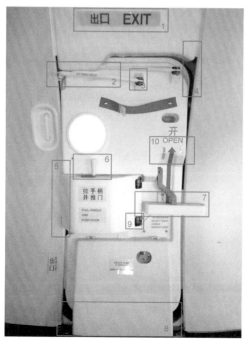

图4-66　某国产飞机左后应急门优化
设计前照片

在不改变应急门内部结构的前提下,基于门内部结构对其外观装饰罩进行优化设计。优化需要先从乘客及乘务人员角度出发,将不合理及需要优化的区域选出,结合实际飞机上的观看测量,选出可以优化的部位进行多种设计方案优化,共优化出口标示、副铰链方形硅胶套、副铰链螺钉装饰套、门框上装饰板、主铰链装饰罩、阵风锁、开门把手锁罩、滑梯罩装饰板、主铰链装饰罩、舱门上装饰板共计10处区域(见图4-66)。设计过程中使用建模软件进行设计,以利用CATIA进行运动分析确保设计中应急门开启和关闭过程门结构与内饰件不产生干涉为前提,在满足适航条款的基础上,将裸露部件进行遮盖设计,统一整体造型语言,将门尽量设计得整体来改善外观效果,整个设计需要在满足工业造型美观的同时满足人机工程学的操作便利性。

4.5.3.3　某国产飞机应急门主要优化区域介绍

1)门框上装饰板设计优化

由于原方案造型琐碎(见图 4 - 67),从视觉上给乘客带来"未完工"的感受,且裸露的金属结构容易发生安全隐患,因此对其进行三点优化(见图 4 - 68):将门框上装饰板造型下移,对门开启时金属杆的活动距离进行预留,保证铰链提升时不会与上装饰板产生干涉;右下方向下延伸对裸露的三角区进行遮挡;安全出口指示灯采用内嵌式,安装在装饰板中央,与其形成统一整体,符合美学规律。

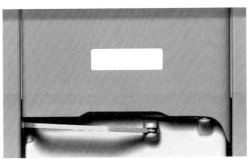

图 4 - 67　门框上装饰板优化前　　　　　图 4 - 68　门框上装饰板优化后

2)上铰链设计优化

由于副铰链呈凸出结构,容易造成应急门附近乘客安全隐患,且铰链连接处金属结构件裸露造型明显不美观,而铰链结构无法改变,所以优化方案采用在原有的金属杆基础上加装一个软硅胶套,可缓解碰撞产生的危害;并外嵌一个装饰套,遮住转轴上的零件结构,更显美观(见图 4 - 69~图 4 - 72)。

图 4 - 69　铰链转轴套优化示意　　　　　图 4 - 70　铰链金属杆优化示意

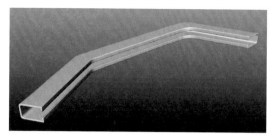

图 4 - 71　方形硅胶套

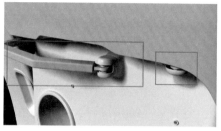

图 4 - 72　副铰链套安装优化后

3) 阵风锁设计优化

当应急门开启到最大角度时,为防止风将门吹回,造成安全隐患,阵风锁可以使应急门自动锁定在这一位置;需要将应急门关闭时,则掰动阵风锁解除锁定,将门拉回关闭。从安全角度出发,在开启或关闭应急门时,要求乘务员一手紧握客舱内部的安全把手。由于某国产飞机左右两侧的应急舱门都是由机头向机尾方向打

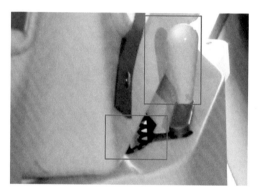

图 4 - 73　阵风锁优化设计前照片

开,开启方向相反,因此在开启/关闭机身左侧应急舱门时,一般左手握安全把手,右手操作舱门阵风锁将应急门拉回;而开启/关闭机身右侧应急舱门时,则是右手握安全把手,左手操作舱门阵风锁将应急门拉回。从应急门现状可以看出,如图 4 - 73 所示,现在阵风锁为竖直把手造型,不仅不美观,而且操作时不容易受力,而阵风锁底部的铰链装饰罩"黑洞"更是难看。

考虑到左右手都要进行操作,因此在重新设计防风锁时将其设计成左右对称的造型。对阵风锁的造型设计了四种优化方案,将原来的垂直把手改为横向把手造型,既可遮盖铰链装饰板顶部的部分间隙,又使整体美观。对于阵风锁最重要的还是实际操作感受,采用将方案通过 3D 打印技术快速制作模型的方式(见图 4 - 74),预先完成了对阵风锁装机验证,再从实际操作、造型美观出发进行最终方案的选择。

最终方案如图 4 - 75 所示,采用横向镂空的把手设计,顶部弧形圆润造型设计为了提升握感及稳定性,便于关门时将门拉回原位的操作,优化后的门锁造型在保留基本功能的同时与应急门外观造型统一,更加美观。在根据实际测量后,相应地优化阵风锁底部装饰罩缺口位置,有效避免了"黑洞"问题。

4) 主铰链转轴部位优化

原应急门的转轴结构外露,整体来看很明显,在视觉上不仅给人比较粗糙的感觉,而且裸露的结构给乘客带来不安定的心理影响,可能会造成好奇心重的乘客向

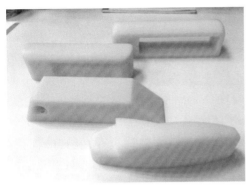

图 4 - 74　阵风锁把手 3D 模型打印及验证

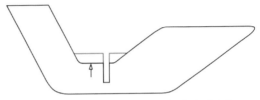

图 4 - 75　阵风锁最终优化设计方案　　　　图 4 - 76　主铰链装饰罩优化设计顶示意

里塞异物,导致内部结构损坏,产生不安全因素;而在造型上与周围平整简洁的视觉效果格格不入,带给乘客凌乱陈旧的视觉感受(见图 4 - 76、图 4 - 77)。

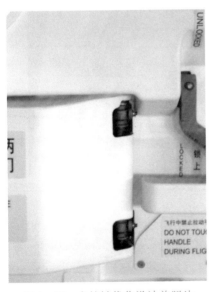
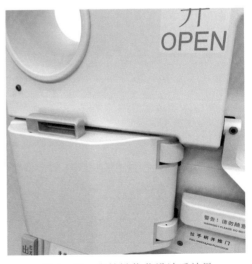

图 4 - 77　主铰链优化设计前照片　　　　　图 4 - 78　主铰链优化设计后效果

　　优化方案利用半圆形转轴装饰罩套包裹外露结构(见图 4 - 78)。将装饰罩固定在转轴上,内侧增加零件与转轴连接,装饰罩高度与转轴高度保持一致,遵循开

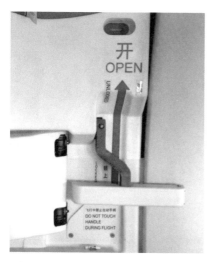

图 4-79 门框装饰板优化设计前照片

门运动结构,可随转轴一起活动,且与周围结构不产生运动干涉。由于转轴四周与主铰链视觉上有一定空隙,缝隙处采用同色软橡胶垫(浅灰色区域)装饰,视觉上填满空隙且不干涉门开启时的运动轨迹,视觉效果整体统一。

5)门上装饰板设计优化

由于原应急门框装饰板存在门开启时与把手距离过近有产生干涉的危险,且有凸起的边框设计,造成琐碎凌乱的阴影效果,因此从视觉上看不是一个整体(见图4-79)。

将门框装饰板的凹槽设计加高,并取消凸起的边框设计,虽然凹槽面积增加,但圆滑过渡的造型,消除了琐碎阴影造成的凌乱效果,整体感增强(见图4-80)。

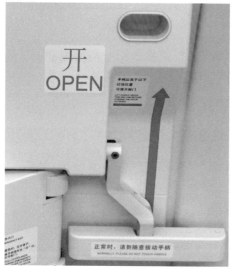

图 4-80 门框装饰板优化效果

6)滑梯罩设计优化

民用飞机应急撤离滑梯是在飞机出现意外情况而需紧急着陆的情况下,确保乘员安全快速撤离飞机的重要设备,主要功能是提供撤离通道和水上漂浮物。滑梯位于应急门下方的滑梯罩内,发生紧急情况时需要快速打开应急门,此时滑梯会自动抛放及充气。滑梯由预位杆(girt bar)位置决定是否可抛放,一般在飞机执行飞行前,乘务人员将预位杆安装在地板的槽孔里,即所谓的"待命位",应急门打开时滑梯同时进行抛放。而有些时候应急门在飞机检修或是客舱维护时需要打开,不需要滑梯抛放,预位杆被安装在门上的槽孔里,门开启时滑梯在滑梯罩内可随门一起运动,又称"解除待命"。由此可见,滑梯罩设计应满足与应急门外观保持协调一致的同时必须易于滑梯抛放。

以某国产飞机滑梯罩优化设计为例(见图 4-81),原滑梯罩存在尺寸偏小的问题,在滑梯抛放时会产生干涉的隐患,与门框装饰板链接处造型也过于复杂,视觉效果不完整,滑梯左侧靠近乘客,且应急门打开时需要考虑左侧与门框的碰撞隐患,优化方案增加了滑梯横向尺寸,与应急门框形成一个整体且更易于滑梯抛放(见图 4-82)。

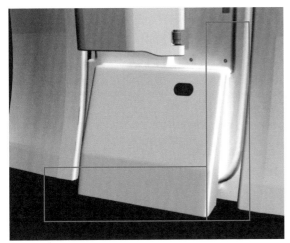

图 4-81　滑梯罩优化前效果

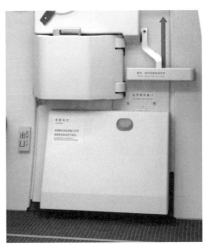

图 4-82　滑梯罩优化设计后效果

7) 手柄优化

由图 4-83 可以明显看出登机门手柄外形简陋,手柄仅从满足基本开启功能方

图 4-83　登机门手柄优化前照片

面进行设计。手柄为功能结构,使用的便利性尤为重要,通过机上实地调查研究以及咨询乘务员和乘务教员的意见,从功能角度来看优化前登机门手柄主要存在以下问题:

(1)手柄安装在门上后,把手呈凸出外翘状态(见图4-83),乘客和乘务员经过时容易被勾挂住衣物等,造成一定的安全隐患,并且在视觉上造成容易磕碰的感觉。

(2)手柄的手握处呈现硬性切割块面造型,在开门操作时会给乘务员带来手握不舒适、使不上力的感受。

将手柄从工业设计角度对其进行优化设计,在改善外观效果、消除安全隐患的同时提高使用舒适度,方便乘务员进行开门操作。设计的三个优化方案如图4-84～图4-86所示。

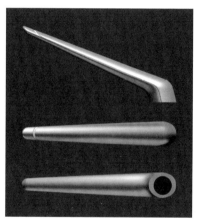

图4-84　登机门手柄优化设计方案一效果展示

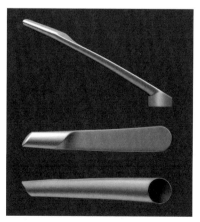

图4-85　登机门手柄优化设计方案二效果展示

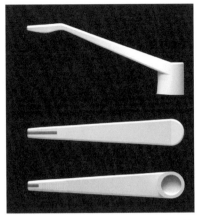

图 4 - 86　登机门手柄优化设计方案三效果展示

三个手柄优化方案都在手柄顶端设计凹槽，嵌入夜光条，使开门手柄在烟雾或是机舱黑暗环境中容易被找到，减少误操作（见图 4 - 87）。

登机门手柄注重实际操作使用感受，将三个方案利用 3D 打印制作模拟样件（见图 4 - 88），并对表面喷涂金属漆，达到近乎真实样件的效果。通过咨询乘务教员，对三个方案（见图 4 - 89～图 4 - 91）进行反复操作试验后，考虑外观协调性、操作舒适性，最终选择如图4 - 92 所示方案作为最终方案。

新的登机门手柄整体采用曲面造型，从手柄末端一直切到手握边缘处，形

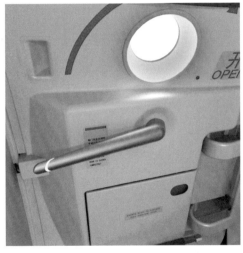

图 4 - 87　登机门手柄优化设计
夜光效果展示

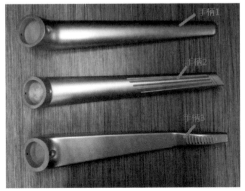

图 4 - 88　登机门手柄 3D 打印样件实拍

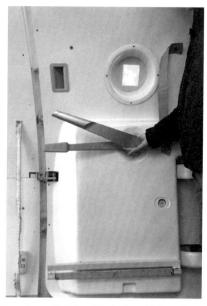

图 4 - 89　登机门手柄方案一样件试装效果　　图 4 - 90　登机门手柄方案二样件试装效果

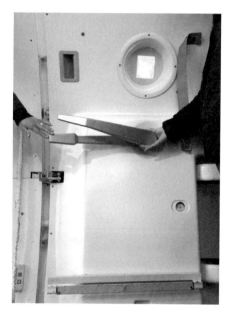

图 4 - 91　登机门手柄方案三样件试装效果　　图 4 - 92　登机门手柄优化设计最终方案效果

成一道优美圆润的曲线,生成一条渐变的光影。此方法减弱了之前手柄造型的机械感,使手柄曲面更加优雅流畅,造型更加优美精致。

4.5.3.4　应急门优化前后对比

从整体效果图对比可以看出,优化后将原先凌乱琐碎的造型进行统一,裸露结

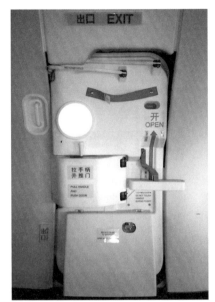

图 4 - 93　应急门优化设计前后比较

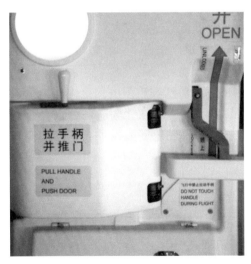

图 4 - 94　应急门优化前后细节比较

构得到遮挡,消除了"阴影"效果(见图 4 - 93);从细节对比图看,遮挡明显裸露结构件,细节更精致,在视觉上造型整体统一,外观感受更舒适、平易近人(见图 4 - 94 与图4 - 95)。

图 4-95　应急门优化后装机实拍照片

4.6　飞机驾驶舱门

4.6.1　飞机驾驶舱门概述

飞机驾驶舱门是驾驶舱与客舱之间的一道"屏障"。自从美国"9·11"事件发生以后,世界上各航空公司对空防安全的要求比以往严格许多。在以前,一般人员进入驾驶舱还是比较稀松平常的事儿,后来,随着空防形势的严峻,一方面,严格要求航空公司人员进出驾驶舱须符合规定;另一方面,对驾驶舱门的安全性能也比以前有了更高的要求。飞机制造商们为了满足市场的需要,在驾驶舱门的设计及制作方面也有了更高的要求。相对于其他设备来说,驾驶舱门的设计有它的一些特殊性,下面就目前通常的客机驾驶舱门作一些简单的描述。

4.6.2　飞机驾驶舱门设计要求

4.6.2.1　强度设计要求

驾驶舱门设计时要考虑将它当作客舱与驾驶舱之间一道防弹防爆的"屏障",它要能做到抵御轻型武器的火力和爆炸装置的穿透,所以在材料的使用方面就一定要考虑符合防弹防爆的强度要求。

4.6.2.2　尺寸设计要求

驾驶舱门应该是地板高度连接驾驶舱及客舱的一个"屏障",门的尺寸至少要能满足一人在佩戴必要逃生设备时(如未充气的机上救生衣)顺利通过,最小净开面为51 cm(宽)×78 cm(高)(见图 4-96、图 4-97)。

图 4-96　驾驶舱门(客舱视角)　　　　　图 4-97　驾驶舱门(驾驶舱视角)

4.6.2.3　门锁设计要求

驾驶舱门的门锁装置设计要考虑到方便开启,适宜简单的顺时针或逆时针旋转方式,而且门锁可设计为开启关闭不需要钥匙(见图 4-98)。那或许要产生一个问题了,没有钥匙的门锁如何开启呢? 其实,这种门锁是在通电状态下才能发挥作用,断电状态下,它是无法锁扣住的(见图 4-99)。

图 4-98　驾驶舱门锁扣　　　　　　　　图 4-99　驾驶舱门锁扣槽

门锁装置如上面所述如此简单当然是不可能的,在空防形势如此严峻的现在,如此简单的装置是根本无法满足航空公司的需求的,目前的飞机为了满足空防的需求,对门锁的要求也就更进了一步,在原先只有一道门锁的基础上出现了另一道屏障——密码锁。这个装置也是为了避免通电状态且驾驶舱无人状态下,出现门被关上锁闭的情况,只要通过输入正确的密码,门就会自动打开。密码锁的按键装置就装在驾驶舱门外面,外面的人员想进入驾驶舱门,必须通过解开两道锁,才有可能进入。如果驾驶舱将门反锁住,那么正常情况下,驾驶舱外的人员是无法进入的。密码锁的装置如图4-100与图4-101所示。

图4-100　驾驶舱门密码锁装置　　　　图4-101　驾驶舱门密码锁锁槽
　　　　　　　　　　　　　　　　　　　　　　　　　　（位于驾驶舱内）

图4-102　驾驶舱门观察孔
（客舱视角）

4.6.2.4　监控设备设计要求

驾驶舱门上设计有观察孔(见图4-102),这样驾驶舱的人员可以在驾驶舱内无需开门,只通过观察孔就可以观察到驾驶舱外的情况。这和普通的猫眼在原理上是一样的,只是在材料上会有特殊要求,作为驾驶舱门上的附属装置,同样在强度和牢度上有着相当高的要求。

但现在的飞机单凭观察孔来观察驾驶舱外情况是远远不够的,因此还配置了监控装置,在驾驶舱内的驾驶座位上就可以通过驾驶舱外装的摄像头显示在驾驶舱内的监测屏,对驾驶舱外的情况一目了然(见图4-103~图4-107)。

4.6.2.5　紧急逃生门设计要求

在紧急情况下,必须有措施使飞行机组成员在该驾驶舱门卡住的情况下能直接从驾驶舱进入客舱。所以在门的下端会设计一个可以从驾驶舱方向面向客舱的单向应急撤离口（所谓单向，也就是只能在驾驶舱才能打开这开口，在客舱内是无法开启的），如图 4 - 108～图 4 - 111 所示。开启的方式应该简单易操作，且此撤离口应能使一个正常成年人从驾驶舱进入到客舱。

图 4 - 103　监控显示屏（驾驶舱内视角）

图 4 - 104　监控显示屏（驾驶舱内视角）

图 4 - 105　摄像头（厨房位置）

图 4 - 106 摄像头(登机门位置)

图 4 - 107 摄像头(驾驶舱门外位置)

图 4 - 108 驾驶舱单向应急撤离口

图 4 - 109 驾驶舱单向应急撤离口细节

4.6.2.6 密闭性能设计要求

同样是考虑到安全问题,门的设计应考虑驾驶舱门在关闭状态下,客舱内的液体及气体无法通过门流入驾驶舱。也就是说,驾驶舱在驾驶舱门锁闭的状态下,应该是一个全封闭的独立空间,在反恐形势依然严峻的当前,这样的设计,也是保护驾驶舱内人员安全的一种措施。

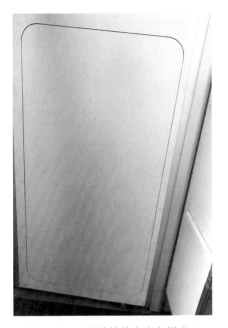

图 4 - 110　驾驶舱单向应急撤离口
（客舱视角）

图 4 - 111　撤离口插销

4.7　分舱隔断设计

4.7.1　分舱隔断的定义

分舱隔断又称分舱板，是民用飞机客舱内饰的一部分，主要用来划分、隔断客舱内的不同区域，如公务舱与经济舱之间，通常就会有一道分舱隔断。若分舱隔断的设计与客舱内饰设计风格统一协调，则会在很大程度上提高客舱内饰的品质。

4.7.2　分舱隔断工业设计要求

分舱板一般由面板、固定装置、装饰层以及附加功能组建组成，如图 4 - 112 所示。

（1）面板设计要求：主要材质为树脂体系和纤维增强材料。目前主要采用的树脂体系为酚醛体系，在强度要求高且不适宜采用酚醛体系的场合则使用环氧体系。纤维增强材料可为单向或编织织物，玻璃纤维、芳族聚酰胺和石墨/碳纤维有极高的比强度和良好的阻燃性等优点。随着技术的发展，也使用一些诸如透光材料、电子显示屏等作为面板材料。

（2）芯子设计要求：夹层板中的芯子通常采用铝合金材质的蜂窝结构，最常用的蜂窝类型还是用酚醛树脂涂敷以加固的芳族聚酰胺纸，芳族聚酰胺蜂窝具有良好的阻燃性。

（3）安装设计要求：分舱隔断在安装上通常有四个连接点，上部的两个连接点一般和固定在行李箱底部的旅客服务装置导轨连接，下部的两个连接点一般和座

图 4 - 112　某国产飞机客舱分舱板

椅滑轨连接。这使得分舱板的位置可以自由调节,便于航空公司更改客舱构型。

4.7.3　分舱隔断设计案例

中国商飞推出了新型的分舱板的设计,分舱板采用了一整块 OLED 屏幕作为面板主体,通过数据信息接口,可在面板上显示舱体位置标识信息以及当前飞行状态信息,使客舱管理系统也从机械式向数字式过渡,这些都在潜移默化中改善了旅客的乘坐体验(见图 4 - 113 及图 4 - 114)。

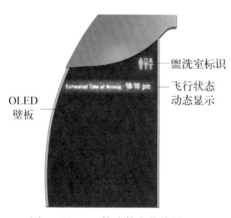

图 4 - 113　一体式数字分舱板(一)

图 4 - 114　一体式数字分舱板(二)

4.8　创新性客舱设计理念

4.8.1　创新性理念提出的目标与作用

近年来,波音公司、空客公司相继在未来方向的概念设计领域开展了相当的研究与宣传,结合一些最新的研究技术及其发展前景,对飞行器运输产品进行了各项突破性创想,并借以媒体公布出来。该类创新性理念最大的特点在于对既有的民用飞机各类模式的大胆突破创新,同时也可能意味着若需实现该类理念,则可能将面临更多时间、经济成本的支出和较大风险,一旦推行及营销成功则会受益无穷。

总体而言,创新性理念的提出主要有以下几点作用或好处。

1) 广告效应

为自己的产品与品牌进行推广,并向公众展现公司积极进取、勇于突破常规进行探索的自信和决心。

2) 通过受众反应探知并激发市场需求

探知受众的反应,并以此了解怎样的功能与技术是受众最感兴趣或最为关心的。对于已经正式启动的研究和研发项目,对研发进度进行适当的宣传能够提高该项目的知名度,获取更多的受众舆论支持,但有时也可能出现相反效果。

3) 预测技术发展趋向

对现有和未来可能拥有的技术应用效果进行猜想和仿真,起到启发和推动相关技术发展路径的作用。

4.8.2　创新性理念的孵化背景

在人类历史上,能够革命性地推动社会发展进步、社会结构转型重构的转折点绝大多数都与关键科学技术的突破和普及有关,当今社会广泛面对的、舆论上保持极高热度的科学技术因素主要有以下几类,这些因素对创新性概念设计的方向起到了极大的启发和推动作用。

1) 网络和信息化

现代客舱设计关注信息互联和使用网络,为用户提供各项网络与信息化服务的同时,借助网络将各类信息送入云端,使数据的互联互通变得更加快捷。

2) 人工智能

由于人工智能技术的发展,与人发生交互的各类设备能够实现更人性化的交互和更方便快捷的服务。

3) 人性化环境和情趣化应用

现代客舱设计由于各项制造工艺发展带来的"松绑",能够实现更为舒适、人性化、艺术化的设计,同时把游戏性与娱乐性融入设计中。

4) 绿色设计

现代客舱设计更关注材料的可持续性应用,在满足安全性基础上,使用更轻、更环保的材料逐渐成为潮流。

4.8.3　创新性客舱设计理念示例——透明舱壁结构客舱

空客公司曾在英国伦敦格林尼治皇家天文台举行了概念机舱的介绍会,推出了模仿鸟类骨骼结构的客舱结构设计[1]。设计师设想该舱壁能够根据光线亮度调节其透明度,甚至成为一个"窗户"。此外,它还可以实现对机舱内部温度的控制(见图 4 - 115 及图 4 - 116)。

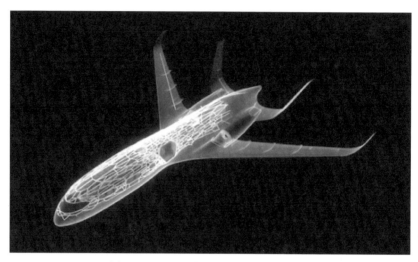

图 4 - 115　空客概念机舱舱壁结构示意

图 4 - 116　空客概念机舱舱外视角

4.8.4　创新性客舱设计理念示例——OLED 客舱显示与人工智能的应用

在科技化、信息化的背景下,客舱内部安装智能化设施成为一种潮流,信息的互联互通、高效的交互是这种环境下必然会提出的具体要求。这时,浸入式交互和人工智能应用的重要性便凸显出来。如空客概念机舱设计方案(见图 4 - 117),其互动区就提出安装先进的 OLED 曲面大屏与智能浸入式交互的娱乐设备,使乘客能在虚拟现实场景中体验高尔夫球娱乐项目。

图 4 - 117　空客概念机舱舱内互动区

4.8.5　创新性客舱设计理念示例——家居化、生活化环境设计

交通工具,包括客机客舱实际是一种特殊的人居环境。未来,随着人对品位审美、生活要求的理解逐渐加深以及自我实现的需求,交通工具空间内部设施将向家居化、情趣化、生活化的方向发展。设计师们能够从建筑设计与家居环境设计中借鉴更多的设计手段,更注重通过设计表现空间中人的心灵感受。客舱设计可以拥有更多的元素,如挂画、花卉、葡萄酒以及与其搭配的灯光情景氛围,给旅客提供更温馨舒适的感受,如 AIM altitude 公司推出的家居式客舱设计方案(见图 4 - 118 及图 4 - 119)。

图 4 - 118　AIM altitude 公司推出客舱家居化设计方案一

图 4 - 119　AIM altitude 公司推出客舱家居化设计方案二

4.8.6　创新性客舱设计理念示例——"开放"式空间

　　将空间闭锁的交通工具空间营造成能够近距离接触自然的空间也是飞机客舱设计创新点之一,较近的应用有扩大舷窗面积、自然采光设计等,未来的应用则更为吸引人的眼球。如 Mecaer Aviation Group Spa 推出的公务机概念方案(见图 4 - 120、图 4 - 121),OLED 显示与大面积的舷窗设计,在保护人的安全感的基础上,共同营造了人与天空近距离接触的感受;机门处可以在飞机降落后搭造平台,摆放桌椅。

图 4 - 120　Mecaer Aviation Group Spa 推出的概念方案(一)

图 4 - 121　Mecaer Aviation Group Spa 推出的概念方案(二)

4.9　国产民机客舱内饰设计样例

客舱内饰是乘客对机舱最为直观的感受,是乘客认知航空公司品牌的重要途径之一,优秀的客舱内饰设计能够表达出超乎产品之外的文化与价值,对于提高乘客对航空公司的忠诚度有着非常重要的影响力。只有富于现代时尚气息、融合企业文化特征与国际性审美品位的客舱内饰设计,才能建立过目难忘的品牌形象,并给乘客留下美好独特的飞行体验,让乘客爱上飞行。中国商飞深知工业设计对提升民机竞争力的重要性,成立了专门的工业设计团队,对飞机的客舱内饰进行设计及优化。工业设计团队已经为中国商飞自主研制的大型客机和支线客机设计了一系列飞机客舱内饰方案,这些方案在保证舒适性及经济性的同时,也将环保性和创新性容纳其中。其中为某新型宽体客机设计的头等舱空间解决方案及某国产支线客机公务机内饰设计方案摘得了"红点设计大奖——设计概念奖",这是国产民用飞机内饰设计首次获得的顶级国际大奖。本节将重点阐述国产民机客舱内饰设计样例。

4.9.1　新型宽体客机客舱内饰概念设计

新型宽体客机客舱内饰设计的主题为"睿享云境",该设计项目中包厢式布局头等舱荣获"红点设计大奖"(2017 概念设计类)。"睿享云境"的内饰空间设计风格为"优雅梦幻",以柔中带刚的线条营造轻盈、浪漫的客舱氛围。设计方案采用尊贵的暖色为主色调,通过柔和的色块区分线形,并将饱满流畅的曲面作为设计元素贯穿始终。方案整体本着"以人为本"的设计理念,集人性化、便利性、舒适性为一体,通过对线条和体块的美学比例分割、光影效果的深入设计调配,营造简洁轻盈的客舱情景环境。利落的设计布局,最大程度降低了繁杂阴影导致的空间凌乱感,使整体空间光线充足、线条流畅。此外,客舱内的各处细节创新共同打造出现代化、人性化、智能化兼备的新型飞行体验。

整个方案共包含六个部分，登机口、头等舱(见图 4 - 122、图 4 - 123)、豪华经济舱(见图 4 - 124)、经济舱(见图 4 - 125)、厨房、盥洗室。其中头等舱采用了两种解决方案，一种是包厢式布局头等舱(见图 4 - 122)，一种是鱼骨型布局头等舱(见图 4 - 123)。

图 4 - 122　包厢式布局头等舱效果

图 4 - 123　鱼骨型布局头等舱

4.9.1.1　登机口

登机口的顶部为梦幻可变色情景灯光，全息影像技术呈现水草摇曳鱼儿穿梭的鱼缸效果，吧台的整体造型线条流畅，兼具功能性与美观性。登机门的设计在保证功能的基础上造型简约干练，同客舱内饰的整体造型融为一体(见图 4 - 126)。

图 4 - 124　豪华经济舱

图 4 - 125　经　济　舱

图 4 - 126　登机口情景灯光

4.9.1.2　包厢式头等舱

包厢式头等舱包含多种创新性的功能,将传统的行李箱下移至座椅下方,与座椅整合设计使视觉上扩大空间并且使用便捷;在扶手面板处增设触控式的旅客服务系统,彰显科技感的同时增加视觉上的美观度,便于乘客的操作,如图4-127包厢式头等舱细节图所示。座椅标识下移至包厢侧面,标识更直观,更易于乘客使用。

图4-127　包厢式头等舱细节(一)

舷窗设计为智能电子舷窗,采用点质变色等新材料,使航程信息显示在触控式电子触控屏幕上,提升了乘客的交互体验。同时将各类标识电子化系统整合,美观实用且科技感强,如图4-128所示。

视觉云系统

多媒体服务器

电子触控解决方案

图4-128　包厢式头等舱细节(二)

激光全息投影技术应用于头等舱中,将三维画面悬浮在客舱中成像,营造亦幻亦真的氛围,时尚美观,有科技感。客舱采用智能灯光系统,科技感情景灯光隐藏在内饰组件中,可模拟各类光照效果,烘托轻松愉悦的空间氛围(见图4-129)。

4.9.1.3　鱼骨型头等舱

头等舱中,为乘客操作区域赋予的功能最为丰富,材质上选用手感舒适的面料、顺滑细腻的金属喷砂效果、若隐若现的半透明隔板,加之画龙点睛的情景灯光和饱满流畅的曲面形态,诸多考究的细节和多种设计手段相结合,以实现头等舱高端奢华的整体效果(见图4-130)。

头等舱座椅可180°平躺,独立的空间让乘客拥有绝对的私密性。在考虑产品人机工程学的同时,采用可升降、可收纳、可调节等设计手段,充分利用座椅空间。

图 4-129　激光全息投影效果

图 4-130　鱼骨型头等舱细节(一)

舷窗采用大框双舷窗配以电动百叶窗,提升采光度与高端质感,光影在客舱中跳跃,同温暖的色调一道营造出"优雅梦幻"的设计风格。面料为皮革、实木、金属等材质的组合使用,传递出低调的奢华意味,造型转角饱满柔顺、边缘转折细腻考究,视觉上内敛而静谧。平躺休息、用餐、娱乐、办公功能齐全完备,使乘客能够放心、舒心地"享"此旅程(见图 4-131)。

4.9.1.4　公务舱

公务舱中,为乘客操作区域赋予的功能较头等舱少,但材质和配色依然较为考究。材质上选用耐脏防滑的磨砂塑料与纹理致密的面料,加之活泼靓丽的黄色作为点缀,在满足功能的同时提供私密商务的独特体验(见图 4-132)。

公务舱的座椅布局为 2-2-2,乘客的个人空间较头等舱座椅有所减小,在设计时,尽量在保证平躺休息、用餐、娱乐、办公等功能的前提下充分利用空间,营造较为宽敞舒适却又兼顾私密性的乘坐环境。采用斜式排列的可平躺座椅,加之可

图 4 - 131   鱼骨型头等舱细节(二)

图 4 - 132   公务舱正视效果

折叠收纳的小桌板、可调节式阅读灯、宽大的中间扶手,让整个乘坐空间好用、易用(见图 4 - 133)。

图 4 - 133   公务舱后视效果

沿袭整体设计风格,沉静同靓丽的色彩搭配让空间显得温馨静谧,充满亲和力,饱满流畅的曲面和柔和的色块将功能分区,所有元素被协调的色调、统一的线形整合,契合商务氛围。

4.9.1.5　经济舱

在经济舱中,如何在有限的空间中营造轻松舒适的旅客体验是设计的关注重点。经济舱中,乘客操作区域功能有限,材质上选用了大面积暗红色的粗纹面料为主,采用小面积白色、蓝绿色、杏红色作为提亮和点缀,保证客舱耐脏,又不至于沉闷(见图 4-134)。

图 4-134　经济舱正视效果

拥挤而杂乱的经济舱是很多航空旅行人的梦魇,但该方案对经济舱进行了优化和改良,采用纤薄造型的经济舱座椅,减少椅背厚度来达到释放空间的作用,符合人机工程学的座椅后背角度,也为后排乘客提供了更大腿部空间(见图 4-135)。

图 4-135　经济舱后视效果

4.9.1.6　飞机厨房

飞机厨房的设计需综合考虑各航空公司的航线要求和习惯,在具体工程设计时需进一步确定插件的数量和布局。厨房设备和插件的数量应根据飞机航程、旅客数量、航空公司的要求等因素进行配置,以保证在飞行中为所有旅客和机组人员提供一次或多次正餐和饮料服务,保证食品和饮料的冷藏和保鲜储藏以及保证加工功能和合理便捷的送餐设备(见图 4 - 136)。

图 4 - 136　厨房设计效果(一)

在本设计方案中,厨房的设计采用了耐脏、防滑的灰色作为主色调。灰色让厨房具备整体性,视觉效果柔和、平静、沉稳,而多层级的、不同明度、彩度的灰色让厨房的视觉效果更加丰富,不单调,形象也更加自然。厨房的照明选用 LED 光源,能够提供足够照度的照明,配合蓝色的情景灯光,整个空间简洁而优雅(见图 4 - 137)。

图 4 - 137　厨房设计效果(二)

4.9.1.7　飞机盥洗室

盥洗室的整体风格与飞机内饰"优雅梦幻"的主设计风格相协调,充分应用人机工程学和视觉艺术,使小空间得到充分利用并且无压抑感。延续客舱空间体块分割设计理念,成块的镜面大大提升了空间感,使人心情放松、精神愉悦。隐藏的透光式电子显示屏自然地融入化妆镜中,保证可读性、识别性,还能够扩展盥洗室的视觉空间。坐便器为智能水洗式,盥洗室整体呈现一种人性化的未来科技感。盥洗室的照明设计非常智能化,采用 LED 光源,为盥洗室内的旅客提供照明。控制开关装在门框上,当盥洗室门关上并锁住时,灯处于明亮状态;盥洗室门打开(或没有锁上)时,灯就处于暗状态(见图 4 - 138)。

图 4 - 138　盥洗室设计效果

4.9.2　大型客机客舱内饰概念设计

大型客机客舱内饰设计概念方案的灵感来源于徽派建筑。徽派建筑是中国传统建筑最重要的流派之一,体现了中国文化中对理想人居环境和山水意境的至臻追求。徽派建筑中"青瓦白墙"的典型元素,被融入第一架国产大型客机的概念内饰设计中。配色上采用灰白两色为客舱主色调,搭配少量鹅黄作点缀(见图 4 - 139)。

在行李箱、旅客服务面板以及厨厕设备上大量采用了圆形的设计元素。"圆"是中国文化里一个重要的精神元素,是对"圆融""圆满"精神的传承,寄托了国人对国产大飞机翱翔蓝天的美好愿景。各类元素相互呼应,用国际化、现代化的方式演绎了古朴典雅的中国风。厨房延续了客舱的配色及造型风格,统一了视觉效果,与设计主题相呼应,与乘坐区域浑然一体(见图 4 - 140)。

客舱顶部天花板以及旅客服务面板区域,首次在国产民机中引入情景灯光技

图 4 - 139　客舱内饰概念设计效果

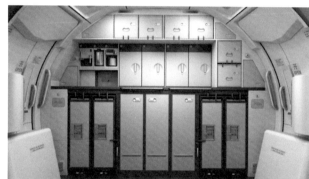

图 4 - 140　厨房、盥洗室设计效果

术。从前服务区至客舱后端,情景灯光系统可以在飞行过程中根据旅客需求变换灯效场景,打造更加丰富的客舱环境,提供全新的飞行体验(见图 4 - 141)。

图 4 - 141　情景灯光效果

设计师为经济舱设计了另外一种配色方案。纹样配色以天青色为主题色调，靠枕上采用中国结纹样，以橘色作为点缀交织其中，中国风搭配国际色，雅致不失热情，让旅客置身其中时，感受到温馨舒适的客舱氛围（见图 4-142）。

图 4-142　中国结纹样设计效果

4.9.3　某国产支线客机内饰设计

成都航空公司是某国产支线客机的首家用户，工业设计师为其设计了一系列的某国产支线客机内饰配色设计方案。优秀的客舱内饰设计必须能够表达客户的文化与价值，因此设计师选用了一系列能够代表成都特色的元素作为设计要素，例如熊猫、竹子、茶壶等，通过异形化处理，形成了具备品牌辨识度的内饰方案。

4.9.3.1　某国产支线客机内饰方案——熊猫抱竹

国宝大熊猫是世界人民都喜欢的动物，目前主要生活在四川。全世界的大熊猫总数仅 1 000 只以下，所以大熊猫有"活化石"之称。本方案采用蜀绣的方式来描绘一只抱着竹子、憨态可掬的熊猫，代表四川成都的地方特色。希望成都航空公司在大熊猫的陪伴下，载着中国人民的民机梦飞向全世界（见图 4-143）。

4.9.3.2　某国产支线客机内饰方案——中国梦

市场繁荣、人民富足、交通便利、高楼林立、公路如织、车辆川流不息……本方案以多种几何图形元素代表城市中的高楼，以各种线条象征错综复杂的街道，寓意着中国人民狂奔在民族复兴的大道上（见图 4-144）。

4.9.3.3　某国产支线客机内饰方案——"金"秀前程

中国五千年璀璨的文明已为世人熟知，在这一漫长的历史长河中，中国的书法以其独特的艺术形式和艺术语言再现这一历史性的演变，释读了中国的传统文化内涵。本方案以书法元素作为表现形式，诠释了中华民族自强不息的精神和走向繁荣与强大的不竭力量，预示着锦绣的前程（见图 4-145）。

图 4-143 熊猫抱竹内饰方案

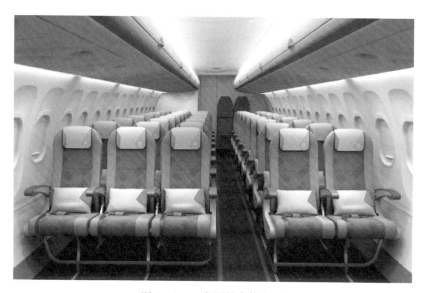

图 4-144 中国梦内饰方案

4.9.3.4 某国产支线客机内饰方案——和谐共融

中国最早的茶馆起源于四川,"美食汇川、品茶在蜀",去泡茶馆历来是成都人最典型的休闲生活方式之一。许多外地游客来到了这个令人流连忘返的城市,想尝试端着茶船子,抛着茶盖子,坐着竹椅子,听着川戏子,看着变脸子的情景。本方案用祥云构成茶壶,体现成都人的从容和休闲,同样期望旅客也能拥有一份祥和恬静的心情(见图 4-146)。

图 4 - 145　"金"秀前程内饰方案

图 4 - 146　和谐共融内饰方案

参考文献

［1］　信莲.空客推出"全透明"概念机舱［EB/OL］.［2011 - 06 - 15］. http://news. hexun. com/
2011 - 06 - 15/130544930. html.

第5章　客舱厨厕与板柜系统设计

5.1　橱柜设计及样例

5.1.1　概述

一般航班都具备对旅客提供饮食的服务,特别是在航程较长的航班上,旅客饮食更是不可或缺。飞机厨房是飞机上储存和准备食品及饮料的区域,该区域内设有全套厨房结构、厨房单元、厨房可卸组件、器皿、烤箱、咖啡器、地板束缚装置、冷藏柜、水电系统以及连接厨房设备和飞机交接界面接头的水电系统的连接件等,能够提供以下基本功能:

(1) 提供食品、饮料、餐具及辅助用品的储存空间。

(2) 提供餐食所需的常温、冷藏、冷冻等储存环境。

(3) 提供热水、咖啡等热饮,厨房需提供餐食加热功能。

(4) 提供食品和饮料的加工设备及人员操作空间。

(5) 能放置和固定餐车等餐食运输工具,并满足运输工具的活动空间需求。

(6) 提供废水排出及垃圾的收集储存功能。

(7) 可以清洁维护。

飞机上的厨房有干厨房和湿厨房两大类。干厨房主要用来储存食物饮料和存放推车(餐车),不连接到飞机的通风或饮用水系统;湿厨房连接到饮用水系统、污水系统、通风系统和电源系统等,能够提供水、电源方面的需求。

就民机厨房设计而言,需围绕着厨房储存、备餐、送餐、清洁等工作展开人性化设计,能够保证使用安全,帮助提高工作效率。主要设计内容包括厨房的布置、厨房柜与箱的设计、厨房运输与服务设施的餐具的配套等。

5.1.2　厨房布局

在客舱布局中,厨房的布置应根据舱室划分、功能需求、机型特点等做出安排。在支线飞机中,厨房应能提供冷餐、茶/咖啡等,通常为一个或两个单元,布置在客舱前端和/或后端;在干线和宽体机身飞机中,厨房应能提供热餐、茶/咖啡等,分为数个单元,布置在客舱前、后端或客舱地板下,通过升降机提升食品和饮料。图5-1中列出了几种常见厨房布局。

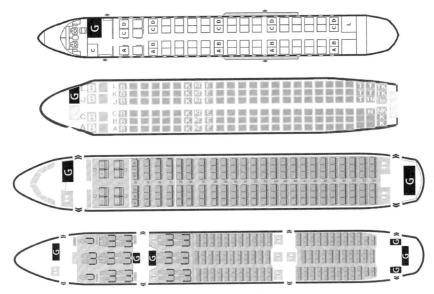

图 5-1　飞机厨房布局

　　厨房布局的设计一般有以下几点考虑,可提升餐饮服务质量,并避免造成不必要的麻烦。

　　(1) 厨房不要太靠近登机门的位置,避免影响乘客登机。

　　(2) 厨房的工作区域应当避开飞行中乘客的活动区域。

　　(3) 每一舱室都应有厨房。

5.1.3　厨房设备及辅助设施

　　厨房一般由(但不限于)以下设备选配组成:厨房框架、烤箱、饮料机、饮料杯/壶、独立制冷设备、废物箱、烤箱架、托盘、抽屉储存柜、食品箱、手推车、升降机、制动器等。

　　不同公司、执行不同航线、服务不同旅客的航班的厨房配置一般都有较大区别,以下列出了厨房设计的共有特征和设备。

5.1.3.1　厨房框架

　　厨房框架是一个能容纳手推车、储存柜和其他厨房设备的结构。通常呈长方体状,由工作台区隔为下框架和上框架两部分,如图 5-2 所示。根据结构整体要求,上框架部分内会有固定式和活动式两种隔板,可装放烤箱、饮料机、冰箱和食品箱等。厨房框架宽度应为与一辆手推车宽度成比例的递增量。

5.1.3.2　加热设备

　　对于需要供应热餐的飞机,其厨房内应配有相应的餐食加热设备,包括烤箱、微波炉、面包炉、餐盘加热器等,以便将冷冻熟食加热到就餐温度。

　　烤箱除了具备加热功能,还有一定的保温特性,能使冷冻食品在一定的飞行时间内保温,如图 5-3 所示。一个标准烤箱在垂直方向占据的空间应相当于两个食

图 5-2　厨 房 框 架①

品箱叠放所占的空间。

5.1.3.3　独立制冷设备

厨房内的独立制冷设备包括冰箱/冷藏箱、冷水器、制冰机、冰酒器等。

冰箱/冷藏箱应能存放盛有冷却食品并搁在碟架上的菜碟,通常尺寸与烤箱相同,如图5-4所示,可装在工作台上面或下面。

5.1.3.4　储藏设施

储存柜应能运送、装卸和存放标准托盘、抽屉或一般物品,并具有制冷功能。标准储存柜应与两辆或三辆手推车的组合尺寸成比例,其宽度以其能通过飞机客舱门为准。它们可单独使用或组合使用。

①　图片来自 http://www.diehl.com/en/diehl-aerosystems/cabin-interiors/service-modules/galleys-for-passenger-aircraft.html。

图 5 - 3　烤　箱①

图 5 - 4　冰　箱②

　　搁盘架应能托住有盖餐具,以使其在烤箱、冰箱和冷藏箱内存放、加热和冷却。标准搁盘架容纳餐具的数量相当于单烤箱内存放量,如图 5 - 5 所示。

图 5 - 5　搁　盘　架③

5.1.3.5　运输及服务设施

　　各种型号的手推车应具有在厨房工作台下的手推车组件中可互换的组合尺寸,手推车的外部装饰设计方案可根据各种型号飞机的要求而确定,如图 5 - 6 所示。每辆手推车至少需要 4 个轮子,托盘/抽屉手推车应能装载供乘客使用的托盘或抽屉,每个抽屉应有两个托盘间距空间,标准尺寸手推车应容下两列垂直放的托盘或抽屉,而半尺寸手推车应能容下一列。

　　食品箱内有容纳标准托盘和抽屉的内部托盘导板,托盘导板的垂直间距应与

---

①　图片来自 http://beaerospace.com/products/galley-systems/galley-inserts/。

②　图片来自 http://beaerospace.com/products/galley-systems/galley-inserts/。

③　图片来自 http://www.excelsior-hs.com/airlines/galley-equipment。

图 5-6　手　推　车①

托盘手推车导板的间距相同,如图 5-7 所示。食品箱的设计特性应保证一个人就能操作。

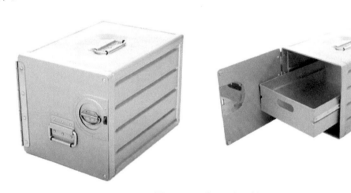

图 5-7　食　品　箱

饮料箱可以储存冷热饮料,顶部有盖,底部有放水的水龙头,如图 5-8 所示。烧水器应能自动供应热水,如图 5-9 所示。咖啡机可制作咖啡,如图 5-10 所示。

5.1.3.6　厨房设备尺寸设计

各厨房设备被放入厨房框架中不同尺寸的型腔内,根据型腔的尺寸可以将各设备分为五类:① 尺寸一,饮料机;② 尺寸二,烤箱/冰箱;③ 尺寸三,废物箱;④ 尺寸四,面包炉及微波炉;⑤ 尺寸五,其他。

图 5-11 为 ARINC 810-4 中示例的一种厨房构型中的设备布局,关于五类尺寸和手推车、食品箱等设备的尺寸要求其中均有具体介绍。依据实际设计需求也可采用其他构型和布局。

---

① 图片来自 http://www.excelsior-hs.com/airlines/galley-equipment。

图 5-8　饮料箱①　　　　　图 5-9　烧水器②　　　　　图 5-10　咖啡机③

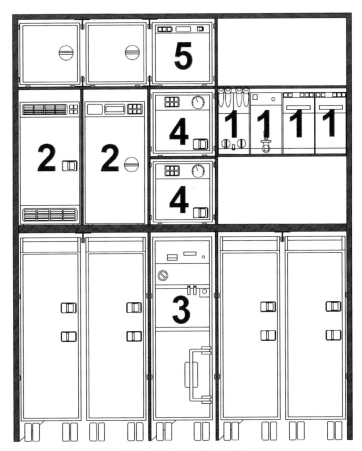

图 5-11　设备布局示例

①　图片来自 http://beaerospace.com/products/galley-systems/galley-inserts/。
②　图片来自 http://beaerospace.com/products/galley-systems/galley-inserts/。
③　图片来自 http://beaerospace.com/products/galley-systems/galley-inserts/。

5.1.3.7　厨房辅助设施

1）固定装置

固定装置是指如锁闩、制动器、制动轮以及其他用于限制和固定门、抽屉、手推车、储存柜、插入件的机构和其他可移动或拆卸的厨房用品或容器结构。对每个可移动的厨房用品都应提供固定装置进行定位和固定，以免这些用品的运动造成乘员损伤或阻碍乘员从飞机上应急撤离。

2）标牌标识

通用警告标牌、应急标志、重量标牌和机组成员须知告示都应装在适当的位置，便于在正常工作位置上看到。警告牌和重量标牌钉在各自的隔板或搁架上，使存入物品的人员容易识别。

每个标牌应有各自的特征，标牌上的数字应清晰易见，遵从 SAE ARP577 中的相关规定。

3）照明系统

飞机厨房需装入工作照明装置以补足飞机常规照明的不足，其工作照明应满足相关标准的通用电气要求。飞机厨房照明和工作照明一般为白色，照度要求参见 HB 7050-1994《民用飞机厨房通用规范》。

5.1.4　厨房人机工程学应用及厨房通用设计

5.1.4.1　厨房设计中的人体尺度数据应用

乘务员在厨房中的主要作业内容为搬运、存取和简单加工食品饮料，通常为立姿作业及蹲姿作业，因此厨房设计应主要参考立姿作业空间的设计标准。GB 1000-1988《中国成年人人体尺寸》和 GB/T 13547-1992《工作空间人体尺寸》分别提供了我国成年人人体结构尺寸和功能尺寸的基础数据。

厨房的工作台属于操作平面，其设计也可参考和坐姿作业同样的平面作业尺寸，如图 5-12 所示。

为了使人身体能靠着工作台的边缘且能垂直站立操作，通常会在下部柜脚处设计一定的容脚深度，这样可以提高工作台站立操作的舒适性，大大减轻操作者腰部疲劳。而对于飞机厨房来说，台面下部主要是手推车等设备，设计时可以考虑利用手推车车轮之间的空间来替代容脚深度。

5.1.4.2　厨房设备布置原则

民机厨房设备众多，对于一个作业场所而言，不可能每一设备都处于其本身最理想的位置，这时必须依据一定的原则来安排。从人机系统整体来看，最重要的是保证方便、准确操作。

1）重要性原则

根据人、机之间所交换信息的重要程度设计产品，将最重要的设备布置在离操作者最近或最方便的位置，保证操作者对重要信息和操作的准确性和效率。

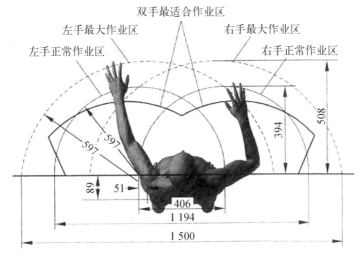

图 5-12　男子上肢水平面作业区域/mm

2）使用频率原则

根据人、机之间信息交换频率布置设备。将信息交换频率高的设备布置在操作者近处，便于操作者观察和操作。

3）功能原则

根据产品的功能进行布置，把具有相同或同类功能的设备布置在一定区域内，以便于操作者学习、记忆和管理。

4）使用顺序原则

根据人操作产品或观察显示器的顺序规律布置设备，可使操作者作业方便、高效，例如开关电源、存取物品等。

在进行厨房系统中各种设备布置时，需要综合考虑以上原则。通常，重要性和频率原则主要用于作业场所内设备的区域定位阶段，而使用顺序和功能原则侧重于某一区域内各设备的布置。有研究表明，按使用顺序原则布置设备，执行时间最短。

5.1.4.3　安全性要求

厨房设计应满足的最基本要求就是保证其安全性，并符合《中国民用航空规章》和有关飞机安全性条例。

1）凸出的棱角

厨房设计应考虑到安全措施。如外角、凸出的插入件和棱角都要倒圆，由两个面组成的外角应有最小半径为 6.3 mm 的圆角。

2）组合件制动

厨房所有可移动的组件，如悬挂隔帘、抽屉、折叠式搁物架、插入件、拆卸式储存柜、带轮手推车等，当它们处于松开状态时有可能造成道路阻塞或人身伤害，故必须采取可靠的制动措施。

3）乘员拉手

厨房工作台面边上或附近应装有拉手供乘员在飞机飞行振动时抓握。这些拉手设计应遵从人机惯例，外形光滑以防伤手，并避免干涉人和设备的活动。

4）地板表面

厨房工作区的地板表面应有防滑特性，以免乘员踩上溅有液体和食品的地板而滑倒。

5.1.4.4 易用性和维护性要求

1）易用性

厨房作为使用率非常高的功能区域，其设计应充分考虑到使用的便捷性，优化使用者的体验。

（1）厨房的设备布局要合理，常用设备应规划在更易取放的区域。

（2）布局设计要考虑使用者的实际操作流程，以提高使用效率和服务效率。

（3）设备的操作部件（把手、按钮、旋钮、锁闩等）造型及结构合理，满足使用者用简单的动作就能完成操作的需求并符合实际可靠的使用习惯。

（4）固定设备（门、柜、餐车等）上的门闩应该设计成特别的颜色（如红色），跟背景材料有强烈的视觉对比，以便在低照度条件下也能及时迅速判断设备固定状态。

（5）应尽可能避免设计不当而导致的使用人员误操作。

（6）各设备的使用过程应该相对独立，避免设备间出现相互干扰，也应避免影响人员的活动和流通。

2）维修性

各厨房装配件和部件在功能、物理和结构上应具有互换性，其设计应充分考虑到飞机的维修和保养工作。

（1）各部件和设备应该方便拆装。

（2）拆卸的主要部分应保持刚度或采取临时支撑措施，以便于维修。

（3）制造厂商的标牌或装饰符号标记应钉在厨房操作面上或厨房工作区引人注目的隔板上，不必要求方便乘客阅读。

3）卫生设施设计特性

厨房在这些区域里，即食品、饮料、垃圾等堆放、接触、存储和卫生清洁区，应具有下列卫生设备的设计特性。

（1）厨房的内部应易于用刷子、海绵、布等蘸水和洗涤剂清洗。

（2）厨房应避免有难清洗处，如凹槽、敞开的缝隙、朝上的通道、尖角等，以防止寄生虫和细菌的滋生，确实有难以清洗的凹槽等处应密封。

（3）工作台和其他水易聚集和渗透之处以及食品堆放和存储区也应密封。

（4）当厨房设备牌处在被污染的环境中时，应能在地面使用清洗剂清洗。

（5）食品存放间内，厨房柜台等所有由三角形构成的角落应具有不小于 1 cm 的球形半径。

厨房和厨房设备受到食品、饮料和水污染时，不应有腐蚀、断裂或结构变形损坏的情况发生。以下为厨房容易被污染的区域：

（1）厨房框架的主结构支撑板和隔板。

（2）地板固定结构和连接件。

（3）废物箱和盛废物容器的内角处。

（4）工作台和防护板。

（5）咖啡壶、烧水器、烤箱、冰箱。

（6）门框、锁闩、固定装置和有关安装结构。

（7）手推车和其组合式地板制动装置（闩、闸）。

（8）厨房和地板的排水管路。

4）清洗

厨房框架的各个部分，包括主结构壁板和固定连接件的湿度条件，应经得住经常用水清洗或周期性地用民用洗涤剂高压喷射清洗，并保证清洗时对厨房结构和使用要求没有不良影响。

经过自动清洗机清洗的手推车、搁盘架、储存框以及其他可拆卸的插入式厨具应能经得起蒸汽清洗和洗盘机清洗。

5.1.5　设计样例

5.1.5.1　Zodiac Aerospace 公司厨房产品

Zodiac Aerospace 公司的厨房产品如图 5 - 13 所示。

图 5 - 13　Zodiac Aerospace 公司厨房产品①

5.1.5.2　空客公司概念厨房设计——SPICE

空客公司的概念厨房设计 SPICE 如图 5 - 14～图 5 - 17 所示。

---

① 图片来自 http://www.zodiacaerospace.com/en/products-services/cabin/cabin-interior-solutions/galleys。

图 5 - 14　空客公司概念厨房设计——SPICE(1)①

图 5 - 15　空客公司概念厨房设计——SPICE(2)②

图 5 - 16　空客公司概念厨房设计——SPICE(3)③

① 图片来自 http://www.designdirectory.com/FormationDesignGroup/Airbus-SPICE-Galley-Innovation。
② 图片来自 http://www.designdirectory.com/FormationDesignGroup/Airbus-SPICE-Galley-Innovation。
③ 图片来自 http://www.designdirectory.com/FormationDesignGroup/Airbus-SPICE-Galley-Innovation。

图 5-17　空客公司概念厨房设计——SPICE(4)①

5.2　盥洗室设计及样例

5.2.1　功能

盥洗室是指安装在飞机服务舱内的,设有洗脸盆、梳妆台和马桶等设施的隔间,它包括储存柜、废物箱、马桶系统、管路系统、电气系统、呼叫和播音系统、供氧装置、通气口以及辅助拉手等。

盥洗室的功能需求主要有清洁、方便、整理仪表、母婴活动等。由于机载客量的不断上涨,在 2000 年后,大型干线客机的载客量都在 150～500 人之间,因此对于盥洗室在功能性、舒适性、方便性等方面的要求更加严格。

5.2.2　布局

机上盥洗室的配置因机种而异,但遵守共同的分配原则。

1) 配置数目

对于头等舱,每 20 位或更少的乘客应配置一个盥洗室,当余数较大时,还要再加一个;对于商务舱及经济舱,每 50 位或更少的乘客应配置一个盥洗室,每增加 55 位乘客,应再加一个,当余数较大时,还要再加一个;对于包程旅行或通勤,每 60 位或更少的乘客应配置一个盥洗室,每增加 65 位乘客,应再加一个,当余数较大时,还要再加一个。

2) 配置地点

客机一般在前部(如登机门附近)配置一个盥洗室,在后部配置 1～2 个。有些飞机会根据载客量,酌情对配置布局稍作改动,例如 B767 在中部多加了 1 个;B747因为座舱分为上下两层,所以配置比较特殊,一共配置了 14 个盥洗室,其中 2 个供

---

① 图片来自 http://www.designdirectory.com/FormationDesignGroup/Airbus-SPICE-Galley-Innovation。

头等舱使用,1 个供机组人员使用,还有 3 个供乘客使用,剩下的 8 个均在机尾,分为两组,每组 4 个合并在一起。

3) 配置原则

一些客机的盥洗室配置如表 5-1 和图 5-18 所示。

表 5-1　盥 洗 室 配 置

数据 ＼ 机种	B747	B757	B767
个　数	14	4	5
地　点	驾驶舱专用 1 个,前一等舱 2 个,普通舱 11 个	前登机门处 1 个,中间 3 个	登机门的前面 1 个,中部座舱 2 个,后厨房前中央岛状孤立地带 2 个
载客量	最大载客量 550 人	130～150 人	约 300 人

←盥洗室　　　　　←登机门

图 5-18　B757 盥洗室配置

在设计盥洗室布局时,除了基本布局外,还应考虑因包机或经济级旅客人员增加而增设的盥洗室位置。

5.2.3　设备

盥洗室是机载成品件,一般由订购方选购,其数量按照客机载客量确定。盥洗室内的主要部件基本是标准的,盥洗室及其设备应设计成能够容纳一位最高身长为 1.91 m 的成年人正常使用。

盥洗室内的配套设备及物品应包括:

(1) 门、隔墙板、天花板、地板。

(2) 马桶系统组件(本节仅限于马桶装饰罩)。

(3) 梳妆台及各种储物柜、水杯架、呕吐袋盒、卫生巾盒、卫生纸盒等。

(4) 带水龙头的台盆(台盆装设冷水脱氧的水过滤装置,废水排放口配备消音器)。

(5) 具备照明的镜了。

(6) 废物箱及防火、灭火装置(如烟雾探测器等)。

(7) 放置电剃刀的专用空间及充电电源插座。

(8) 大衣挂钩、毛巾挂钩。

（9）在门的里外都可使用的烟灰盘。

（10）应急扶手。

（11）应急设备，包括两个旅客氧气面罩，呼叫服务员的按钮以及"返回座椅"信号标志、"请勿吸烟"标牌，带"有人"或"无人"标志的门闩。

考虑到旅客中的残疾人士，机内盥洗室应增设以下设备：

（1）可移动的斜坡门槛，此设备能够使残障人士专用车平缓地被推入盥洗室，结构形状是中间段为平面，两侧为坡面。

（2）过道斜坡门槛，此设备安装在盥洗室入口处的过道上，供残障人士专用车进入盥洗室。

（3）残障人士专用扶手。

（4）残障人士专用马桶座架。

5.2.3.1　辅助设施

1）照明

一般盥洗室照明由常规照明和盥洗、化妆照明两种方式组成。照明的开关一般是与盥洗室门上的"有人/无人"指示器联动的，即当乘员进入盥洗室后，显示"有人"指示时，照明打开。常规照明灯位于盥洗室顶部，光照度较低，处于"常开"状态。盥洗、化妆照明灯位于镜子的两侧，光照度较高。

在盥洗室内应提供 215～320 lx 的照度，常规照明的光照度值为 10.76 lx，盥洗、化妆光照度值为 215.28～322.92 lx，照明装置应采用"重叠照明"的布置原则，避免当任何一种照明装置失效时出现暗区。

2）标识与标牌

舱内的标识一般指直接标在成品、设备或装饰构件上的有颜色的标志、符号、记号等。标牌是指标有文字、数据、图案的告示牌，标牌有指示性标牌和说明性标牌。指示性标牌为乘员提供指示或警告事项，说明性标牌用来说明设备的性能和设备的使用情况。

必须在所有坐在座位上的旅客都能见到的位置设置"系好安全带""请勿吸烟"和"厕所有人"的信号标记。

盥洗室内外必须在醒目处设置"禁止吸烟"或"厕所内禁止吸烟"的标牌。

标牌必须用至少高 13 mm(0.5 in)的红字衬在至少高 26 mm(1 in)的白底上。

（1）色彩。舱内使用的标识与标牌一般是红、白、黑三色，有时也用黄、蓝、灰等色：① 红色表示紧急，用于紧急情况下提示乘员注意的告示牌；② 白色多作标牌底色，用作红、黑底上的文字和图案；③ 黑色用作标牌的文字、图案及边框线等；④ 国外各主要飞机公司均有自己的色彩标准，也有套用美国联邦标准 595 号色彩标准的。

目前我国在国标和航标尚缺的情况下，座舱内部标牌和标记的颜色按美国联邦标准 595 号套用，以下是四种主要颜色的色标号：红色 11105，黑色 17038(驾驶舱为 27038)，白色 17875，橙黄色 13538(驾驶舱为 23538)。

（2）字体。标识与标牌的字体可由设计者根据具体情况自行确定,但指示性标牌和标记字体推荐用黑体字,说明性标牌和标记的字体推荐用黑体字或仿宋体字。

中文字体的尺寸和间距参照航标 HB0－41－70 中的汉字标准部分,英文字母的字体尺寸和间距参照航标 HB0－41－70 中的汉语拼音字母部分,而数字的尺寸和间距参照航标 HB0－41－70 中的阿拉伯数字部分。

（3）图案。座舱内的标识与标牌无统一的图案,设计者可自行设计简明形象的图案,或参照现有的民用飞机客舱中使用的图案。

（4）类别。座舱内标识与标牌的种类很多,各航空公司乃至各个机型,其座舱内的标牌和标记也均有差异,下面部分标牌和标记的图示可作为设计时的参考。

a.“请勿吸烟”标识与标牌。“请勿吸烟”标识与标牌的形式有单独用文字表示的,也有单独用图样表示的,还有同时用图样和文字表示的。除了旅客服务面板上的“请勿吸烟”标记(见图 5－19 和图 5－20)与“请系好安全带”标记一起由灯光打亮显示外,一般都不发光。

图 5－19 盥洗室门上(外侧) 烟灰缸盖标识①

图 5－20 盥洗室门上(外侧) 烟灰缸盖实物②

图 5－21 盥洗室标牌③

b. 盥洗室标牌。盥洗室标牌用于指明客舱内盥洗室所在之处,其位置在盥洗室门(外侧)上,如图 5－21 所示。

c.“厕所有人”标牌。“厕所有人”标牌由灯光控制。当盥洗室有人时,指示该盥洗室的标牌灯亮,显示“厕所有人”;当盥洗室无人时,标牌灯光自动熄灭,提示乘员可使用该盥洗室。标牌一般安装在客舱的前后舱板上,或乘员在座位上能看到的地方。

d. 其他标识与标牌。

（a）废物投放标记。在盥洗室废物箱的不锈钢口

盖上设有废物的投放标记,如图 5-22 所示。

（b）手纸存放标记。在盥洗室的马桶装饰罩上的存放箱表面设有手纸存放标记。

（c）马桶座圈纸存放标记。马桶座圈纸的存放标记也设在马桶装饰罩上的存放箱表面,标记图样如图 5-23 所示。

图 5-22　废物投放标记①　　　　　　图 5-23　座厕纸存放标记②

3）盥洗室的固定装置

固定装饰件的紧固件头部,在乘员视觉可见范围内应尽可能装饰或遮蔽。

5.2.4　设计要求

盥洗室在设计时,原则上面积应不小于 1.5 m²,门一侧的宽度应不小于 1 m,内部从地板到天花板高度范围为 1.92～1.94 m。盥洗室应实用、耐脏,易于清扫和维护,内部组件应能通过 800 mm×1 000 mm,圆角半径大于 152 mm 的登机门。简易式、分块式的组件应考虑盥洗室顶部或侧面与机身吻合,保证内部的各种设备在结构外形及表面上能够避免锋利的轮廓和凸起等,去除安全隐患。所使用的所有材料应是坚固、耐磨、耐潮湿、耐污染、耐老化且不易褪色的,具备降噪功能,符合阻燃、烟雾密度、毒性气体含量等适航性要求,禁止采用易燃材料如镁及镁合金等,表面反光强的装饰材料在使用时不可使乘客产生眩晕的感觉。

盥洗室的装饰构形应尽量缩减覆盖区域,利用视错觉形成放大的空间感。色彩及图案应系列化且温和,尽可能给乘客带来更多的舒适与安定,缓解压抑、拥挤和疲劳。内部空间装饰设计特点及方法如表 5-2 所示,盥洗室内部装饰示例如图 5-24 所示。

人机工程学是研究人、机械及其工作环境之间相互作用的学科。

人体测量学是一门新兴的分支学科,它通过测量人体各部位尺寸来确定个体之间和群体之间在人体尺寸上的差别,用以研究人的形态特征。人体测量方法主要有普通测量法、摄像法、三维数字人体测量法。

---

① 图片来自 http://bbs.520319.cnDetails_8707.shtml。

② 图片来自 http://www.cannews.com.cn20160105144409_2.shtml。

表 5 - 2 盥洗室装饰特点及方法

装 饰 特 点	采 用 方 法
空间小	(1) 扩大空间感 　　a. 恰当地设置镜子。 　　b. 造型力求简洁,减少过多的凹凸形壁面。 　　c. 色彩宜淡雅、明亮,用色不宜多,图案求隐约,花式不宜大。 (2) 注重安全 　　尽量避免尖角锐边及坚硬凸出物,必要的凸出物或光滑圆润或用软质物包覆。 (3) 设施和用具的布置应力求紧凑并按人机工程学设计。 (4) 细部处理力求精细,配合合理,间隙均匀。
空间不规则	(1) 首先确定体积较大的设备的位置(如马桶、梳妆台),然后恰当配置必需的盥洗室内部设施。 (2) 根据空间形状确定盥洗室的内部造型。

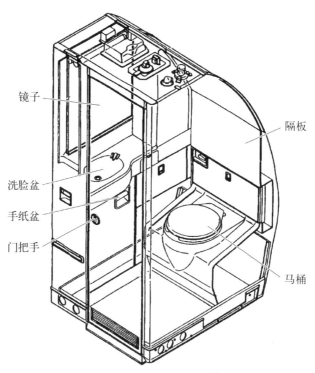

　　　　　　镜子

　　　　　　　　　　　　　　　　　　　　　　　隔板

　　　　　　洗脸盆

　　　　　　手纸盆

　　　　　　门把手

　　　　　　　　　　　　　　　　　　　　　　　马桶

图 5 - 24　B757 盥洗室[1]

　　设计中所涉及的我国成年人人体尺寸标准可以参照 GB 10000 - 1988 中的相应数据。在社会发展、技术进步、产品更新、生活节奏紧张等因素影响下,必然导致"物"的质量观的变化,人们将会更加注重方便、舒适、可靠、价值、安全和效率等指标方面的评价。

设计应满足可拆卸性、易搬动性、易替换性、易清洁性以及安全性:

（1）所有组件应在不使用专用工具的情况下就能进行更换和清理。对于需要变动位置、更换或维护的装饰件应易于拆卸,或至少在拆卸其邻近很少的部件后即可方便地拆卸,而其连接件应是不易损坏的。

（2）装饰件在满足强度、结构要求的情况下,其重量和尺寸应尽可能适合一个操作人员搬动,并能易于从客舱门出入。

（3）同类装饰件应尽量采用相同的规格尺寸。

（4）客舱装饰应避免设计成清洁工具不易达到和不易清扫的死角。

（5）应考虑维护人员使用设备的安装和操作过程,避免安全隐患;应尽量避免物件的凸起和尖角,特别是在操作维护困难的盲区。

下面分别详细介绍盥洗室里必不可少的几种结构部件。

5.2.4.1　盥洗室结构

1）门

（1）设计要求。盥洗室的门可设计成单扇向外开启式或折叠式,当门位于打开状态时,不应阻挡过道中的乘客通行。盥洗室的门及门口周围地区应避免出现危险的尖角或凸出物,以便乘客在正常或应急情况下安全活动。门上的防风门锁应可以在室内打开,空勤人员也可以从外面不用工具将其打开。防风门锁的设计要可靠,不能因对流气流使门产生晃动,门闩应带有一个"无人"或"有人"的标志,舌簧应能转动灵活,使用开门把手时应灵活自如。门内侧应装有嵌入式的挂衣钩供旅客使用,门内侧或外侧必须醒目设置"禁止吸烟"的标牌,但考虑实际情况,在门外侧或附近醒目处应设置可拆卸的烟灰盘。

（2）结构设计。门的高度不小于 1 800 mm,宽度为 600 mm,厚度按强度要求（与隔墙的强度要求应一致）设计。门上的烟灰盘可选择放置在两个位置,与门把手平齐或稍高于把手,但都应处于门的纵向对称线上。"有人/无人"显示牌在通常情况下都应与中等身材旅客的平视高度一致（约为 1 568 mm 左右）,左右方向应与门把手在同一铅垂线上。门的下部开有通风格栅,由二面带孔的不锈钢或复合材料制成,高度 300～400 mm。门把手离座舱地板高度为 920 mm。当启动"有人/无人"标志门闩时,可带动一个联动装置,此装置可触动微型电器开关,打开镜子两侧的日光灯。门的设计需考虑快速减压的影响,应防止其在快速减压时被拉开。门的材料与隔墙相同,可采用铰链与隔墙连接,门与隔墙的接缝应不受压差或温度、振动的影响。

2）盥洗室地板的设计要求

地板是整体式的,表面应是全封闭的,必须具备防滑防漏性能,防止液体滴入或渗进下部舱内或设备中,选用的材料应为专用的复合材料,防水渗透性能较为出色。地板与隔墙板的结合也应特别注意,以防漏水。地板覆盖物应能防水、防滑且易清洁。

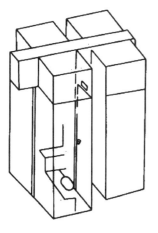

图 5-25　B-747 后部四个
盥洗室[1]

3）隔墙设计

盥洗室四周的隔墙形式按数量分类，可分为两面隔墙式和三面隔墙式；按结构分类，可分为简易式、分块式和整体式。

分块式的隔墙可以充分利用机身的结构形状，节约占地面积及材料。

整体式隔墙的三边及顶部都为盥洗室本身所有，在飞机上的安装受到空间的限制，例如 B747，如图 5-25 所示。

盥洗室的隔墙设计应考虑在长 175 mm、宽 81 mm 的面积上从垂直方向施加的 1 334 N 集中极限载荷（手的集中力），或者是遍及整个舱壁（包括作为部分隔墙面积的门）的 2 669 N 分布极限载荷（多个人体的力），在这两种载荷下，隔墙不应被破坏或变形。

4）盥洗室电器与机身连接设计

电器设备的安装和布置应易于散热，不应易于被维修人员踩踏或作手柄使用，电器设备周围应避免放置废弃物箱，以免造成火灾危险。电器插头和接线盒都应避免水汽的进入。

5.2.4.2　盥洗室通风

1）通风设计要求

盥洗室内的通风量应该大于客舱内的通风量，且能迅速排除盥洗室中的烟。马桶系统组件应另外增设排风口装置以排除臭气。

2）通风口装置

客机的每一个盥洗室内都有一个通风嘴供乘客使用，其通风量可以手动调节。此外，每个盥洗室门的下部都设置了一个百叶窗式的通风口，客舱内的新鲜空气能够从该通风口源源不断地补充到盥洗室内，以保证盥洗室空气的新鲜。

5.2.4.3　盥洗室梳妆台组件

1）设计要求

梳妆台组件至少应包括洗涤盆、基本洗涤和卫生用品存放处（如香皂、擦脸纸）、电动剃须刀插座等。梳妆台台面应能防锈、耐磨、耐擦洗。梳妆台台面的边缘应比台面高 10～20 mm，或做成倾斜面，避免水溢出。

对于尾吊发动机布局的飞机，梳妆台使用的朝向可以考虑反航向布局。

2）结构设计

梳妆台的结构要求在保证飞机总的强度、刚度的前提下力求美观及重量轻，尽量采用复合材料及轻型装饰材料，结构应能耐腐蚀及防水渗漏。梳妆台的台面高度按中国男子人体立位肘高 920 mm 为宜，台面宽度范围为 400～500 mm，向内深

度范围为 300～400 mm。梳妆台的结构形
状如图 5-26 所示。

（1）洗涤盆结构设计。洗涤盆包含盆体
和边缘，材质上应选用不锈钢、铝合金等材
料，体积应不小于 2.46 L，总重量（不包括水
龙头及排水系统）应不超过 0.9 kg，可安装在
墙面或墙角处。安装后，在距其中线最远点
应能承受 889.8 N 的载荷，并可承受加在水
龙头上 222.5 N 的垂直载荷。此外，在靠近
洗涤盆盆缘处，应有一个防止水溢出的小孔，
其截面形状为细长的缝隙形，总流通面积大于
水龙头的出水口面积。洗涤盆的废水排放口
安装消音器后产生的噪声，在高度 10 668 m、
表速 0.5 M 下，总声压级应不高于 91 dB，语
言干扰级应不高于 73 dB。洗涤盆的结构如
图 5-27 所示。

（2）水龙头组件设计。水龙头的设计风
格应与盥洗室整体内饰风格一致，全部重量应不超过 0.32 kg。

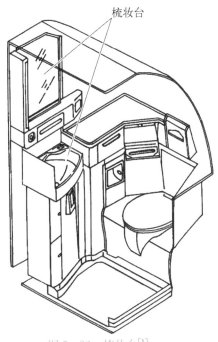

图 5-26　梳妆台[1]

图 5-27　安装在墙上的洗涤盆①

图 5-28　马桶装饰罩结构形状②

---

① 图片来自 http://i.carnoc.com/detail/342868。
② 图片来自 http://news.carnoc.comlist348348331.html。

5.2.4.4　盥洗室马桶装饰罩

1) 设计要求

当罩盖翻起使用时,不应在飞机受到侧向过载时,出现罩盖压到使用者身上的现象;罩组件上的活动零件及连接处的间隙,不应由于飞机的振动而引发噪声;罩盖材料的强度和刚度,应能承受 77 kg 使用者的重量而不损坏,也不应产生明显变形。

2) 结构设计

一般情况下,马桶装饰罩组件由装饰罩体、马桶座盖和座圈所组成,装饰罩组件的设计应与盥洗室整体内饰的设计风格一致,内部设施都应标有相应的标识及使用说明。马桶座盖表面离地高度应为 430～480 mm。马桶装饰罩的结构如图 5-28 所示。

当马桶座盖翻起后,其与装饰罩体(盥洗室墙壁结构)相碰的部位应配置防撞体,以防经常相碰而损坏表面装饰层。马桶座后的母婴支架应能满足负荷一个 18 kg(40 lb)的幼儿以及适航规定中的惯性载荷及连接系数。

马桶组件中的污水箱应有最少收集每个盥洗室 64.35 L 污物的能力,其冲水系统应封闭且防漏,冲洗后应能自动关闭,盥洗室内无明显气味残留。停机时,冲水系统在无水供给的条件下使用 6 小时也不应有损坏。

5.2.4.5　盥洗室内部杂项

1) 概述

盥洗室内部杂项的项目已在本章 5.2.3 中全部列出,这些项目中,不同规格的储物柜属于梳妆台组件,氧气面罩属于高空设备,广播喇叭属于机内通信。所以,本小节只介绍镜子、衣帽钩、扶手、废物箱等项。

2) 设计要求

(1) 镜子。一般在盥洗室内部只设一面镜子,当然也有一些机种(如 MD-82 飞机)考虑到整个盥洗室空间较为窄小,故增设一面镜子对立布置,起到增大空间的作用。

(2) 嵌入式衣帽钩。每个盥洗室内应装有 1～2 个嵌入式衣帽钩,高度距地面 1 600～1 800 mm,应能承载 190～294 N 的垂直载荷。

(3) 扶手。每个盥洗室内应安装 1～2 个扶手,扶手内缘距板面 40～50 mm,有效长度 200 mm,应能承受 1 334 N 的极限拉力。盥洗室所有把手和锁在不使用时应尽量不突出装饰结构表面,转动操作圆形、球形工作手柄及按钮时不能卡住。

(4) 废物箱。每个盥洗室应配备一个废物箱。废物箱必须是完全封闭的,具备一定的气密性和水密性,防止因通风而持续燃烧。材料应有耐火性,能耐住正常使用条件下在其内部可能出现的火焰。废物箱门应位于顶部,需易于打开,且能自动关闭,设置的位置应区别于烟灰盒且易辨认,门上或门旁必须设置"勿扔烟头"的标牌。箱内必须装配灭火器,并且在箱内起火时,应自动启动灭火装置。废物箱和废物槽的结构设计应防阻塞、易清理。

（5）其他内部杂项。站着或坐着的乘客应能马上找到并易于接触到盥洗室内的烟灰盒，并能马上将它们与废物箱的口盖区分开来。烟灰盒应有挡盖，避免烟灰落在室内或废物箱内。

盥洗室内必须配备一套烟雾探测系统，在发生火情时能够及时向驾驶舱及客舱发出灯光或声音警告信号。室内应保证适当的通风，装有扩音器及包含呼叫按钮和"返回座位"信号灯的服务板。盥洗室或辅助室内，若万一着火，则须杜绝烟雾扩散。

5.2.4.6　盥洗室与机身的连接

1）概述

目前使用的客机盥洗室有整体式和分块式两种结构形式，这两种形式的盥洗室与舱内机身结构的连接方法和接头形式没有很大的差别，因为最终盥洗室的载荷都将全部传给机身结构。另外，在盥洗室组件与机身结构连接点位置和数量的选择上，应考虑载荷在机身结构上的均匀分布，还应尽量易于拆卸维修。

2）安装

一般盥洗室组件考虑三处连接部位，即顶部、侧壁和地板，如图 5-29 所示。

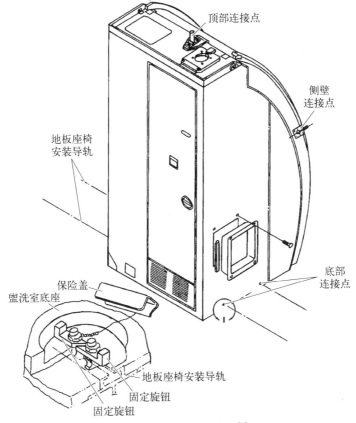

图 5-29　盥洗室的安装[1]

顶部连接应与机身的桁条和隔框同时相连;侧壁连接应与机身的桁条相连;地板连接是盥洗室组件的主要连接点,一般每一端不少于两个点,盥洗室底座与客舱地板上的座椅安装导轨相连。

5.2.5　设计样例

下面对空客 A380 头等舱的盥洗室进行详细分析。

图 5-30 和图 5-31 包括了淋浴间、洗手台、坐便器、娱乐系统以及必要的储物空间和辅助设施。

图 5-30　A380 头等舱盥洗室(一)

图 5-31　A380 头等舱盥洗室(二)

淋浴间位于盥洗室门的左后方,门为旋转推拉有机玻璃门,节省空间的同时还避免了安全隐患,既能够清晰明了地得知其使用状态,又有效地保证了使用者的隐私。盥洗室门的右手边是落地穿衣镜,供乘客整理着装。

淋浴间的旁边就是洗手台。洗手台配备了可旋转的、自带环形灯带照明的镜子,可供乘客检查仪容,镜子下方是洗漱用品存放栏及内藏式的垃圾桶。洗手台采用紫色天然石,彰显尊贵气息,更方便清洁。台面靠外侧安装有手扶杆,当出现晃动或颠簸时,能够有效防止乘客受伤。洗手盆外放,简洁别致,凸显盆体流畅的外形线条。下方配有储物柜,可供收纳。

储物柜旁边连接着带有坐垫的坐便器,可供乘客短暂地休息。坐便器后方是相关用品的储藏柜,柜体的柜门留有把手,方便开启。

坐便器对面的墙上装有娱乐系统,增加乘客的使用乐趣。下方安有手扶杆,旁边配有挂衣架。

图 5 - 32 和图 5 - 33 是阿联酋航班 A380 的头等舱盥洗室。

图 5 - 32　阿联酋航班 A380 头等舱盥洗室(一)　　　　图 5 - 33　阿联酋航班 A380
　　　　　　　　　　　　　　　　　　　　　　　　　　　头等舱盥洗室(二)

5.3　储藏室设计

5.3.1　概述

客舱内的储藏室是民用飞机客舱的组成部分。储藏室为机组人员的飞行与生活用品、旅客携带的行李物品以及舱内配置的各种应急救生设备等提供必需的储藏空间,目的在于保护这些用品和设备,不使其受到意外的损坏;同时,也限制这些用品和设备的随意移动,不使其意外伤害机内人员。

储藏室包括存放旅客随身携带的行李物品的顶部行李箱、衣帽间,机内杂物储藏室等。这些储藏室将根据不同类型的客机和不同的舱内配置与布局而予以合理的设计。

储藏室的设计,很大程度上受到舱内总体设计和装饰设计的制约,可以认为是舱内装饰的一个组成部分,即:

(1) 应该服从舱内总体设计布局。

(2) 应该按舱内装饰设计要求,进行本设施的外形和色彩设计。

(3) 应该按舱内装饰设计要求,选取本设施的表面装饰材料。

储藏室不仅要满足布局和色彩等要求,还要易于使用与维护:

(1) 应能牢靠地保护所储藏的各种设施和用品,不使其受到损坏,也不意外地伤害舱内的人员或其他设备。

(2) 容积足够,结构紧凑,开敞性好,使用方便,满足"人机功效"的要求。

(3) 维护方便,安装简捷。

5.3.2　顶部行李箱设计

5.3.2.1　功能与布局

现代大型客机舱内,为旅客提供行李物品存放处的形式有很多种。

　　一种是目前一般大型客机普遍采用的在客舱顶部两侧,沿纵向设置的两排封闭式行李存放箱。对宽体客机而言,除了在客舱顶部两侧设置外,还在客舱顶部中央,沿纵向设置行李存放箱,这种设施都称为顶部行李箱。

　　另一种装备在20世纪50年代设计的客机或客货两用型飞机上,在客舱顶部两侧沿纵向设置了开敞式(无盖)顶部行李架。这种行李架往往设计成可折叠的(尤其是在客货两用型飞机上),为的是适应舱内快速改装成货机。

　　第三种是巨型(客舱分上下两层)客机,由于每层舱的高度相对要低一点,于是在客舱两侧沿纵向设置为落地式旅客行李存放箱。

　　对于后两种行李箱,目前使用得较少,本章只针对封闭式(带箱盖的)顶部行李箱的设计作介绍(椅下行李阻挡杆也不介绍)。

　　1) 设计要求

　　(1) 应平均为每位旅客提供大约0.048～0.05 m^3的容积,该行李箱的尺寸至少应达长1 270 mm、宽610 mm、高102 mm。

　　(2) 行李箱盖开启时,不应当碰到旅客(坐姿)的头部。

　　(3) 行李箱盖上应带有能牢固锁住的锁机构,并且应有可以识别箱盖"锁上"或"未锁上"的标记和措施,以避免客机飞行时,由于箱盖未关闭,而使行李物品意外跌落伤人。

　　(4) 行李箱与机身结构连接点,除了应具有足够的强度外,还应有可调节环,以便安装时调节。

　　(5) 行李箱的设计,应与客舱内其他有关的设施、系统(如照明设施、空调系统、旅客服务装置等)相协调。

　　2) 结构形式

　　目前有两种结构形式,一种是整体式,相当于一种翻斗;另一种是分块式结构,它是用几块部件通过铆接、胶接或螺接等方法组合而成的。典型的结构形式如图5-34所示。

　　整体式和分块式两种结构的行李箱各有特点,具体如表5-3所示。

　　3) 顶部行李箱主体材料

　　(1) 整体式行李箱的基材用塑料(PVC或ABS等)或玻璃钢压制成型,并在表面贴一层装饰材料。

　　(2) 分块式行李箱除了组成骨架用铝型材外,各个构件大多采用复合材料。这种结构形式组合的材料具有重量轻、强度和刚度高、装饰和隔音效果优良等特点,是当代大型客机舱内设施中普遍采用的材料。

　　5.3.2.2　其他辅助设施

　　为了提醒乘客,考虑到乘客的安全性,应在行李箱适当位置安装一些用作指示的标记标牌:

　　(1) 行李箱内存放救生设备的提示标牌,用于提示救生设备的位置,如"no

图 5 - 34　分块式顶部行李箱①

表 5 - 3　行李箱两种结构形式的比较

形　式	特　　点	应用机种
整体式结构	(1) 刚性好,外形尺寸一致,便于互换,整体重量轻 (2) 制造时需要有大型成型模具,模具造价高 (3) 尺寸受限制,一般不宜制成大型(尤其在长度方向)尺寸行李箱 (4) 制造方便,适用于大批量生产	A300
分块式结构	(1) 刚性差,结构重量大,需用专用的工、夹具以保证尺寸一致性 (2) 可以制造大尺寸行李箱,生产长尺寸尤其适合 (3) 生产效率低	B737 B747 MD - 82

stowage"("禁止放置行李")。

(2) 行李箱架的沿口通常安装旅客座位号的提示标牌,用以提示座位的牌号和座位号。

(3) 行李箱的限重标牌。

(4) 应急门上方的行李箱内应安装"小心碰头"提示标牌以提醒乘客。

5.3.2.3　易用性和维护性要求

1) 易用性要求

行李架是乘客接触比较多的客舱设备,行李架的设计应能够让乘客易于使用,行李架的门扣设计应当容易操作,行李箱门盖易打开,箱内的空间宽敞,行李容易放置和取出。

---

① 图片来自 http://www.boeing.cn/productsandservices/737ng/。

2) 维护性要求

行李架在设计中应满足维护性要求,外露的设备应避免细小狭窄的凹槽等设计,易于清洁,行李架整体易于拆卸,便于维护人员进行定期的修理维护等。

5.3.2.4　设计样例及流行趋势

最早的行李架是在客舱顶部安装网状袋子,二战结束后,网状袋子升级成衣帽架,结构是硬式支架,承重能力加强;1963 年后,开放式行李架用封闭式上拉式行李箱代替,1967 年以后,行李箱容量加大,储存量和承重能力再次提升;直到 1994 年以后,封闭式下拉行李箱问世,承重和承载能力高,并且极大地提升了乘客座椅上方的客舱空间。

目前在役的很多老式飞机,仍用上拉式行李箱,该行李箱存储空间大,并且安全易操作,但因为占用了大量的乘客头顶上方的客舱空间,使得乘客乘坐时有明显的压抑感,心理上有不够宽敞、不舒适的感觉;下拉式行李箱在目前的新型飞机,如 B-747 上普遍使用,这种行李箱解决了上拉式占用大量头顶空间的问题,提升了乘客的舒适度。下拉式行李箱如图 5-35 所示。

图 5-35　B747-8 下拉式行李箱①

另外,随着新科技的应用,OLED 触控灯在未来可用于行李箱上的指示牌中,目前的指示牌是传统的喷漆图标,未来可用动态的电子显示屏代替传统图标。OLED 行李箱如图 5-36 所示。

5.3.3　衣帽间设计

5.3.3.1　功能与布局

衣帽间是供旅客存放大衣、外套和帽子的,一般设置在头等舱。

---

① 图片来自 http://www.boeing.cn/productsandservices/747/#/image-gallery-large。

图 5 - 36　OLED 技术在行李箱上的应用

另外,衣帽间在客舱内部布置时,有时也用来作为等级舱的分隔板。

1)设计要求

(1)对衣帽间,应该按旅客的人数,确定挂衣杆的长度,有关资料推荐对于 150 座级的短程客机,应为每位旅客提供至少 12.7 mm 长度的挂衣杆。

(2)为了存取衣服方便,挂衣杆应设计成可以伸缩的,伸缩机构的功能应是可靠的。

(3)内部应设置专门的照明灯,该灯的发热量不能损坏存放的衣物。

2)结构设计

按结构形式,衣帽间可以分为整体式和分块式两种。

整体式是在地面就做成一个完整的衣帽间,在客舱内安装时,只要少数几个连接点即可。

分块式是要借助于客舱内某个设备的墙面(例如盥洗室横隔墙,或者厨房柜横侧面等),再增加一块墙面组合而成。衣帽间的门可以用门帘代替。

这两种结构形式各有特点,如表 5 - 4 所示。

表 5 - 4　整体式和分块式衣帽间、储藏室的特点比较

结构形式	特　　点	结构形式	特　　点
整体式	(1) 刚性好,强度高,外观整齐 (2) 与机体连接点少,便于拆装 (3) 制造时,要用工、夹具保持尺寸及互换性 (4) 部件重量轻,整体重量大,造价高 (5) 能较好地适应舱内布局的改变	分块式	(1) 能充分利用舱内设施的结构 (2) 制造简单,需用专门的工、夹具,经济性好 (3) 自身重量沉,总体重量轻 (4) 在舱内的布置受到约束,不利于客舱布局的改变 (5) 增加机上安装工作量,连接点多 (6) 没有互换性

3）衣帽间主体材料

整体式衣帽间的主体材料，与顶部行李箱相同，为分块式隔墙和隔板，一般选用铝型材作为隔墙芯部的承力构件，外形件是用厚 5 mm 左右的航空精制层板制成，外表贴以装饰层。

隔墙下部表面，通常贴有一层"踢脚毯"，要求耐脏、耐磨、耐清洗。

选用门帘材料时，除了与装饰要求相符以及耐脏、耐磨、耐清洗外，还要求轻薄。目的在于门帘折叠后不要太重、太厚，从而给使用、维护等带来不便。

5.3.3.2　挂衣杆

挂衣杆有两种，一种是固定式的，往往用于大空间衣帽间内；另一种是可伸缩式的，通常装于小空间衣帽间内。由于内部空间小，人无法进入，所以必须把挂衣杆拉出来，挂好后再推进去。

5.3.3.3　其他辅助设施

1）标记标牌

衣帽间顶部应安装"禁止放置物品"提示标牌。

2）照明

衣帽间应提供相应的情景照明，控制开关最好设置在衣帽间内便于操作的位置，照明灯具应安装在衣物接触不到的地方，避免其热度对衣物造成损坏。

5.3.3.4　易用性和维护性要求

1）易用性要求

衣帽间的衣杆应方便乘客取放衣物，门或门帘应易拉开，衣帽间内部高度应符合人机工程学设计，内部空间安排合理，使乘客在挂取衣物时方便站立或转身。

2）维护性要求

衣帽间内的衣杆或灯具易拆卸，方便更换、修理和清洁，衣杆机构不易生锈和折断，可承重足够衣物，衣帽间整体应易拆卸，便于更换和维修。

5.3.3.5　设计样例及流行趋势

随着乘客对生活和乘坐质量要求的提升，乘客对机上衣帽间的要求也越来越高，公共衣帽间有时已不能完全满足头等舱乘客的需求。航空公司渐渐推出带有独立衣帽间的豪华头等舱，它为每个头等舱座椅配备了一个独立衣帽间，既绝对保护乘客的私密空间，又提供了部分或完全的隔离，给乘客带来无限舒适的享受。同时，衣帽间的设计风格要和客舱内饰的整体风格相融合，其造型和色彩都要与客舱内饰的整体造型和色彩相搭配。

5.3.4　机内杂物储藏室

机内杂物储藏室用于存放随机的、供乘务人员使用的零星物品。例如随机清洁用品、小型的维护设备，有时也可作临时的食品储藏处，存放各种饮料等。储藏室分为前储藏室和后储藏室。

另外,储藏室在进行客舱内部布置时,有时也用来作为等级舱的分隔板。

5.3.4.1　功能与布局

1) 设计要求

(1) 储藏室应配备带锁的门,以防储藏的物品意外甩出伤人或撞坏其他设备。

(2) 储藏室内部,应设置有可以拆卸和改装的隔板等附件,以适应使用。

2) 结构设计

同衣帽间一样,储藏室也分为整体式和分块式两种。整体式和分块式的储藏室和衣帽间类似,不同的是,储藏室应增加带锁的门。这两种形式的特点如表 5-4 所示。

5.3.4.2　辅助设施

1) 标记标牌

(1) 前储藏室应设置"禁止放置物品"和氧气瓶摆放位置的提示标牌。

(2) 后储藏室应设置限重标牌和氧气瓶摆放位置的提示标记。

2) 照明

储物间内应安装专门的照明灯具,且灯具发热量不能损坏储藏间内存放的物品,灯具开关应设置在内部便于操作的位置,不能被堆放的物品等挡住。

5.3.4.3　易用性和维护性要求

1) 易用性要求

和衣帽间类似,储藏间的门应容易拉开,内部高度应符合人机工程学设计,内部空间充足,方便乘务人员在内部活动,空间格局安排合理,方便乘务员将不同种类的物品和食品按类归置。

2) 维护性要求

储物间内的设备和灯具易拆卸,方便更换和清理,如果是整体式,应能够整体拆卸下来,便于维修,如果是分块式,分舱板应能够拆卸。

5.3.4.4　设计样例及流行趋势

储物间的造型设计应具有灵活性,便于客舱根据航空公司的市场需求和机队部署等迅速改变构型,其内饰风格也应与客舱整体风格相一致,成为一个整体,凸显个性和文化。

参考文献

[1] 《飞机设计手册》总编委会.飞机设计手册.第 11 册,民用飞机内部设施[M].北京:航空工业出版社,1998.

第6章 公务机内饰设计

公务机作为一种省时、高效、安全、隐私、尊贵的交通工具,一直为特殊群体所青睐。公务机的设计高度个性化、客户化,本章主要介绍公务机的设计理念和方法。

6.1 公务机定义分析与客户定位

6.1.1 公务机定义

公务机(business airplane/executive airplane)是指在行政事务和商务活动中用作交通工具的飞行器,亦称行政机或商务飞机。国际上认为一般飞机要满足两个条件方可定义为公务机:一是具备双发以上涡轮发动机、重量9吨以下、乘坐4~30人;二是要由专业飞行员驾驶。高级公务机一般将涡轮风扇发动机装在机身尾部和两侧的短舱内,以降低机舱的噪声,机舱内有现代通信设备,供乘用人员办公用,飞行性能与航线飞机相差不多[1]。

依据动力来源的不同,公务机可分为喷气式,如达索猎鹰8X(见图6-1);涡桨,如比亚乔P180(见图6-2);活塞动力,如莱特L-200"摩拉瓦河"双发活塞式轻型旅行飞机(见图6-3)三大类。由于喷气式公务机能适应高空、高速、长距离飞

图6-1 猎 鹰 8X

图 6-2 比亚乔 P180(空中法拉利)

图 6-3 莱特 L-200"摩拉瓦河"双发活塞式轻型旅行飞机

行,并且载客量也比其他类型的公务机大,因此已成为国际主流。公务机对于使用者而言,具有省时、高效、安全、隐私性强、彰显尊贵等优势。

6.1.1.1 公务机优势分析

众所周知,人们现在越来越注重时间的自由分配及自身隐私。公务飞行可以为客户提供自由灵活的时间安排以及高度的隐秘空间,减少了旅行的曝光度,有效避开大众的关注,保护个人隐私和商业机密。以下为公务机所具有的八大优势。

1) 公务机是快捷、便利、灵活的交通方式

公务机的快捷和便利主要体现在招之即来,快速成行;高速行进,节约时间;高效连接,行程紧凑。由于公务机可以自选航线,指定起降时间和地点,乘机手续简单,无须转机、候机,可以实现门对门服务,因而最大限度地节省了旅行时间。此

外,客户可以完全按需求安排旅行计划,实现真正意义上的"自主旅行"。

2) 公务机的优势集中体现为时间价值

公务机的快捷、便利最终集中体现为时间价值,进而提高了企业、机构的人力资源价值。

3) 公务机具有高度的安全性

公务机具有高度的安全性,包括飞行安全和空防安全。公务机是当今航空器制造技术的集中体现,采用了最先进的发动机和飞行控制、导航设备;公务机机组、机务人员都具有较高的专业水准,飞行中的航空气象、航行情报、地面保障等服务都已高度专业化。同时,由于公务飞行的私密性,用户可以完全控制航程安排、乘客名单、维护计划,甚至指定飞行机组,使用专用通道进出,从而避免了潜在的危险因素。

4) 公务机具有无与伦比的舒适性

公务机与传统定期航班相比,舒适性得以最大地体现。其巡航高度比普通民航航班高,飞行颠簸小。其客舱内通常装备有顶级的服务设施,并且在长途旅行中可以保证良好的睡眠条件。因此乘坐公务机旅行既是休息,更是享受。

5) 公务机具有极佳的私密性

对于政要、企业高管、明星等高端客户而言,公务飞行杜绝了与陌生人的接触,行程消息完全保密,最大限度保证了旅行的私密性。

6) 公务机具有无与伦比的可通达性

公务机对于场地的要求低于大、中型运输机,因此在具有相关法规环境和公务机保障体系下,公务机几乎可以到达世界任何地方。卓越的通达性使得公务机与其他交通方式相比,具有所向披靡的竞争实力。

7) 公务机在应对突发事件上具有不可替代性

公务机为应对各种社会、政治、公共、卫生、自然等突发事件提供了便利的交通条件,有利于政府和有关机构做出快速响应,例如运送救灾物资(2008 年中国四川汶川地震后救援重建、2010 年中国青海玉树地震后救援重建等)、接回被日本扣押船长等。

8) 公务机对于企业经济发展具有显著的推动作用

公务机对国民经济具有强大的助推作用,一方面体现为交通运输中不可替代的直接功能作用,另一方面体现为公务机产业链对国民经济的巨大贡献。

6.1.1.2　公务机客户定位

结合目前公务机市场的主要需求状况,公务机的目标客户群分为以下五大类。

1) 政府部门

政府部门主要将公务机用于外事访问与应急处理。主要分为如下两类:第一类是 VVIP(国家级最重要客人)和国家指定保密客人,党中央委员会总书记、国家主席、全国人大常委会委员长、国务院总理、全国政协主席、中央军委主席、中央政治局常委、国家副主席、外国国家元首、政府首脑、执政党最高领导人、中共中央政治局委员、候补委员、全国人大常委会副委员长、国务院副总理、国务委员、全国政协副主席、中央军委副主席、最高人民检察院检察长、最高人民法院院长；国家指定保密要客和"两会"代表。第二类是 VIP(国家级一般重要客人)、省部级(含副职)党政负责人、在职军级少将(含)以上军队领导；国家武警、公安、消防部队主要领导；港、澳特别行政区政府首席执行领导；外国政府部长(含副职)、国际组织(包括联合国、国际民航组织)领导、外国大使和公使级外交使节；由省部级(含)以上单位或我国驻外使领馆提出要求按 VIP 接待的客人；著名科学家、中国科学院院士、社会活动家、具有重要影响的社会人士；重要省市领导出面迎送的特殊要客。这类客人乘坐公务机主要基于以下原因：① 外事访问属于国家机密的重要部分，由民航大航班执行此类任务不太合适，出访领导身份尊贵，神圣地位不可侵犯，安全性要求极高，所以这类客人的飞行任务需要有备份机队；② 按照国家规定，只有特殊级别的领导有资格乘坐专机，所以次重要级别的领导比较合适的出行方式就是公务机。这样既保证了飞行安全，又不失中国作为一个大国的威严和庄重；③ 与被出访国家有关，如目的地国家的气候和地形比较特殊，目的地机场的跑道硬度、长度等不能满足大飞机降落的条件，又如需要连续访问多个国家，执行多项外交任务，对飞行的灵活性和及时性要求非常高，再如有些大飞机的机型在某些国家不适航或者遇有突发事故，国家领导需要立即到达现场。

2) 大型跨国企业或是私人企业

这些企业的高管可谓是商务精英，用"时间就是金钱"来形容他们非常贴切。公务机对于他们而言，是流动办公室，是时间机器，是商务谈判桌，甚至是俱乐部。1996 年，通用电气(GE)的总裁 Jack Welch 就开始为寻找合适的公务机发愁。按薪酬计算，Welch 每天工作时间价值 26 万美元，与节省一小时的旅途时间所带来的经济价值相比，每小时 1 万美元的公务飞行消费，显得微不足道。特别是有些 500 强企业需要多名成员组建团队赴目的地考察或谈判时，包一架公务机的成本和大航班的头等舱价格相当，而大航班显然不具备公务机灵活、高效和私密等特征。还有跨国企业的高管，在假期期间有带家庭跨国旅游的需求，这种情况下，公务机就是他们在空中温馨的家。当今大公司领导人商务旅行时都坐的是公务包机。至于海外大公司，《财富》500 强中已有 341 家公司拥有了自己的公务机或公务机队。

当然，世界大跨国集团一般会拥有由数架公务机组成的机队，并配备飞行和地勤人员。公务机中也有许多如"湾流""奖状""挑战者"等机型的喷气式飞机。这些飞机的飞行速度与大型机相比毫不逊色，巡航高度达到 12 000 米也没问题，最大航程有的可达到 12 000 公里。大多数国外公司都使用现代的、多台涡轮风扇发动机或涡轮螺桨发动机的公务机或者安全性能高的直升机。

3) 高净值资产人士

由于之前公务机可以作为私人飞机，而私人飞机被认为是奢侈品，因此一些企业出于对社会舆论的考虑,在公务机的需求和使用上一直表现得非常低调。公务机是财富的象征,部分民营企业老板属于高净值资产人士,主要集中在能源、地产、金融等行业。据不完全统计,中国内地有 87.5 万个千万富豪和 5.5 万个亿万富豪,同时,中国已有 1 900 位十亿富豪和 140 位百亿富豪,这些富豪中大约有六分之一计划购买私人公务机。2012 年 3 月,兴业银行与胡润研究院联合发布的《2012 中国高净值人群消费需求白皮书》表明,亿万资产以上的高净值人群有购买公务机意向的比例达到 13%。此类客户群的特点是模仿效应强,容易因为攀比、炫耀、撑场面而只买贵的,不买对的;只买新的,不买旧的。2012 年 3 月底,在上海虹桥公务机基地举行的亚洲公务机展上,就出现了山西老板组团去采购的现象。有些富豪会模仿与自己财富量相当的其他富豪,认为身价相当,公务机的价格和层次也应相当。随着公务机作为代步工具的功能日益显现,炫耀功能会退居其次,此类客户的消费观念会渐趋成熟,其需求也会回归理性。另外,一些民营企业老板经过几十年的财富积累,开始寻找财富之外的价值,如探险、飞行等挑战和爱好。所以我们看到,有些老板已经开始学习飞机驾照,准备有一天能够驾驶自己的公务机像驾驶私家车一样,自由翱翔于天空。

4) 演艺明星

如前所述,"2012 亚洲公务航空展"上,成龙的座驾莱格赛 650 与和赵本山的"本山号"同一型号的挑战者 850 出现在展会上。这些大牌明星常常档期很紧,在机场的公开通道又受到众多粉丝追星的困扰,加之其团队人员数目庞大,赴各地演出和各种活动的机会很多,因此使用公务机的次数也较多。

5) 金融租赁人士

在一般人的概念中,公务机就是私人小飞机,虽然在国外的确有许多私人拥有公务机,但这样理解并不全面。公务机对于购买的企业和使用的客户而言,具有省时、高效、安全、隐私性强、彰显尊贵等优势;对航空公司来说,公务机市场前景广阔,值得介入。不仅如此,购买和经营公务机还有外界不知道的好处。行内人士介绍说,一架公务机的价格仅为民航机的零头,对一掷千金的航空公司来说显然投入很小,而且随着公务航空市场的发展,航线安排等飞行费用将逐步下降。因此,过去一直波澜不兴的公务航空市场因本小利大,将成为航空业新的逐鹿战场。国内相当多的公务机都属于公务机租赁公司,当用户需要的时候可以向租赁公司租用,许多即将飞到上海的公务机就是临时被一些公司老板租用的。

6.2 总体布局与内饰设计

6.2.1 公务机布局设计

公务机的功能区域一般包括:会议区、餐厅、休闲娱乐区、办公区。根据需求的不同,将不同功能区域按照位置顺序合理排列,可以将不同功能区域进行合并组合,如餐厅兼会议室、餐厅兼休闲区、休闲区兼卧室等,还可以根据不同航程和旅行目的,将不同功能区域做多功能设计和拆分,如远航程所需的机组休息区可以在短航程时作为休闲娱乐区,在度假时将会议室改做棋牌室等。

以某国产飞机的公务机布局设计为例,可从功能、布局形态、乘坐人数等,划分为以下四个大类,根据每个类别的特点进行布局设计。

1) 私密、商务

以商务高净资产客户为目标客户,其公务机的特点是具有独立的私人空间、明确的功能区域划分、舒适宽敞的座椅且有会议区,如图 6-4 所示的布局效果,配备有独立的私人休息区,沙发会客区,会议就餐区及随员区,营造了私密、商务的氛围。

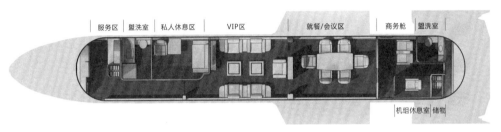

图 6-4　某国产飞机布局设计方案之一

2) 娱乐、休闲

此类布局方案注重空间宽敞及舒适的乘坐体验。如图 6-5 所示,客舱内多采用沙发式座椅和半敞开式设计增加客舱宽敞的视觉效果。

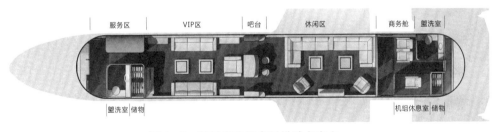

图 6-5　某国产飞机布局设计方案之一

3) 团队、简洁

此方案多以公司及政府官员为目标客户,对乘坐人数有一定要求且满足公务机私密性。如图 6-6 所示,前半部为 VIP 区,配备沙发及 VIP 座椅,后半部为公务随员区,相较一般公务机布局,此方案可乘坐人数更多。

4) 开放、交流

此方案采用敞开式布局,流线型沙发造型打造轻松氛围,弱化功能分区,营造可交流沟通的客舱环境(见图 6-7)。

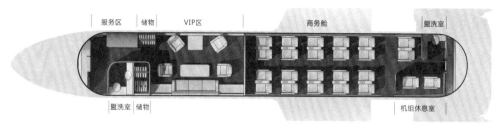

图6-6　某国产飞机布局设计方案之一

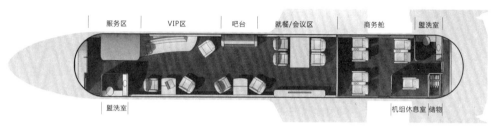

图6-7　某国产飞机布局设计方案之一

公务机内部的布局细节同样是影响飞机销售的重要因素。例如赛斯纳公司的Citation XLS飞机有双人双座长沙发布局和单座沙发加隔间两种布局选择,2011年有13架Citation XLS售出,其中9架为双座长沙发布局,这表明市场上对于双座的需求高于单座。

对于Gulfstream IV飞机来说,后端厨房是最为常见的布局格式,然而客户大多选择前端厨房的布局。2012年1月,市场上有40架Gulfstream IV,其中31架(77.5%)为后端厨房布局,9架(22.5%)为前端厨房布局。2011年售出的10架Gulfstream IV中,4架为后端厨房布局,6架为前端厨房布局。造成这一现象的原因是乘客需要更多隐私保障,他们不希望在自己工作或休息时有机组人员穿过客舱去厨房,后端厨房布局就会有这样的困扰[2]。

因此公务机内饰设计师在最初的公务机布局设计上需要充分考虑飞机上动线,并根据乘客及机组人员活动路线,将动线区域及休息区域使用情景分隔。布局设计可遵循三大原则:① 动静区分;② 充分利用空间;③ 最大化优化乘坐体验。

6.2.2　公务机内饰设计

公务机虽然是便捷的时效交通工具,但还属于奢华产品,是豪华和尊贵的象征,是个性和品位的体现。内饰设计与装饰往往均采用最好的设计、最佳的材料来体现公务机的奢华与气派。目前,除了一些专业的飞机内饰机构,还有一些奢侈品牌的公司也在探索公务机的内饰设计,为其注入时尚的元素。如为宝马汽车设计内饰的公司、爱马仕等高档奢侈品牌为高端公务机用户设计高档内饰。高端公务机与高端品牌的结合,使用户在20 000英尺(6 096米)的高空上也能尽情享受奢华的乘坐体验。

　　在公务机诸多特征中，最能彰显个性和风格的非其装饰莫属。公务机的装饰分为两个部分：内部装饰和外部喷涂。精致完美的内饰是公务机的灵魂，内饰设计是一个较为复杂的系统，涵盖了客舱照明、环控、通信、娱乐、餐厨、盥洗、家具、软装潢等客舱内全部的设备和器具，共同构成了乘客高空飞行中生活、活动的内部环境。公务机内饰设计区别于普通客机内饰，一般运营的客机内饰注重功能需求以及满足乘坐人数的需求，根据不同区域规划增加其舒适度，内饰设计往往采用航空公司统一要求，普遍为经济实用。而公务机目标客户大多面向单独客户或是企业，用途及乘坐客数与客机有较大区别，公务机乘客大多为高端的、对于出行私密性要求高的客户，其对机上办公、生活、休息、娱乐等各类功能性有特殊要求，其对于个性、品位、审美的艺术性要求，主要通过内部装饰得以满足和表达。客舱内饰由地板、座椅、隔板、灯光、内部娱乐系统等组成，其中最能体现豪华程度、最具直观性的是座椅、机上设施及壁板，尤其是座椅更直观地体现出豪华的程度。目前座椅使用的材料很多，从便宜的织物材料到高级真皮，均由机主的喜好决定，而公务机大多采用高级真皮材料来体现奢华。不同于一般商业航空飞机的头等舱座椅，公务机座椅的功能会更多，比如可旋转，以便面对面地在空中进行交谈；可平放，以此来缓解长途飞行中的疲劳。飞机上还可以根据内部空间的大小安装酒吧、厨卫设备以便在途中为乘客提供美食享受，对于巴西航空的莱格塞 650、世袭 1000、BBJ 等机体内部空间较大的公务机，均配有这些设备以满足客户需求。但一些相对小型的公务机，由于飞机尺寸和执行任务的条件所限，就无此设备。

6.2.2.1　公务机内饰设计方式

　　公务机的内饰设计类型有两类：菜单式和定制式。

　　菜单式内饰一般是由飞机制造原厂预先对该机型的内部装饰进行设计，并将不同的设计方案分割为多种模块，提供给买家一系列的可选项目，包括设备、客舱功能区域布局、色彩搭配等。顾客根据自己的要求进行取舍、搭配和组合，由制造厂或指定的装饰厂家根据客户的选项调整、确定设计方案和施工。例如世袭 1000客舱内饰设计仅仅是变幻客舱内部材质色彩的搭配就可营造出不同的风格，可以明亮温馨（见图 6-8），亦可简约商务（见图 6-9）。菜单式内饰一般具有节约设计成本、缩短设计周期的好处，且设计可行性及制造工艺较为成熟，绝大多数公务机，如"湾流""环球快车""猎鹰"等都是采用这种方式。

　　由于现在很多购机者不再是单纯地购买一架公务机，并且他们不满足于菜单式的设计选项，而是希望制造商可完全根据其要求来定制飞机，提供定制独一无二个性化购机方案的服务，包括飞机的内部布局、内饰材料、色彩、选装设备以及喷涂方案等。对客舱装饰的要求有：隔音效果好、空间大且利用率高、功能齐全的办公娱乐设备以及最具灵性和个性化的风格、色彩和格调等。这一需求产生定制式设计方式，由此设计的内饰充分满足了客户的需求，定制的公务机内饰没有预设蓝

图 6-8　"世袭 1000"内饰方案(米色)

图 6-9　"世袭 1000"内饰方案(灰色)

本,完全由顾客自己提出要求。飞机制造商交付给客户一架"绿皮飞机"(即没有经过任何外部涂装和内部装饰的飞机),机主可以根据自己的需求和想法,聘请专业内饰设计公司,从材料、颜色到设计细节,全方位打造一架个性化极高的"空中私邸"。例如英国《每日邮报》报道的沙特王子 Alwaleed 的 B747 私人专机里的餐厅(见图 6-10)与奢华座椅(见图 6-11),利用大量金黄色的材质效果,使得整个客舱呈现华丽异域的中东风格。

　　波音和空客公务机的高端客舱改装绝大部分都是定制式。购机者与专业的客舱改装公司充分沟通,将自己各种需求或天马行空的想法告诉设计公司,然后对方将这些想法在客舱内一一实现。波音 BBJ 系列和空客 ACJ 系列通常是定制式飞机需求者的最佳选择,因为每一架飞机的内饰都是独一无二的,例如美国"空军一

图 6-10　沙特王子 Alwaleed B747 私人专机里的餐厅①

图 6-11　沙特王子 Alwaleed B747 私人专机的奢华宝座①

号"、沙特皇室座驾、欧洲名流的私人飞机都采用这种定制式装饰。而无论哪种设计类型，要想得到完美的内饰，具有专业性的内饰设计始终是购机者的最佳选择。谁的设计更有个性、更华丽、更舒适，谁的飞机销售竞争力才能凸显。例如汉莎航空为空客 A350 公务机打造的空中影院（见图 6-12），更大的屏幕设计、更舒适的乘坐环境让人印象深刻。

　　无论是采用菜单式还是定制式，对于公务机内饰设计师来说，无论多大的公务机，它的内部空间与载重都是有限的。内饰设计始终是重要的一环，充分考虑利用

---

①　图片来自 http://finance.ifeng.com/news/pic/detail_2013_02/26/22503393_0.shtml♯p=1。

图 6 - 12　汉莎航空为 A350 设计的空中影院①

每一寸空间,将其功能最大限度地发挥,是每一个公务机拥有者的期望。

　　而对于客户来说不论选用哪一种方式"装修"飞机,在等待长时间的内饰改装后,还需要花费较长时间接受审核,才能拿到适航证。在世界上大多数国家,客舱的所有设计方案、选用设备及材料都必须经过所在国民航管理部门的审核与认证。在美国需通过 FAA(美国联邦航空管理局)认证,在欧洲需通过 EASA(欧洲航空安全局)认证,在中国需通过 CAAC(中国民用航空局)认证。例如一架"环球快车6000",客舱内饰设计方案的装饰需 10 个月,内饰材料的订货周期需要 5 个月,再加上民航机构对设计的审核,可能要推迟一年半的时间公务机才能真正交付客户使用。这一时间限制要求飞机内饰设计公司精准把握设计改装周期,在设计阶段对客户要求把控准确快速,通过前期的情景版设计制作,确定总体风格及设计元素;中期的设计草图绘制,确定总体布局及大概内饰造型;到最终设计的效果图充分达到客户要求,在改装阶段掌控材料订购周期及工程实施周期等,在每个阶段与客户沟通得越紧密,与工程人员配合得越充分,设计的方案越详细、准确才能最大限度避免设计返工,尽可能选择供应商提供的成品内饰组件可大大缩短公务机交付周期。

6.2.2.2　公务机内饰设计要点

　　安全是公务机内饰设计的第一准则,航空管理局对此有专门的规定,在进行飞机内饰设计时必须遵守,否则有可能拿不到批准文件。内饰改装设计要在保证安全飞行的前提下进行。2009 年,美国一架民用客机在鸟撞受损的情况下迫降在哈德逊河上,虽然没有造成人员死亡的重大事故,但由于设计缺陷导致飞机迫降后地

---

　　①　图片来自 https://www.lufthansa-technik.com/a350-vip-concept-design。

板隆起,造成部分乘客受伤。航空管理部门在调查后对飞机地板的设计提出了改进要求,由此可见,飞机内饰符合安全标准,甚至高于安全标准是非常重要的。飞机内饰的安全性还体现在机上各类设备、设施的设计及符合安全标准上,且材料要具有低阻燃性、无毒、降噪等特点。内饰的设计改装一般需要由专业的飞机内饰改装厂家进行设计、施工、取证、交付的"一条龙"服务。

公务机设计中还应具备以下四个基本要素:

(1)客舱应尽可能配备优质的空气循环系统与洁净的水源系统,为乘客提供清洁、健康的客舱环境。

(2)噪声小、振动小,安静的舱内环境可使乘客轻松交谈并减少旅途疲惫。

(3)舒适性作为公务机优势之一,也是客户考虑的一项重要因素。公务机舱内活动空间大、噪声低,客舱配备有中央酒吧、洗手间、全方位可调座椅、高保真音响、DVD 等高级娱乐设施以及现代化的通信设备(卫星电话、网络接口、传真等完善的办公设备)供乘坐人员办公用;旅客能在旅途中商讨公务、处理文件、有效利用空中飞行时间进行办公。因此公务机有"空中办公室"之称。其顶级的服务设施在长途旅行中可以保证良好的睡眠条件,因此乘公务机旅行既是休息,更是享受。对于设计师来说,对公务机内饰设计的探索永无止境,例如 2012 年于法国戛纳举办的首届"全球公务机内饰博览会"(Business Jet Interiors World Expo),来自巴西的 Studio Marcelo Teixeira Ideas & Motion 公司(SMT)展示了其在大型公务机内饰方面的设计理念。设计师将客舱划分为三个主要区域:采用"空中厨房"概念的厨房与酒吧;自然影像为背景的会议间;舒适温暖的休息区,这一新理念突破了大型公务机内饰原有的传统布局,SMT公司还打造了未来主义理念,在飞机上采用大面积可视区,以便乘客乘机时可以观察到太阳或星星。

(4)采光性好,配备大型椭圆形窗户,对客舱进行采光以及照明,或是利用灯光打造的明亮客舱环境使得舒适度大增。

除此之外,前端或后端洗手间、座椅数量、高科技机载娱乐系统等因素都会影响到飞机的销售和再销售。

在确保安全的前提下,除了打造舒适的乘坐环境,公务机内饰设计还将奢华发挥到了极致。机主可以根据自己的喜好选购真皮座椅、实木桌板、先进的音响设备、高档餐具酒柜、衣帽间等,例如某国产公务机客舱储物空间,隐藏式红酒柜与衣帽架的设计巧妙融入客舱(见图 6—13)。有的甚至按照五星级酒店套房的标准来设计,例如波音公司在 BBJ 飞机上为贵宾设计了大床和一个私人淋浴间(见图 6-14),空客公司的 ACJ 飞机同样由于内部空间大,为客户提供了舒适的办公环境,所以可以在空中召开小型高级会议,并保证会议的私密性和安全性。

图 6 - 13　某国产公务机储物空间

图 6 - 14　波音 BBJ 公务机盥洗室设计

6.3　个性化与创新细节设计

6.3.1　公务机内饰个性化表达

内饰的装饰和色彩搭配的运用是公务机内装饰最具灵性和创意的部分。造型设计体现整体风格，而装饰和色彩设计体现的是细节和品位，烘托出内饰的格调。Colibri 飞机公司总经理 Oliver Stone 在 2012 飞机内饰展上就内饰对公务机销售的影响做了专门的演讲。在他看来，飞机买家的购机理由无外乎两种：第一，买家对飞机本身有浓厚的兴趣；第二，买家认为这是一份好生意。因此，如果买家本人对飞机本身"爱意"不浓，那么飞机的销售价格一定要极具吸引力，否则买卖难成。保持飞机对人的吸引力，让买家产生兴趣，或好或差，人们总是能记得住对飞机的第一印象，精致完美的内饰设计通常最先映入眼帘。

组成内饰风格设计的元素包括线条、图案、颜色、明暗、材质、质感等，这是最难以言语描述，也最具有视觉感官震撼力的。装饰和色彩设计的主要内容是内饰零件的颜色、光泽、面料、纹理和触感等。例如凯迪拉克等豪华轿车设计追求的是豪华舒适，其内饰零件没有人造革、塑料装饰条，取而代之的是真皮和光泽的实木装饰；而相较于采用单一内饰色彩的庄重的中高级车，运动型轿车则强调以丰富多变的明快色彩和具有速度感、流线感的外观变化来体现年轻和活力，其内饰零件则采用明确的迹线、水转印、镀铬等装饰烘托其层次感。

按照内饰表面装饰的特点，可分为硬装饰和软装饰两部分。软硬内饰的区别主要通过触感来鉴定，手触碰到是柔软的，如真皮、海绵、织物、泡棉、皮革等，统称为软内饰；手触碰到是硬的，如金属、硬质塑料件等，则统称为硬内饰。在内饰设计中值得注意的是内饰品质的选用，完美的材质使用应当是各种材质搭配在一起十分和谐且给人以锦上添花的视觉感官，细节处理上的精致工艺则完美地演绎设计效果。对于飞机的内饰设计无论是用于航线飞机还是公务机，由于内饰材料都要符合可燃性的要求，并且需要考虑材料本身重量，所以高级复合材料逐渐替代原有材料，现已普遍地运用到飞机上，像波音 B787、空客 A380，无论是机身构造还是内饰都大量采用了复合材料。新型材质的出现为设计师提供了强有力的设计支持，例如 Aviation Glass & Technology 公司研制出的新型不易破损玻璃。这种新产品的重量比传统玻璃轻 50％以上，还可将这种玻璃做成镜子，为客户打造天马行空的专属设计。目前复合材料应用最多的是蜂窝夹层板和热成型树脂，主要用于地板、机舱顶部、舱壁、盥洗室和货舱承力里衬。例如典型的内饰则是用蜂窝夹层板——厚 13 毫米、直径 3 毫米大小的 Nomex（芳香族聚酰胺类）蜂窝填料组成，其表面可用水转印工艺制造出各类纹理效果，例如可打造接近实木的表面效果替代原木材质（见图 6-15），解决原材料重、容易开裂且木纹不均匀问题。设计师可以使用水转印、模内转印、喷涂、电镀（In Mold Decoration，IMD）等工艺处理复合材料，来模拟各类材质的外在显现品质，为客户打造丰富创新的视觉效果。

图 6-15　BBJ 公务机卧室细节

6.3.1.1 色彩搭配表达

风格、格调是最具个性化的元素，每一架公务机的内饰都是有性格的，表述着主人的眼界、审美和情趣。例如一架公务机内饰采用黑白配色，视觉感时尚前卫，独树一帜；有的沙特皇室座公务机使用大量金色配蓝色和绿色，独具异域情怀，金碧辉煌；有的政要公务机采用深浅不同的灰色进行搭配，简约优雅，清新明快。有的定制款采用宝蓝、浅褐色搭配透明材质，神奇梦幻。比较经典的是米色系配暖色调木纹家具，沉稳大气，华贵端庄。还可通过客舱情景灯光变化营造独特客舱氛围，可以起到区域分割、功能区域转换、增加情调、彰显品位的效果。

一般来说整体色调和谐、美观、赏心悦目是色彩选用的重点，通过整体色彩冷暖对比，公务机内饰配色可分为五大类：热情暖色系（见图 6 - 16）、冷酷蓝紫色（见图 6 - 17）、经典黑白灰（见图 6 - 18）、温馨米色调（见图 6 - 19）、活力亮彩色（见图6 - 20）。

图 6 - 16　ACJ319 客舱①

但需要注意的是，客舱内部色彩搭配对于公务机销售至关重要。假设一架飞机采用的是绿色座椅，而恰巧买家对绿色无好感，那么这架飞机就会在买家心中形成定式——"这是架有绿色座椅的飞机，我不喜欢"，渐渐会演化成——"这架飞机我不喜欢"。非常规的色彩比较难遇到合适的买家，从而造成飞机的滞销时间变长。飞机每滞销一天，经济上的损失就会加重一层。例如，一架价值 2 500 万美元的飞机，按业内常例计算，每天的损失为 2 739 美元，加上机库费用、机组人员薪资、保险、养护等，每天的费用为 4 000～6 000 美元。

---

① 图片来自 http://www.airsports.cn/xxshow.asp? id = 3068&d = ％EF％BD％EF％BD％EF％BD％EF％BD％EF％BD％EF％BD％EF％BD％EF％BD。

图 6 - 17　赛斯纳(Cessna)公司的商务喷气机 The Citation Longitude

图 6 - 18　庞巴迪里尔 85

2011 年 6 月,业内最大经济行之一卖出了一架红色座椅的"环球快车"飞机。"环球快车"飞机在待售市场的平均时间为 278 天,这架飞机却长达 487 天,仅利息成本就产生了 572 451 美元,致其滞销的罪魁祸首就是——红色[2]。

对于挑剔的买家来说,高级定制化的内饰在其眼中是完美无缺的,然而飞机转卖时想要再找到有同样审美或品位的买家却并不容易。这种高级定制内饰的飞机在新买家看来,需要花费更多的金钱和时间完成内饰重新改装,且翻新成本、风险溢价都要计入销售价格,还不如直接选购"绿皮飞机"来打造自己专属的空中座驾。因此为了实现飞机再售价值最大化,内饰设计公司通常选用饱和度比较低的浅色

图 6-19　BBJ319 公务机①

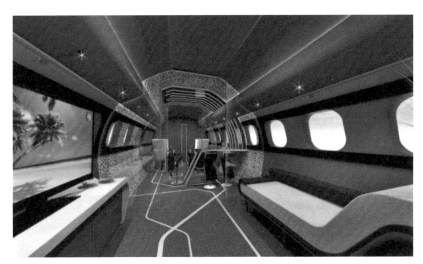

图 6-20　SMT 公司设计的公务机内饰

作为内饰颜色,使其看起来更为中性,更适合大多数客户的审美。一般来说中性色或是大地色系对于飞机的销售最为有利,天花板、侧壁板等则大多采用中立的米白色,给旅客营造了平静安宁的客舱环境,漂亮、简洁、永不落伍的设计让人印象深刻。这样的内饰设计不仅使得飞机销售周期快且价格不低,同时人们不会因为鲜艳的色彩而分心时,就会将注意力放在飞机其他有利的卖点上。

但如果每架公务机都使用同类色彩,也会造成客户审美疲劳,区分不出内饰设计有何不同,弱化内饰带来的增量附加值,但事实上,这对设计师要求非常高,不光

①　图片来自 http://www.jetaviation.com/basel/completions/completed-aircrafts。

要具备专业独到的造型能力,还要把控整体客舱风格。一个简单窍门就是使用中性色内饰,利用方便更换的装饰或是软装进行亮点搭配,打造独特客舱风格。例如达索"猎鹰 2000s"一款内饰使用了绿色软装进行点缀(见图 6-21、图 6-22),给人充满生机活力的视觉效果;而另一款内饰采用黑白几何软装(见图 6-23、图 6-24),带给人个性前卫的视觉效果。内饰色彩搭配应该做到让人一眼铭记的同时满足大多数人喜好。

图 6-21　达索"猎鹰 2000s"(绿色软装)(一)

图 6-22　达索"猎鹰 2000s"(绿色软装)(二)①

①　图片来自 http://pic.fashion.sohu.com/detail-464320-2.shtml#4。

图 6-23　达索"猎鹰 2000s"（黑白几何软装）①

图 6-24　达索"猎鹰 2000s"卧室（黑白几何软装）

6.3.1.2　客舱造型表达

　　客舱造型由座椅造型及内饰组件造型共同组成，公务机的空间有限，设计和功能的创意却是无限的，提高舒适性和品位档次的方法不胜枚举，这是公务机的魅力之一。通过个性化定制设计可以协助机主将灵感变为现实，例如利用流线和曲线的设计，可以增加视线的延伸效果，使人感觉空间更大，布局富于变化，灵活生动；利用镜子或光滑表面的反射可以增加视野范围，提高视觉明亮度；安装推拉隔断或软帘可按需增加分区和间隔，提高空间利用效率和私密性。而内饰造型的区分也

　　①　图片来自 http://www.dassaultfalcon.com/cn/Aircraft/Models/2000S/Pages/overview.aspx。

给人不同的视觉感官和设计理念。例如某国产民机概念内饰方案,分为 VIP 休息区和随员区两大区域,整体造型硬朗,搭配白色与镜面黑的材质,营造商务科技感(见图 6 - 25、图 6 - 26)。

图 6 - 25　某国产民机公务机概念内饰(VIP 休息区)

图 6 - 26　某国产民机公务机概念内饰(随员区)

最能体现客舱分隔的方式大致可分为三种。

1) 封闭式隔断

将不同区域以门作为隔断(见图 6 - 27),可起到保护隐私作用,一般为私密商务出行使用。

2) 半封闭式隔断

将不同区域以分舱板作为装饰相隔断(见图 6 - 28),起到提示功能区域的作

图 6-27 封闭式隔断

图 6-28 半封闭式隔断①

用,有时也会加装门帘作分隔,整个客舱形成互通但又有一定区域划分,注重商务交流功能。

---

① 图片来自 http://news.carnoc.com/list/183/183032.html。

3）敞开式

敞开式的设计注重客舱的交流互通（见图 6 - 29），一般呈现较为舒适放松的视觉效果。

图 6 - 29　敞　开　式

由于客舱内部空间有限，因此一般内饰造型以精心设计的天花板为重，配合侧壁板、座椅造型，打造出不同的视觉效果。例如内嵌隐藏式天花板顶灯给人简约现代的视觉效果（见图 6 - 30）；而凸出式天花板顶灯则给人奢华大气的视觉效果（见图 6 - 31）；一些照明取消主灯设计，采用点灯照明，镜面材质天花板设计反射光线（见图 6 - 32），增加客舱照明，打造出未来科技感。

对于大型及超大型公务机更能进行多变的内饰造型设计，利用相互呼应的设计语言为客户打造独一无二的内饰设计，例如公务机卧室床头采用水滴造型打造异域风情（见图 6 - 33），简约一体式的办公桌设计感十足（见图 6 - 34）。

6.3.1.3　材质图案表达

内饰材质的色彩图案在客舱内饰中十分重要，对客舱氛围的营造起到很大的作用。如客舱侧壁板壁纸的横竖条纹图案，具有纵向延伸的视觉效果，让人感觉到客舱的高度似乎变得更高。而客舱内饰设计中采用具有设计感的图案，追求细节的极致，让旅客在乘坐途中不光能够感受到客舱内饰所表达的环境设计理念和舒适性，还能在增强内饰装饰性的同时彰显机主品味。

（1）采用相似几何图案组合（见图 6 - 35），视觉效果统一协调；或是利用不同材质工艺组合（见图 6 - 36），增添质感表现。

图 6 - 30 内嵌隐藏式天花板顶灯

图 6 - 31 由 Unique Aircraft 设计的 BBJ 777①

① 图片来自 http://thedesignsoc. com/congratulations-unique-aircraft-shortlisted-private-jet-design-concept-award-international-yacht-aviation-awards-2017/。

图 6 - 32　镜面天花板设计①

图 6 - 33　水滴型床头造型

① 图片来自 http://collection.sina.com.cn/hwdt/20120122/114153594.shtml。

图 6-34 波音 B747-8"豪华艇"号一体式办公桌造型①

图 6-35 相似几何形图案组合②

　　(2) 采用同类风格的图案进行组合搭配,例如达索猎鹰 7x 采用简约条纹搭配方格的纹样组合(见图 6-37),传达出波普现代感;Ameco 设计的公务机内饰方案"丝路"(见图 6-38、图 6-39),该设计主题取材自中国古丝绸之路上不同地域的文化元素,用于机舱内饰设计,在满足舒适与安全需求的同时,诠释了中国文化的精神与内涵。

　　通过色彩、花纹和明暗的搭配,不仅能够开阔视线,还可突出设计所表达的主

---

① 图片来自 http://news.carnoc.com/list/307/307782.html。
② 图片来自 http://www.globaljetconcept.cn/aircraft/falcon-7x。

图 6 - 36 不同材质工艺组合

图 6 - 37 达索猎鹰 7x①

题风格。此外,精心挑选的装饰品、织物、瓷器、金属餐具、水晶器等,在细微处展现高雅和品味,打造独一无二的奢华效果。

6.3.1.4 内饰个性化设计实例展示

在菜单式设计方案中,设计师根据公务机的定位,对当前以及将来的流行趋势作出判断,设计出统一的造型模板,顾客可通过选择、组合不同的材料、面料、图案、

---

① 图片来自 http://www.dassaultfalcon.com/en/Aircraft/Models/7X/Pages/overview.aspx。

图 6 - 38 Ameco 内饰方案"丝路"休闲区

图 6 - 39 Ameco 内饰方案"丝路"卧室①

色彩与明暗来体现个性和风格。定制设计则可以选择某一种艺术、文化风格等作为基调,对天花板、地板、座椅、家具的样式进行个性化设计,使用的材料和面料更是多种多样。客户可放纵自己的家装梦想,与设计师探讨色彩、灯光搭配,添置影音设备,创造一个理想的"空中之家"。或是金碧辉煌的奢华风,或是清新秀丽的田园风,或是酷炫多彩的迷幻风,或是浓墨重彩的异域民族风,都是将客户梦想实现的设计师们的专业性和实力的见证。

---

① 图片来自 http://news.carnoc.com/list/279/279213.html。

（1）复古怀旧主题。如波音 BBJ 打造的美式复古风格内饰（见图 6－40），主色调采用美式棕红色，搭配擦色处理的美式箱柜，给人强烈的复古感觉。

图 6－40　波音 BBJ 打造的美式风格内饰

（2）简约温馨。如公客 A319 内饰（见图 6－41）颜色采用大面积浅米色系，沙发使用粗纹理织物搭配厚实水波纹地毯，客舱纹样以简约几何图形为主，打造温馨的视觉效果。

图 6－41　空客 A319 米色系内饰

（3）华丽奢华。根据文化背景，客户喜好往往十分有代表性，例如中东私人飞机拥有者更倾向奢华材质（见图 6 - 42），大多采用皮革和绒面材质、无处不在的亮光材质，将奢华体现得淋漓尽致。

图 6 - 42　华丽奢华公务机内饰

（4）特色民俗。客舱内饰民族主题明确，选用传统民俗图案配色，例如"世袭 1000"（见图 6 - 43）的中国风内饰，采用中国红色与浅金色搭配，无处不在的中国风图案点缀其中。

图 6 - 43　"世袭 1000"的中国风内饰①

———————————

① 图片来自 http://www.cncopter.com/news/20150413/13582.html。

（5）个性前卫。例如奔驰公司设计的飞机内饰（见图 6-44）采用一体式设计语言，结合最新科技，打造独特前卫的视觉效果。

图 6-44　由奔驰公司设计的客舱内饰①

（6）商务便利。由空客公司设计的客舱内饰（见图 6-45）全舱采用真皮材质、简约造型，打造便利的商务体验。

图 6-45　空客公司设计的客舱内饰

无论选择哪种内饰设计方式，风格设计最重要的是色彩、造型、材质纹样的搭配，呈现统一和谐的格调，不会让人产生凌乱违和的感觉，这是内饰设计的重点；而

---

① 图片来自 http://news.cnwest.com/content/2015-05/20/content_12557022.htm。

对于定制式内饰,设计师巧妙地融入客户喜好,从美学角度出发,将内饰打造得精致美观,这也是判定设计成功与否的重点。

6.3.2　公务机内饰创新细节设计

公务机内部空间有限,内饰设计中可通过材质的表面处理、色彩的搭配组合、巧妙的细节设计以及高科技技术的运用等进行内饰创新设计。

1)"无边界"舷窗设计

例如某国产公务机客舱内饰设计方案(见图6-46)的"无边界"舷窗设计,利用双层舷窗的设计原理,将原本凌乱的舷窗进行规整设计,连接在一起;采用电致变色的新材料,可通过触控式调节按钮,在外加电场的作用下稳定地改变其透光度。在悬浮式舷窗造型四周加入隐藏式情景灯装饰,凸显简约科幻感。

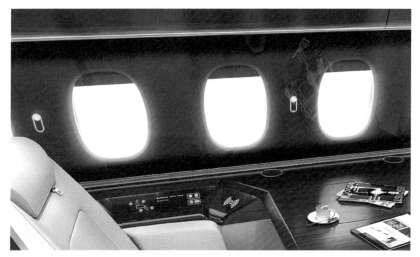

图6-46　某国产公务机客舱内饰设计方案

空客公司日前宣布推出的ACJ350 XWB宽体公务机采用无边界舷窗(见图6-47),它以广受欢迎的A350 XWB宽体客机为基础,凭借超宽的客舱截面和诸多现代化技术的应用,打造舒适宽敞的乘坐体验。

运用科技质感情景灯光烘托客舱内科幻氛围(见图6-48),也可在长途飞行中模拟全天的自然光照,柔和地从白天过渡到黑夜,给乘客仿若徜徉云端的感官体验。

2)"隐藏式"前服务区

在服务区进行遮挡设计(见图6-49、图6-50),可在不使用时巧妙地将复杂烦琐的设备隐藏其中,打造外观设计统一,提升视觉上的整体感。

3)"隐藏式"储物空间

将机上储物间巧妙融入内饰设计中,隐藏式设计精巧实用(见图6-51、图6-52)。

图 6-47　空客公司设计的 ACJ350 无边界舷窗

图 6-48　空客公司设计的客舱内饰

图 6-49　"隐藏式"前服务区使用时

图 6-50　"隐藏式"前服务区(一)

图 6-51　"隐藏式"前服务区(二)

图 6-52　"隐藏式"前服务区(三)

4）座椅设计

座椅造型可更加有特色,如某国产公务机座椅方案(见图 6-53),遵循"前卫科幻"的设计风格,采用跑车座椅的速度感曲面造型,可 180°平躺,给乘客带来舒适的飞行体验;采用触控式操作面板,液晶显示光线柔和充足,采用简洁的直线型设计语言,自然融入侧壁装饰板中,不仅保持了视觉上的整体性,同时为乘客带来不同于传统旅客座椅面板的新奇体验,呈现简洁时尚的外观的同时提升了乘客使用的便利性。

图 6-53　某国产公务机座椅方案

6.4　公务机内饰设备与定制设计

6.4.1　公务机客舱基本配置分类

公务机客舱基本配置如下:

(1)客舱配置前服务区和盥洗室,服务区可提供冷热水、咖啡壶、餐具、微波炉或烤箱和冰箱等,盥洗室包括冲洗式厕所和梳妆台,需特别注意干净的用水系统和清除异味的空气循环系统。

(2)客舱内配置办公辅助工具,如电话、电源插口、无线网络、传真机等。

(3)客舱内配置娱乐设备,如 DVD、液晶显示屏。

(4)客舱内配置一定体积的储物空间,方便行李的存取。

除此之外,舱内座椅配置可旋转调节功能,变换不同的姿态使得乘客放松;座椅间的小桌板的设计可用来放水杯、笔记本电脑等用品。

由于公务机有定制化这一特性,因此为丰富灵活度及乘坐舒适感,除了基本配置还应包含一些选装设备,可根据客户需求进行选装[3]。

6.4.2　公务机可选装设备分类

1) 通信和娱乐设备

卫星电话、卫星电视、无线网络、高保真立体声音响、传真机、大屏幕 LCD、客舱内话、Airshow 航图、电子游戏等都是通常必备的选项，可根据购买者需求进行选装。

例如 Jet Aviation Basel 公司选用市场上最受欢迎的 HD 客舱系统 Venue HD CMS 来翻新"BBJ2"，是首架安装这一系统的 BBJ。该客舱管理系统包括：10.6 英寸高清触屏式个人监视器，乘客在座位上只需通过简单的触摸选择，就可以方便地控制客舱功能并收看娱乐节目；简单易用的 4 英寸可编程个人控制面板，配合一块触屏式 LCD 屏幕，就可以控制灯光、音频、视频等内容。触屏式控制面板在飞行中可以变为 VIP 开关，并能显示诸如抵达目的地的时间和当地时间等飞行信息；Venue 新型的音频、视频点播（AVOD）系统支持客舱内多个显示屏的内容下载和访问。多名乘客可以在不同时段观看同一个视频节目或收听同一首歌，而不必受其他乘客的干扰[2]。

2) 服务区厨房选装设备

由于机舱内空间有限，而且不能使用明火，所以一般机上微波炉和冷藏箱是厨房必备项，从地面上打包的美食带进飞机后，首先要用冷藏箱保鲜，在食用前由机组人员用微波炉加热。也可根据客户需求增加烤箱，制作点心或是烹饪美食；可加装意大利摩卡壶，这种使用简单的咖啡设备，可以提升机上生活的优雅舒适性；购买者还可根据需求选择加装其他厨卫设备，如红酒柜、制冰机等。丰富多样的厨房储物空间可增加托盘、刀叉、筷子等餐具的选购种类，例如小型公务机由于空间有限，因此酒杯架具有实用及装饰功能（见图 6-54）是一个很好的选择。

图 6-54　公务机厨房样例

3）盥洗室选装设备

根据客户要求,盥洗室可选装卫洗丽、感应式水龙头等,一些远航程飞机盥洗室还可内设淋浴间,来满足客户机上沐浴要求,充分体现公务机的舒适奢华。

4）客舱内特殊选装设备

客舱内饰功能组件可根据乘客需求提供各类定制化产品,换句话说,如同家装一样,只要客户提出需求,设计师即可寻找相应供应商,或是进行特殊定制,例如客户可定制雪茄柜、打印机、电话、酒柜、艺术品展示柜、麻将桌等,例如 ACJ 特设办公设备包括打印架扫描仪及电话等(见图 6 - 55)。但需要注意的是机上所有组件必须经过适航认证,而适航认证的组件需要经过一系列飞行试验,往往需要花费大量时间及研究费用,部分机上组件产品处于研发初期,但种类将越来越丰富。

图 6 - 55　ACJ 特设办公设备包括打印架扫描仪及电话等①

5）特殊定制座椅

一般公务机座椅较普通客机座椅更加奢华舒适,除了可 180°平躺,还可根据客户需求提供其他功能,例如电动座椅具有加热和按摩的功能,2012 年,湾流公司交付的他们有史以来最大的商务飞机——价值 6 400 万美元的 G650 就采用这种功能座椅。

6）空中的星级套房

良好的休息是高效工作的保障。一些客户注重舒适的卧室,定制的卧室里有柔软的地毯、舒缓的灯光,甚至还有专属淋浴间及办公休闲区(见图 6 - 56),将飞行旅途打造为居家的生活方式。例如某著名好莱坞制片商就在他的空中套房里安装了一个空中影院,以便在旅行途中放映电影。中东的某位机主将波音 B747 - 8 上

_____

① 图片来自 http://www.360doc.cn/article/144210_278603213.html。

图 6-56　汉莎设计的 A350 公务机卧室

层"阁楼"舱专门辟成卧室,安装音频视频点播系统、卫星通信系统以及外置摄像头,甚至还可以配备"飞机电梯"。

7) 娱乐休闲设备

吧台、空中影院等都是越来越多公务机购买者选择的设备,空中和飞行的几个小时中可让乘客充分放松缓解旅途劳顿。例如某国产公务机的吧台设计方案(见图 6-57),一体式造型与前卫的灯光设计给人耳目一新的视觉效果。

图 6-57　某国产公务机吧台设计方案

8）安全保障设备

内部和外部摄像监控和感应式保安系统为乘客和飞机的安全提供了更好的保障。据传闻，俄罗斯石油寡头 Abramovich 的波音 B767 上，就安装了一套数十万英镑的反导预警系统。

9）自动升降设备

例如 Greenpoint Technologies 公司开发的"飞机电梯"，这种电梯可由机腹降落到地面，它可以将四名乘客（或者一名坐轮椅的乘客及一名随行人员）运送至飞机的主舱，从而为 VIP 乘客提供了一种安全而私密的登机途径；或是在登机门下部安装随机登机梯，取消传统外接登机设备，可大大提升公务机的便利性。

6.4.3　特殊设备定制设计

客户可根据特殊需求定制相应机上设备，如麻将机、按摩椅、空气加湿器、遥控开关、智能手机操控系统、麻将桌等。只要客户有要求，公务机设计师就将发挥其灵感创意，满足客户需求。

空客公司公务机为亚洲市场专门推出全新的客舱设计，并命名为"凤凰"（见图6-58、图6-59）。考虑到像中国麻将这类游戏在很多亚洲文化中的受欢迎程度，空客公司特地将圆形桌设计成可以折叠成正方形的样式，以便乘客进行这类游戏活动。"凤凰"的客舱还设卡拉 OK 区，这是另外一项在亚洲国家盛行的商务休闲活动。

图 6-58　由空客公司设计的公务机麻将桌（一）①

———————————

①　图片来自 http://mil.news.sina.com.cn/s/2011-04-08/1030641647.html。

图6-59　由空客公司设计的公务机麻将桌(二)

6.5　公务机内饰设计典型案例分析

随着公务机市场的发展,越来越多的公务机厂商开始注重客舱的布局和装饰,以尽可能地提高座舱的空间,如塞斯纳公司的某些已有机型因为舱内空间过小而严重影响其销量,塞斯纳公司也意识到了这一点,通过其新研制的"经度"和"纬度"公务机可以看出,设计师在座舱空间方面做了很大改进。

公务机发展趋势主要有以下几方面。

1) 更大的客舱空间、更大的行李区域

从各大公务机厂商最新机型研制信息了解到,客舱尺寸设计得越来越大,采用纯平地板,提高座舱空间的利用率,设置更大的储物空间。

2) 灵活的客舱装饰设计方案,注重细节设计

客舱装饰灵活性高,可根据客户需求调整,兼具会议室和娱乐室功能,例如将座椅更换成长条沙发,撤出部分座椅更换为会议桌;或增加娱乐设备,对置座椅可调整组装成一张床等,具有很高的灵活性。

客舱内饰模块化设计,包括设备、客舱功能区域布局、家具、面料、材质、色彩搭配等,留给客户更多的选择,或者充分让客户参与,根据客户的需求进行装饰;如飞机上安装麻将机等独特的娱乐设备。

客舱装饰的细节会在客户选择公务机时起到越来越重要的作用,同时应注重客舱的隐秘性,留给乘客较大的私人空间。

3) 舒适的客舱环境

客舱舒适性高、噪声小、振动小;客舱环境好、空气新鲜;客舱采光好,大的采光

玻璃给乘客以良好的视界，使乘客可以享受更多的空中美景。

4) 注重高科技的应用

例如发展客舱智能监测控制系统，可通过触屏控制调节舱内灯光、音响声音等舱内环境(手机 APP 控制软件等)，发展更大屏幕的娱乐显示设备，或是利用先进的机上网络系统、无线充电功能等。

无论多大的公务机，它的内部空间和载重都是有限的。充分利用每一寸空间，将其功能最大限度发挥以及在客舱设计中使用不断发展的新技术提高舒适性和功能性，会成为公务机座舱发展的主要方向。

6.5.1　设计实例

6.5.1.1　小型公务机内饰设计样例

本文按乘坐人数将小型公务机定义为最大乘坐人数为 10 人及以下的公务机，小型公务机由于客舱空间十分有限，且航程相对较短，所以内饰设计一般遵循造型简约的原则，内饰组件以实用为主，一般仅包含座椅、盥洗室及小型厨房服务区，内饰设计侧重于视觉上尽量显得客舱空间大气，客舱色彩及材质选用也遵循使空间看起来宽敞的原则，一般采用大面积米白色搭配简约中性色彩，以适合商务出行。

庞巴迪"里尔 85"是第一架通过欧洲 FAP Part 25 认证的商务喷气机，主要由复合材料制造而成。该飞机突出了新的内部设计，包括重新设计的座椅、大储存容量、娱乐系统、乘客界面并可容纳 8 名乘客。内饰以简约网格为主，为了提供与任何现有中型飞机相比更为宽敞舒适的客舱，这款飞机将提供八座可直立机舱，以充分确保舒适度(见图 6 - 60)。

图 6 - 60　庞巴迪"里尔 85"公务机

　　"湾流G150"公务机的座舱最大宽度1.45米,高度1.70米,能容纳6～8名乘客,宽体机身为乘客提供了站立空间(见图6-61、图6-62)、宽敞的过道和宽敞舒适的乘坐环境。客户可以从多种内饰配置中进行个性化选择,座舱配备了霍尼韦尔环境控制系统。

图6-61　"湾流G150"公务机

图6-62　"湾流G150"公务机

6.5.1.2　中型公务机内饰设计样例

　　本文认为乘坐人数10～30人的飞机为中型公务机,由于客舱空间较为宽敞,内饰设计可设计4人就餐区、休息区及厨房服务区,内饰设计侧重于视觉上尽量显得客舱空间大气,可在色彩材质上进行多变的设计尝试。

湾流飞机公司生产的"湾流 G550"是一款国际顶级远程喷气式公务机,拥有湾流系列巨大玻璃窗和 100% 新鲜空气的特点,可谓奢华至极(见图 6 - 63、图 6 - 64)。

图 6 - 63　"湾流 G550"公务机客舱内部①

图 6 - 64　"湾流 G550"公务机前厨房服务区

G650 机体安装了 16 个 28 英寸特大尺寸玻璃窗(见图 6 - 65),并且实现了低噪声。为了提高工作效率,湾流对机舱内乘客活动区域的长度进行了扩增,

——————————

①　图片来自 www.gulfstream.com/。

从而加大了座椅倾斜度,并拓宽了腿部活动空间。机舱宽度增加后,就可以配置更宽敞的座椅与更大的过道空间,并设置一个会议分区(见图 6 - 66、图 6 - 67)。

图 6 - 65 "湾流 G650"公务机舷窗　　　　图 6 - 66 "湾流 G550"公务机前厨房服务区

图 6 - 67 "湾流 G550"公务机客舱

更值得称道的是,还可以根据需要把飞机布置成一间容纳一个座位和一张可以拼成双人床的无靠背长沙发椅的豪华私人包间(见图 6 - 68),私密程度可谓无以复加。客舱内部还设置有触摸屏控制系统,可以让乘客方便管理所有娱乐和信息设备。

法国达索猎鹰的奢侈公务机猎鹰 7x 具有时尚优雅的设计风格与高科技全电

图 6-68　"湾流 G550"公务机可折叠沙发

传操纵系统,使其成为 21 世纪最理想的私人空中座驾。

　　猎鹰 7x 的设计摒弃了所有商务旅行中让人烦闷不适的特点。此款飞机整体高 6 英尺(1.83 米),宽 7 英尺(2.13 米),内部机舱长 8 英尺(2.44 米),拥有 8 人的舒适座位,外加三位飞行员和一位服务人员。6 000 英尺(1 829 米)的座舱高度[一般标准飞机的座舱高度在大约 8 000 英尺(2 438 米)左右]让乘客可以更轻松舒适地上下机(见图 6-69、图 6-70)。

图 6-69　猎鹰 7x 客舱内饰

　　机舱中最人性化的地方是设置了两个盥洗室,一个位于飞机前部,另一个在机尾的位置,提供方便的空间。宽敞的机上厨房可准备丰富的餐食(见图 6-71),所

图 6 - 70　猎鹰 7x 客舱内饰

图 6 - 71　猎鹰 7x 前服务区①

有的豪华设置都让商务旅行上升到一个新的水准。此外,安置在机舱中的 28 个窗口,提供了完美的自然光照和良好的风景视角。

巴西航空工业公司"世袭 1000E"公务机是巴西航空工业公司最大的喷气公务机,拥有五个客舱区域,最多可搭载 19 名乘客,设计主题旨在将区域文化元素与现

---

① 图片来自 http://www.globaljetasia.com/zh-hans/node/907。

代科技、极致奢华三者优雅融合,卓然呈世。具有中国元素的华美内饰,灵感源于博大精深、源远流长的中国文化,以现代手法诠释尊崇繁复的中式风格,形成极具韵味的新中式设计理念。

从中国文化的历史韵味中汲取灵感,在客舱的细节设计中融入中式元素,门廊玄关区的中国字画集、传统中式窗棂与现代设计的集宝阁酒柜、极具吉祥寓意的云纹把手、古典流苏绸缎靠垫、祥云地毯等,将华宅的雕梁画栋与当代科技的奢华优雅交相辉映,为用户打造独一无二的云端私邸。

云端照壁——登机的那一刻,映入眼帘的门廊玄关处镶嵌着梅花映雪图样(见图 6-72)。中国红与香槟色混搭的沙发靠垫、沙发扶手及沙发座下沿嵌有的雕镂精致中式云纹的铝制金色边线,奠定了整个客舱内饰的温雅基调。

图 6-72　"世袭 1000E"前服务区

主舱空间彰显古典优雅的新中式设计与现代科技的完美碰撞,运用金色的设计线条点缀细节(见图 6-73),提亮空间的同时赋予了主舱中式华宅之美(见图 6-74、图 6-75)。

6.5.1.3　大型及超大型公务机内饰设计样例

波音公司 B787 梦想机型(Dreamliner)的优势在于其超长的航行距离,可以直接从亚洲飞到美国东海岸,或者从中东飞到美国西海岸,无需中转。最远航程为15 789 千米,远程巡航速度为 0.85 马赫(1 040 千米/时),全球一站直达。B787 内饰设计拥有主卧套房、独立衣帽间、会议区、可以观看电影的休闲娱乐区(见图 6-76~图 6-81)。

图 6 - 73 "世袭 1000E"前服务区

图 6 - 74 "世袭 1000E"客舱内饰

图 6 - 75 "世袭 1000E"客舱细节

图 6 - 76 波音 B787 客舱登机区

图 6 - 77　波音 B787 客舱会议区

图 6 - 78　波音 B787 客舱休闲区

图 6 - 79　波音 B787 客舱盥洗室

图 6 - 80　波音 B787 客舱卧室

图 6 - 81　波音 B787 衣帽间①

　　空客 ACJ330"峰会(Summit)"全新宽体公务机客舱，以空客 A330 - 200 宽体客机为设计基础，主要特点是客舱的前部完全按照公务机设计，由带有洗手间和浴室的卧室、办公室、会议室、餐厅和工作区组成；后部则采用与航空公司航班类似的客舱布局，有头等舱、经济舱座椅(见图 6 - 82～图 6 - 84)。

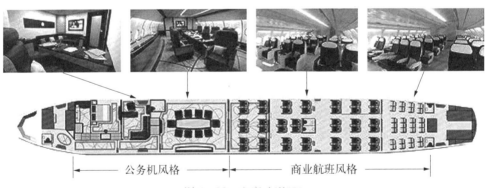

图 6 - 82　空客 ACJ330

　　空客 ACJ319 公务机登机区域设计为宽敞的接待区，光洁木纹搭配人造大理石地板(见图 6 - 85)，与客舱的整体地毯色调统一，既是完美的呼应，又增添错落之趣。本架飞机内饰最具视觉冲击力的场景就在前方，主客舱色调明亮、宽敞大气，含三个明显的分区，整体散发着超级豪宅或五星级酒店大堂才有的大气和优雅(见图 6 - 86～图 6 - 88)。

---

　　①　图片来自 http://thedesignsoc.com/kestrel-aviation-pierre-jean-design-studios-shortlisted-2017/。

图 6-83　空客 ACJ330

图 6-84　空客 ACJ330①

图 6-85　空客 ACJ319 登机区②

① 图片来自 http://sky.news.sina.com.cn/2015-04-13/120458951.html。
② 图片来自 http://news.carnoc.com/list/279/279162.html。

图 6 - 86　空客 ACJ319 客舱前段

图 6 - 87　空客 ACJ319 客舱中段

图 6 - 88　空客 ACJ319 客舱后段

　　在飞机最尾部,是一个精心设计的浴室(见图 6 - 89)。它覆盖整个机尾的宽度,大理石台面映衬着金色的洗手池和水龙头,还有一尘不染的大镜子、大气的浴室柜、覆盖软坐垫的马桶、专门的衣帽间以及豪华宽敞的淋浴。

图 6 - 89　空客 ACJ319 客舱尾部盥洗室

　　阿联酋航空的空客 ACJ319 公务机由设计师 Jacques Pierrejean 进行内部设计,由法国图卢兹的空客公务机中心对其进行了装修。机内区域分为两个部分,第一个区域在前部机舱,是客舱休息区,内饰明快而现代,配置了宽敞的餐厅和酒廊,座椅可供 12 名乘客休憩,6 个宽敞的皮革躺椅,都配有可折叠餐桌。客舱两侧各配有一条三人座长沙发,所有座椅和沙发都可以展开当睡床使用,这一区域融合了办公区和休闲区的功能,两排大沙发围绕四张可灵活组合的餐桌(见图 6 - 90、图 6 - 91)。

　　根据航行目的地的不同,客舱休息区可以作为放松区域、就餐区或者空中会议室使用。休息区虽然是公共区域,但是也配有独立的卫生间,而当乘客需要私人空间工作或休息时,可以回到后面的私人套房里。

　　第二个区域由十个私人包间组成,走廊两边各五间,这种布局在公务机中尚属首例(见图 6 - 92)。每一间都配备一个平躺式座椅和一个 32 寸高清 LCD 显示屏。套房内配有衣橱,镀金的控制面板则安置在床边触手可及的地方。床边还有一个可收放的写字台和固定的桌灯用于房间的柔光照明(见图 6 - 93)。

　　在飞机尾部,是一个豪华淋浴水疗护理室。配备淋浴、地热系统、印花镜子、大理石质感台面(见图 6 - 94)。

6.5.2　前沿概念设计

　　由于公务机交付客户时间较长且内饰设计风格差异较大,所以许多定制化组件、概念设计方案大多是公务机内饰设计公司为向客户展现公务机内饰设计所达

图 6 - 90　阿联酋航空空客 ACJ319 公务机①

图 6 - 91　阿联酋航空空客 ACJ319 公务机

到的多样美观视觉效果,或是对新科技新技术在飞机上使用所进行的探索。也许现在的科技制造水平还达不到,但概念内饰为飞机内饰设计提供了更前沿的设计趋势,设计时弱化其成本及制造性,注重内饰设计的创新及炫酷效果,是未来飞机发展的趋势,可在航展或是对外宣传中使用。

透明客舱:舷窗的设计将呈最大化设计发展,为了达到更大更炫的舷窗设计,

图 6 - 92　阿联酋航空空客 ACJ319 公务机

图 6 - 93　阿联酋航空空客 ACJ319 公务机

采用"透明客舱"这一概念,例如采用更先进的材料将飞机壁板设计为透明材质,或是采用液晶显示技术在客舱内模拟"透明"效果,还可根据需求变换显示的景色,例如由泰康尼设计(Technicon Design)在巴黎的团队设计出的一款 360°全景飞机,飞机内部的屏幕上能实时显示飞机外部摄像头捕捉的外部环境图像;名为 IXION 的概念公务机客舱的墙壁甚至连天花板都能显示出图像,给乘客以透明客舱的感觉。对于商务客人来说,屏幕还能用于视频会议,可以调节成电影模式,还能播放各类美丽景色,让乘客放松(见图 6 - 95)。

　　激光全息投影技术:可通过机上 Wi-Fi 与乘客的手机进行连接,显示手机上的

图 6 - 94　阿联酋航空空客 ACJ319 公务机

图 6 - 95　360°全景"透明"舷窗①

内容;也可模拟各种生态环境作为装饰,如某国产公务机内饰方案中选用激光全息投影技术打造的鱼缸效果(见图 6 - 96),在符合适航对机上组件安全要求的前提下,提升了公务机内饰的奢华感。

"隐藏式"显示屏设计:隐藏于内饰组件中,不占用客舱空间。如某国产公务机的客舱内部曲面显示屏(见图 6 - 97),将曲面设计融入舷窗中,体现客舱设计的整体

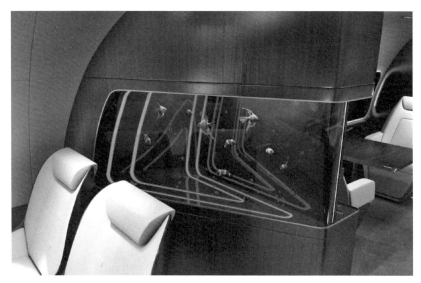

图 6-96 某国产飞机内饰概念设计中激光全息投影鱼缸

图 6-97 某国产民机公务机概念内饰中内嵌 LED 屏幕效果展示

性及炫酷的科技感,增加乘客的互动体验;登机口处衣帽间的门设计为触控式欢迎屏,上方显示乘客关注的目的地、时间、天气等信息,下方可触控选择相应信息。

飞机客舱设计趋向于打造更舒适的乘坐体验,公务机内饰设计更偏向于居家功能享受,真正打造出空中生活(见图 6-98)。

未来感座椅设计:座椅设计将会在原先功能安全的需求上逐渐演变成更具流线科幻的造型,且可以通过座椅获取人体信息,实现与人的互联(见图 6-99)。

图 6 - 98　开阔舒适的公务机内饰设计

图 6 - 99　未来座椅设计

　　更具特色的内饰风格设计：例如 2012 年在法国戛纳举办的首届"全球公务机内饰博览会"(Business Jet Interiors World Expo)及其姊妹展会"全球公务机场展"(Business Airport World Expo)上，来自巴西的 Studio Marcelo Teixeira Ideas & Motion 公司(SMT)在这次展会上展示了其在大型公务机内饰方面的原创理念。这一新理念突破了大型公务机内饰原有的传统布局，在创新、色彩、手工艺、高科技的基础上展现了"新的巴西审美"。他们将客舱划分为三个主要区域，分别为采用"空中厨房"概念的酒吧与厨房、采用自然影像为背景的会议间、舒适温暖的休息区。SMT 公司的未来主义理念主张飞机上采用大面积可视区,以便乘客乘机时可以观察到太阳或星星(见图 6 - 100、图 6 - 101)。

图 6 - 100　SMT 公司设计的公务机内饰(一)

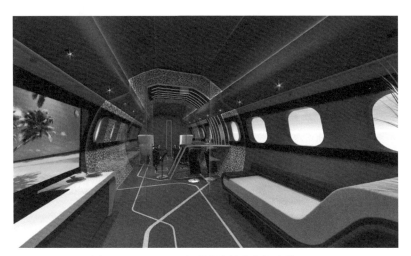

图 6 - 101　SMT 公司设计的公务机内饰(二)

　　巴西航空工业公司设计的 Skyacht™ One 是基于"世袭 1000E"的一款高度定制化的高端公务机,其设计灵感主要源自 1939 年 George Wittell 邀请造船大师 John Hacker 打造的雷鸟(Thunderbird)游艇,以满足客户所寻求的仅在远洋游艇上才能体验到的极致奢华和高雅品位,Skyacht™ One 大胆运用更加复古、典雅且极富质感的设计线条和材料工艺,内饰外观使用亮银色的金属蒙皮与仿红木色彩的涂漆。Skyacht™ One 的设计主题是复古主义与现代科技的完美融合。

　　门厅摆放着精美的 Planetary Clock 时钟,其灵感源自阿拉伯六分仪,它是用透视镶嵌工艺打造的(见图 6 - 102)。这些细节的精雕细琢,令 Skyacht™ One 的设计更具梦幻感。机载厨房设计之精致与巧妙,可媲美英式传统家具的宗匠——British Campaign 公司高档组合家具。定制化的硬件设施与个性化的压花皮革交相辉映,令舱壁同样极具游艇般的奢华之感。

图 6 - 102　巴西航空工业公司设计的 Skyacht™ One(一)

会客厅大胆运用更加复古、典雅且极富质感的设计线条和材料工艺,雕刻黄铜、金、银等材料,采用如同珠宝镶嵌的工艺制作出控制座位照明的控制杆、旋钮等,取代了现代的触摸感应开关,采用铜边的桃心木舷窗并搭配复古皮质的遮光板,更增添了复古的韵味(见图 6 - 103)。

图 6 - 103　巴西航空工业公司设计的 Skyacht™ One(二)

　　主舱利用英国 Chesterfield 座椅及鸡尾酒吧桌,营造出英国绅士俱乐部的氛围(见图 6-104),舒适的座椅搭配铜边的桃心木舷窗、皮质纹理桌面以及铂金控制板,打造空中的桂殿兰宫。

图 6-104　巴西航空工业公司设计的 Skyacht™ One(三)

　　Skyacht™ One 机主卧房充分考虑了私密性及舒适性(见图 6-105)。整间撞色搭配加之文艺复兴风格的镶嵌细工、Riedel 水晶用具以及配有黄铜浑天仪装饰的移门,无不给人以神秘而又浪漫的梦想感。

图 6-105　巴西航空工业公司设计的 Skyacht One(四)

　　机上浴室设计也别出心裁(见图 6 - 106)——孔雀石绿的浴室台面和淋浴喷头与木质壁板相得益彰,平添一抹优雅;特别设计的复古配件与浴室内的铂金设施交相辉映,更彰显了这一空中游艇的典雅、别致。

图 6 - 106　巴西航空工业公司设计的 Skyacht™ One(五)①

6.5.3　某国产民机公务机设计赏析

6.5.3.1　某国产公务机内饰设计方案

　　某国产公务机内饰方案的客舱布局方式采用中式传统布局,进门为玄关厨房区,中间为公共区域,采用开放式设计突出空间宽敞的特点,并在尾部设置了 VIP 卧室(见图 6 - 107)。

图 6 - 107　某国产公务机内饰设计(布局)

---

　　① 图片来自 http://www.luxuriousmagazineasia.com/zh-cn/category/motoring/sail-through-the-skies-in-skyacht-one/。

　　客舱整体选用米色调为基础色,干净稳重的浅色设计有放大舱内空间的视觉效果,使乘客在有限空间内体验舒适温馨的环境。内部材质采用镜面花梨木纹,流线金色饰边提升视觉品质,使乘客置身其中体验尊贵奢华。盥洗室采用内嵌式电子系统,包括隐藏式镜前灯及触控电子显示系统,将原本凌乱复杂的按钮进行简化规整设计(见图 6 - 108)。客舱内采用电子控制机动装置,人性化设计提升功能便利性,如可升降桌面、电视机及电动窗帘(见图 6 - 109)等。在尾部 VIP 卧室还设计了私人盥洗室,提升乘客隐私与奢华乘坐体验(见图 6 - 110)。

图 6 - 108　某国产公务机内饰设计(登机口)

图 6 - 109　某国产公务机内饰设计(客舱前部)

6.5.3.2　某国产公务机概念方案"SMART＋"

　　由中国商飞设计的某国产公务机"SMART＋"方案,获得 2017 国际"红点概念设计奖",主风格采用有机设计来展现科技与自然的和谐融合,本着"以人为本"的

图 6 - 110　某国产公务机内饰设计(卧室)

设计理念,集人性化、便利性、舒适性为一体,打造自然舒适的整体氛围。

1) 配色方案一

配色方案一以"明朗、舒适、柔和"作为总体设计风格,使用浅色自然木色搭配羊毛织物凸显自然的暖色调,使得整体空间光线充足,最大程度降低了空间的凌乱感;通过柔和的色块区分线形,将饱满流畅的曲面作为设计元素贯穿始终(见图 6 - 57);通过对线条和体块的美学比例分割、光影效果的深入设计调配,营造轻盈放松的乘坐环境(见图 6 - 111)。

图 6 - 111　某国产公务机内饰设计"SMART+"配色方案一(客舱前部)

客舱内采用自然的暖色为主色调,运用美国白橡木搭配羊毛质感织物;细节处的哑光材质体现含蓄、沉稳的设计质感;软装采用自然系高饱和度的蓝绿色点缀其中(见图 6 - 112),彰显年轻活力;有机设计的风格融入机舱内饰,打造明朗舒适的乘坐环境。画龙点睛的情景灯光与极富人情味的自然系材质组合,搭配诸多考究的细节和设计手法,材质的拼接、自然与科技的对撞使得客舱内饰整体呈现出简约而不简单且高端奢华的设计效果,凸显"和而不同"之势(见图 6-113)。

图 6-112　某国产公务机内饰设计"SMART+"配色方案一(客舱尾部)

图 6-113　某国产公务机内饰设计"SMART+"配色方案一(盥洗室)

2) 配色方案二

配色方案二以"硬朗、睿智"作为总体设计风格,将传统木纹融入电子科技感元素进行新的设计演绎,体现科技发展引导的新一代冷峻简约工业化风格。此方案采用黑胡桃木配以颇富科技意味的冰蓝色,主体为冷色调,采用大面积的色调深浅对比,鲜明而坚毅的线条、块面作为设计主要造型语言贯穿始终,起到引导乘客视线的作用,呈现明朗的行动动线(见图 6-114)。

图6-114 某国产公务机内饰设计"SMART+"配色方案二（吧台）

在登机口前服务区巧妙加入抽拉式百叶帘，在不使用时可对内部组件进行遮挡，减少琐碎分割，提升视觉上的整体感。同时，登机口衣帽储物空间和谐地融入客舱环境。门设计为触控式欢迎屏，上方显示乘客关注的目的地、时间、天气等信息，下方可触控选择相应信息（见图6-115）。

图6-115 某国产公务机内饰设计"SMART+"配色方案二（前服务区）

在就餐区设计了全息投影技术打造的鱼缸，可通过机上 Wi-Fi 与乘客手机进行连接，显示手机上的内容；也可模拟各种生态环境作为装饰，营造舒适的客舱环境，提升公务机内饰奢华感（见图6-116）。盥洗室设计则将镜前灯、电子标识系统整合在一体式镜面中，柔光的呼吸灯指引标识使人心情放松精神愉悦，感应式水龙头内置防水触控屏可触控调节水温（见图6-117）。整个客舱呈现一种人性化的未来科技感设计理念。

图 6-116　某国产公务机内饰设计"SMART+"配色方案二(就餐区)

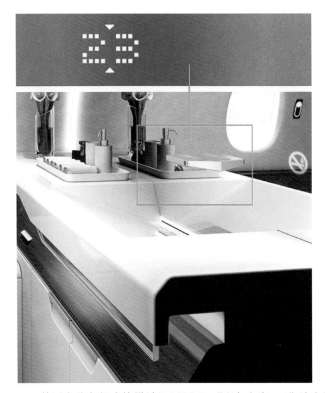

图 6-117　某国产公务机内饰设计"SMART+"配色方案二(盥洗室局部)

参考文献

[1]　中国产业研究院.2016—2020 年中国公务机行业竞争格局分析与投资风险预测报告

[R/OL].[2016 - 04 - 13]http://www.chinairn.com/rprint/1416547.html.

[2] 环球之翼.公务机华丽的内饰之战[EB/OL].[2013 - 01 - 17]http://www.sirenji.com/article/201301/20649.html.

[3] 马超.公务机客舱布置特点和发展趋势分析[J].科学与财富,2015(13):201 - 202.

第7章　民机涂装设计及样例分析

民用飞机外表涂装的主要作用有装饰美观、特征识别以及机体保护等。本章主要介绍民用飞机涂装设计流程要求、涂料种类及其使用方法、喷涂工艺的实施以及典型性涂装设计样例分析。

7.1　涂装设计介绍

7.1.1　涂装的作用

在机身表面涂上涂料，首先可以让飞机的造型更加美观；其次，不同的涂装可以作为飞机重要的识别特征；最后，涂装对飞机本身也能起到一定的保护作用。

7.1.1.1　防腐蚀

制造飞机所用的材料可分为金属材料和非金属材料两大类。金属材料作为主要结构材料，用于制造飞机的各种承力部件。在自然环境的影响和作用下，各种金属材料都会产生不同程度的腐蚀现象，同时非金属材料也会产生老化(广义上的腐蚀)。国际航空运输协会的报告指出，由于腐蚀导致飞机的定期维修和机件更换的直接经费为50～120美元/飞行小时，1976年总直接经费约为1亿美元，1999年为10亿美元。保证金属材料和非金属材料不受腐蚀是保证飞机安全飞行和长寿命的根本措施之一。

用在飞机上的金属材料主要有铝合金、镁合金、合金钢和钛合金等。其中用量最大的是铝合金，有各种铝合金板材、型材、锻件和铸件，整架飞机机体可以说是用铝合金型材和蒙皮板材制成的。铝合金在使用过程中很容易产生腐蚀的现象，因此利用涂装对铝合金表面进行防护是十分必要的。除铝合金外，飞机制造时的其他金属材料，如镁合金在沿海地区的腐蚀问题也很严重；不锈钢和结构钢也会产生不同程度的腐蚀现象。要防止金属材料发生腐蚀，目前的通用方法是在金属表面涂敷有机涂层，涂层系统可以将金属表面与所处环境中存在的腐蚀因素隔离开来，只要涂层系统不损伤，腐蚀因素就不会接触金属表面，也就不会产生腐蚀，在一定时间内可以对金属材料起到有效的保护作用。

7.1.1.2　装饰

飞机的外观要求平整美观，而铝蒙皮铆接后的表面粗糙不平整，使用涂料可以起到装饰性作用。为能达到更好的效果,喷绘图层时常选用优质的涂料和流畅的彩带图案。一般来说,作为飞机装饰性的涂层应具备下列要求:

(1)涂层表面平整光滑,无橘皮、粗糙颗粒、气泡、针孔、皱皮等缺陷。

(2)面漆表面有鲜明流畅的彩带图案,所用彩色涂料也应经久不变色。

(3)面漆应有明亮光泽,色调丰满,保光性好,经日晒雨淋2年不掉粉、不开裂,光泽变化小。

(4)耐久性好,长期使用柔韧性和附着力不减弱,涂层寿命在5年以上。

7.1.1.3　表面温度调节

面漆对热有反射和发射的调节作用,虽对蒙皮的最终温度影响小,但仍具有一定的影响。如飞机以 $Ma = 2(2\,447\ \mathrm{km/h})$ 的速度飞行时,机身表面温度约为 $120\,^{\circ}\mathrm{C}$,若面漆涂层具有 75% 的反射率和 80% 的发射率,那么结构的最终温度可降低 $10\,^{\circ}\mathrm{C}$,这对飞机材料性能来说是有利的。

7.1.1.4　宣传

飞机涂装是一个极佳的传播宣传载体和重要的视觉体验,也是重大文化活动竞争中的有力手段,可以帮助提高宣传对象的辨识度和知名度。飞机涂装在飞机诞生之日起就产生了,军用飞机的彩绘涂装主要以实现功能为目的,多使用减小摩擦和专供特殊用途的色彩功能漆;而民用飞机则以机体美观和展示宣传作用作为涂装的主要目的。北京奥运期间,国航推出了一系列"北京奥运号"彩喷飞机,这是国内第一次以社会公益为主题的代表本国特色的民航彩喷飞机(见图7-1)。人性化地发展彩喷飞机文化,不仅能展示传统文化、地域特色和现代时尚,还能令飞机更具亲和力。

图7-1　国航"北京奥运号"①

---

① 图片来自 http://cdn.feeyo.com/pic/20070826/200708260534126621.jpg。

7.1.2　涂装设计理念与内涵

飞机涂装是航空公司的一种标志,其主题往往也能反映出航司特色。民用飞机机体涂装的主要目的是为了宣传,同时利用色彩的差异在飞机表面突出一些系统位置的标注及注意事项,也便于地面维护工作。最为重要的是,虽然飞机可以根据其拥有者的喜好任意涂装,但前提是必须符合飞行安全的相关规定,再美观的涂装也要建立在不影响飞行安全的前提下。

7.1.3　涂装与企业文化

飞机外表涂装一般分为飞机制造商的涂装及航空公司的涂装。

飞机制造商的涂装如空客 A350XWB 宽体飞机(见图 7 - 2)。机尾涂装表现的是碳纤维结构,这是为了宣传 A350XWB 的主体结构是由先进的碳纤维复合材料制成的。涂装整体采用平面化的手法,用简单的双色带交织表现出碳纤维表面机理给人的感受,设计风格形象而直接,令人过目难忘。

图 7 - 2　空客 A350XWB 测试飞机①

航空公司的涂装分为两种情况。一是简单采用公司固有的 logo 加一般喷涂。以国内的航空公司为例,国航公司的标志——凤是传统文化中代表美丽吉祥的神鸟。凤标寓意这神圣的生灵及有关它的美丽传说能给乘客带来安宁、吉祥、幸福和欢欣(见图 7 - 3)。

公司一般的喷涂就是在飞机的尾翼喷上凤 logo,在机身喷上中国国旗及公司名称,还有适航规章上要求的机号等标准内容。

过去彩喷还较为少见,但现在个性化的彩喷已经成为一种潮流。航空公司为了扩大公司的影响,往往会为配合某个主题而特别设计主题彩喷,如为了迎接上海迪士尼的盛大开园,总部位于上海的中国东方航空公司就喷涂了一架"迪士尼号"(见图 7 - 4)。

———————————————

① 图片来自 http://pic.feeyo.com/posts/567/5674077.html。

图 7-3   国航标准涂装①

图 7-4   东方航空迪士尼号②

7.2   设计流程与要求

7.2.1   设计流程介绍

飞机外表涂装设计应遵循设计流程依序进行,才能保证涂装最终效果的美观性、耐用性和安全性。总体流程分为初步设计、详细设计和生产设计三个重要阶段,一般包括以下几个具体设计流程:需求调研、初步设计、详细设计、设计交付、喷涂跟产(见图 7-5)。

7.2.1.1   需求调研

设计方在确定承接设计任务后,应同客户、用户进行接洽,调研市场需求及客户需求。

---

①   图片来自 http://pic.feeyo.com/piclist/20160430/20160430032918150.html。
②   图片来自 http://www.58pic.com/zhuangshi/12384824.html。

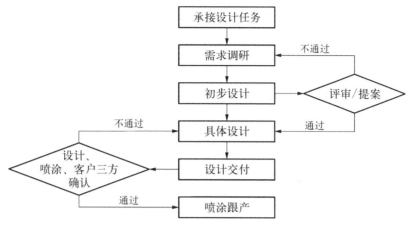

图 7-5　飞机外表涂装设计一般流程

1) 资料收集

（1）通过与客户方的会议记录、邮件、函件、信件等沟通方式收集客户方公司的品牌形象、市场定位、目标客群等相关资料。

（2）通过其他非官方途径收集的客户方公司相关资料仅作参考。

2) 资料内容

（1）客户方公司航空器登记标志、经民航总局核准的法定名称和标志、企业视觉识别系统（VI）管理或应用手册。

（2）客户方公司市场定位、目标客群等相关资料。

（3）有效版本全机外形二维图纸（如同型号飞机外部喷漆 CAD 图纸）或飞机三维数模（如飞机外形 CATIA 模型）。

（4）客户对于涂装设计的要求和期望，如对涂装的主题、寓意、风格、颜色、涂料、设计元素、实施成本等方面的期望。

（5）如果客户有指定涂料供应商或喷涂厂家，则可预先与客户、涂料供应商、喷涂施工方就涂料问题达成共识。需了解涂料供应商在涂料颜色品种方面的限制和喷涂厂家喷涂的实施能力。

3) 调研成果

设计调研的输出结果可以采用报告、图片、展板等多种形式展现，应尽量全面地包含资料中提及的内容要求。

7.2.1.2　初步设计

1) 飞机数据或数模准备

有效版本全机外形二维图纸（如同型号飞机外部喷漆 CAD 图纸）或飞机三维数模（如飞机外形 CATIA 模型），文件上舱门（包括应急窗）数量、位置及大小需精确标注。

（1）在矢量绘图软件中创建模板文件（如 Adobe Illustrator、CorelDRAW 等），

颜色模式应为 RGB 模式,栅格效果应为高选项(300DPI)。

(2) 若能够取得飞机外观 CAD 精确图纸(见图 7 - 6),则可将 CAD 文件置入矢量绘图软件中。

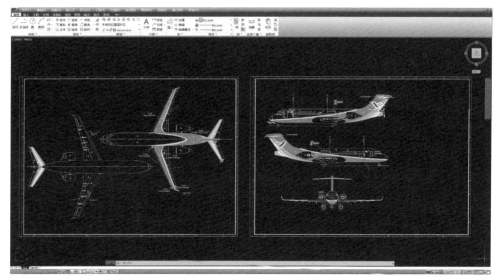

图 7 - 6　飞机外观 CAD 精确图纸示意

(3) 若仅能够取得飞机三维数模,则将 CATIA 飞机模型以机头向左的正交左视图(无透视角度)、机头向右的正交右视图、机头向前的正交正视图、机头向左的正交俯视图、机头向右的正交仰视图复制或截屏,导入矢量绘图软件中(见图 7 - 7);也可通过其他三维软件(如 3ds Max)打开 CATIA 模型,实现正交视图的复制或截屏(见图 7 - 8)。

(4) 在矢量绘图软件中,分别将左视图、右视图、正视图、俯视图、仰视图按照 CAD 线框或位图中的飞机外轮廓勾勒出飞机总体外形轮廓、发动机外形轮廓、机翼外形轮廓等,也可选取相关 CAD 线段直接编组为飞机总体外形轮廓、发动机外形轮廓、机翼外形轮廓等。这些轮廓线均不对后期涂装设计效果图渲染产生直接影响,在制作贴图时也会将其隐藏,但可采用剪切蒙版来查看设计的整体效果(见图 7 - 9)。

(5) 需在矢量软件中绘制出驾驶舱挡风玻璃外形轮廓、舱门及窗户外形轮廓、视觉效果较为突出的飞机口盖外形轮廓、视觉效果较为明显的飞机外部标识、标记和标牌等元素(由于 CATIA 气动模型和工程整机模型的成熟度不同,所以机身上的细节会存在差异,需根据三维数模的实际情况进行矢量元素的删减,若上述某元素已存在于三维数模并分层可见,则无须在矢量软件中创建轮廓),如图 7 - 10 所示。

(6) 在矢量软件中创建贴图画板。左视图、右视图、正视图、俯视图、仰视图中,分别创建飞机机身、机翼、机身与机翼整流片、垂直尾翼、水平尾翼、发动机短舱等

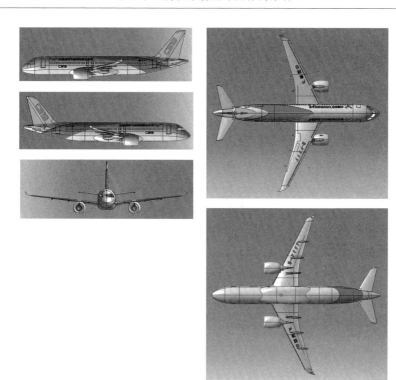

图 7 - 7　CATIA 导出正交视图示意

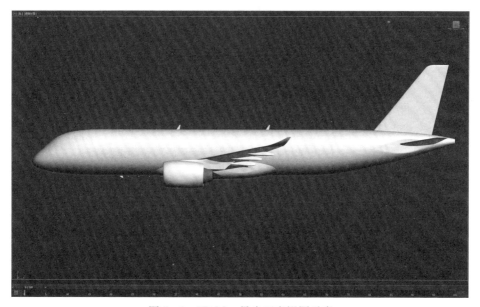

图 7 - 8　3D Max 导出正交视图示意

部位的贴图画板，要求画板为机身、机翼、整流片、垂尾、平尾、发动机短舱等轮廓的
最小外切方形，如图 7 - 11 与图 7 - 12 中红色方形所示。

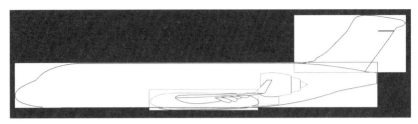

图 7-9　左视图矢量轮廓示意

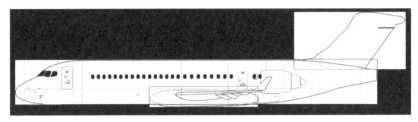

图 7-10　左视图矢量元素示意

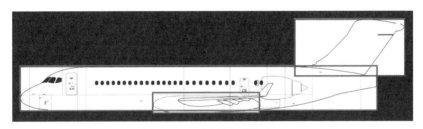

图 7-11　左视图画板示意

2) 设计定位

在充分调研的基础上,以客户对涂装设计的期望为导向,确定飞机外表涂装工业设计的设计定位,提出设计概念。设计定位可采用报告、图片、展板等多种形式展现。

3) 创意

(1) 在进行设计创意时,需注意设计素材的收集和整理。

(2) 素材的内容包括竞争机型、概念元素等相关图片,可以通过实地拍照、网络下载等方式获得。

(3) 可以用头脑风暴(brainstorming)等创意方法进行设计创意。

(4) 设计创意的输出结果不拘泥于形式,可采用设计情景版(见图7-13),但表现内容应该是设计定位或设计概念的梳理创新、设计指向、创意确定或创意视觉化。

4) 提出初步设计方案

初步设计方案探讨阶段进行飞机侧视图涂装效果的初步设计,可采用手绘、电

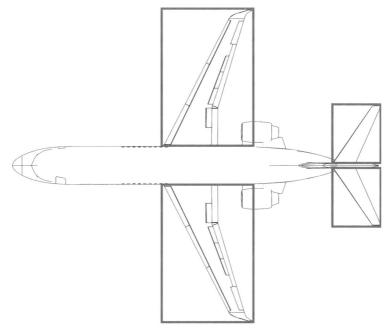

图 7-12　顶视图画板示意

图 7-13　情景板示意

脑软件绘图(如 Adobe Photoshop、Adobe Illustrator、SketchBook 等)、三维渲染图等多种形式,主要目的是在设计定位和设计创意的基础上,进行飞机外表涂装设计的探索和尝试,将设计创意图案化、视觉化(见图 7-14)。

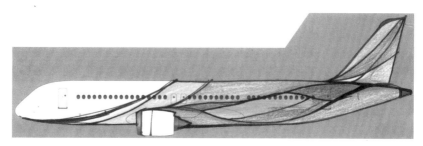

图 7 - 14　手绘形式初步设计方案示意

设计方需以视觉效果为主要评价标准,对多个飞机侧视图涂装创意设计进行比稿和讨论或对单个飞机侧视图涂装创意设计进行深入优化。特殊情况下也可通过三维渲染效果图进行方案对比,确定主题明确、创意突出的初步创意设计方案。其中,初步设计方案可以仅采用左视图,也可采用左视图、右视图、正视图、俯视图、仰视图等不同角度设计图组。

初步设计方案需通过设计团队内部讨论、专家评审或客户确认等方式进行筛选和定型,在设计方向和设计初稿确定后,便可进入详细设计阶段。

5) 初步设计方案应遵循以下原则

(1) 应满足 CCAR - 45R1、AC - 21 - AA - 2007 - 14R3 等适航条款要求,具体参见外表涂装工业设计适航要求。

(2) 在适航性要求基础上满足客户需求。

(3) 应兼具艺术性、整体性、经济性。

(4) 方案的内容和形式应满足如下要求:方案内容需利用图案的象征功能体现某种隐喻、象征、价值观念;设计方案的点、线、面、色彩、肌理应遵循以下基本形式美法则——变化与统一、对比与调和、对称与平衡、节奏与韵律、中心与比例。

(5) 方案中色彩的色相、明度、纯度关系和面积关系均应协调,对需要重点突出的设计元素进行对比处理,色彩特征、生理影响、情感意义、文化内涵应同设计定位一致。

(6) 方案中的图案可通过识别性、趣味性、常见元素增加视觉吸引力。

6) 初步设计方案应包括以下方面

(1) 电子版手绘草图:电子版手绘草图应采用正交侧视角度(见图 7 - 15),且应与简要方案说明的文字描述具有一致性。

(2) 简要方案说明:对电子版手绘草图进行简要介绍,可有选择地描述灵感来源、设计定位、设计理念、设计内涵、文化寓意、图案创意等说明性内容。

7.2.1.3　详细设计

1) 详细设计方案

(1) 在进行详细设计方案时,需综合考虑方案对工艺技术、市场需求、经济效益等可行性的影响;综合考虑方案对设计成本、施工成本、使用成本等经济性的影响。

(2) 详细设计方案应在初步设计方案的基础上进行深入设计,着重考虑国籍标

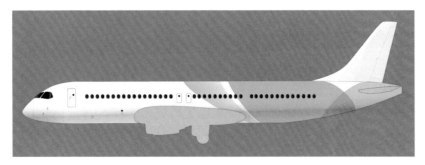

图 7 - 15　电子版正交侧视手绘草图示意

志、登记标志、飞机所有人或占有人的法定名称、飞机机身侧面旅客应急出口警示色带等适航强制要求对整体设计方案的影响,并相应调整设计方案的点、线、面、色彩、肌理等内容,以使整套方案的视觉效果满足形式美法则。

（3）详细设计方案的颜色可采用客户指定颜色,也可参考规范 CDS0024《某国产飞机飞机涂层颜色选用规定》中的颜色。若其中的颜色无法满足设计需要,则可参考国际通用及行业普遍采用的标准色卡,如潘通色卡（Pantone）和劳尔色卡（RAL）。采用的色卡,应可得到准确的 RGB 值和 Lab 值,以确保设计、施工、客户三方采用一致的色彩沟通语言。

2）绘制正交侧视平面矢量图

绘制正交侧视平面矢量图,需在矢量模板文件中绘制出详细设计方案,即飞机外表涂装设计方案的平面图,视客户需求和任务要求的不同,设计团队可自行决定是否需要设计并绘制机翼上表面、机翼下表面、发动机短舱外表面等部位的涂装方案。具体设计方案可以仅采用左视图,也可采用左视图、右视图、正视图、俯视图、仰视图等不同角度设计图组合。

根据详细设计方案绘制正交侧视平面矢量图,应符合以下要求：

（1）图案轮廓清晰、完整,颜色符合相关要求。

（2）所有文字应图形化。

（3）需要有客户公司视觉识别系统（VI）的标志、公司标准字等元素,应符合客户的企业视觉识别系统管理要求。

（4）相关适航强制元素需设置在主题图案的上层,保证可视性。

（5）文件保存时需注意矢量文件格式的兼容性和通用性。

（6）最终飞机外表涂装设计方案矢量格式平面图需导出为 JPG 格式文件,以方便查看,并交付客户（见图 7 - 16）。

3）制作三维渲染效果图

左视图、右视图、正视图、俯视图、仰视图等正交平面图往往不能完整而全面地展现飞机外表涂装设计方案,所以需将平面设计方案应用于飞机三维数字模型,渲染出三维效果图,并针对三维立体效果进行方案讨论、评价、修改和确定,具体要求

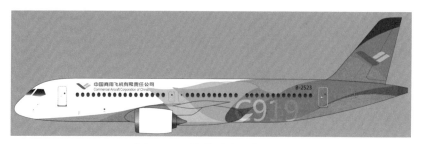

图 7 - 16　涂装设计方案示意

如下。

　　（1）制作渲染贴图。隐藏适航强制相关元素（见图 7 - 17），使用相关条款中所述画板，分别导出机体不同部位的 JPG 格式位图文件作为后续渲染所用贴图（见图 7 - 18、图 7 - 19）。

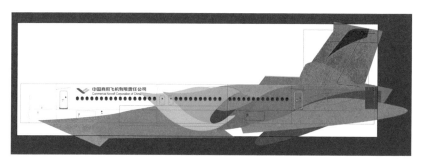

图 7 - 17　左视图矢量文件示意

图 7 - 18　左视图机身贴图示意

图 7 - 19　左视图垂直尾翼
贴图示意

　　（2）贴图设置。可选用 3ds Max 的 Vray 渲染器、KeyShot 渲染器等三维渲染软件渲染飞机外表涂装设计效果图。在渲染软件中，为飞机机身、机翼、机翼与机身整流片、垂直尾翼等涉及涂装设计的部位进行相应贴图的设置和调整（见图 7 - 20），直到飞机涂装的整体视觉效果自然流畅。

　　（3）渲染背景设置。三维效果图的背景根据效果图用途的不同，可选用无色彩倾向的中性灰或高清晰度的蓝天白云底图、机库底图等不同场景图。

　　（4）灯光设置。渲染灯光的设置需根据场景的不同进行调整，例如使用中性灰背景时，可采用平行无色彩倾向的白色灯光；若使用天

图 7 - 20　贴图设置示意

空场景,则需根据背景图的色彩倾向、阳光照射方向和角度等情况相应调整灯光设置。

(5)材质设置。飞机外表材质的设置需根据设计预期模拟喷漆效果。

(6)出图要求。效果图出图尺寸应至少为 A3 幅面,300DPI 分辨率,且需根据要求渲染多个角度视图,以保证能够较为全面、真实地呈现设计方案。

7.2.1.4　设计交付

设计方在确定飞机外表涂装设计方案后,应根据客户需求,进行交付物的准备和提交。

设计交付物及内容要求如表 7 - 1 所示,根据客户需求、任务要求等实际情况的不同,设计方可按需调整设计交付物的内容。其中,效果图和矢量图为提交客户的必备设计交付物。

表 7 - 1　设计交付物内容

交付物名称	要　　　　求	备　注
设计报告	需对涂装设计方案、设计寓意等作出详细说明	可选内容
效果图	效果图尺寸不小于 A3 幅面,分辨率不小于 300DPI; 效果图应考虑其选取视角、大小,应能充分展现设计效果	必备内容
矢量图	包含尺寸标注、颜色标注的矢量平面图	必备内容
其他	依客户需求、任务要求等实际情况而定	可选内容

1)设计报告

设计报告可采用 word 电子文档、纸质版设计宣传册等形式,其中应详细介绍灵感来源、设计定位、设计理念、设计内涵、文化寓意、图案创意等内容，多角度诠释设计方案。对于颜色选用情况、喷漆表面材质效果选用情况等具体信息，也应在设计报告中予以阐述和说明。

2）矢量图

矢量图可以仅采用左视图，也可采用其他不同角度设计图组合，具体要求如下。

（1）设计图案需轮廓清晰、呈现完整、色彩准确。

（2）画幅按要求，采用 RGB 色彩模式。

（3）所有文字需转曲（将文字创建轮廓，转换为曲线线段）。

（4）应包括尺寸标注，标注中应包含名称、标志、图案、颜色等信息，以毫米为单位。

（5）应包括颜色标注，其中颜色色值、颜色色卡编号、对应油漆牌号要完整且匹配；所用颜色必须符合公司标准或客户要求，且使用标准色号对其标注；渐变色的标注应至少包含起点色和终点色。

（6）为了保证矢量图的有效性，需根据客户需求或任务要求提交特定格式的矢量图文件，如低版本 ai 格式文件、eps 等通用格式矢量文件等。

3）效果图

效果图应不小于 A3 画幅尺寸，不低于 300DPI 分辨率。

设计效果图应在充分考虑飞机所在场景的实际情况下，进行多视角的选取。例如图 7-21 中的正侧视图、图 7-22 中的不同角度透视图等。效果图应能充分、全面地展现设计方案，呈现设计效果，突出环境氛围。

图 7-21　灰色背景正侧视图示意

4）其他

设计方还需根据客户需求或任务要求的不同，提交宣传画册、说明展板、工程图纸等其他设计交付物。具体内容和要求应以客户需求或任务要求为准。

图 7 - 22　天空背景透视图示意

7.2.1.5　喷涂跟产

若飞机外表涂装设计方案获得设计、工程、客户三方确认,并计划进行喷涂施工,则设计方需进行跟产,参与工程配色和比色,参与喷涂施工,以保证工程实施的效果输出同设计结果保持一致。

1) 配色准备

设计师需在工程实施阶段进行跟产,保证喷涂图案的颜色、质感、形状、效果同设计图一致。在配色前,设计师需提供设计图纸配套色样(色卡、实物及颜色数据描述等)给工程方作为颜色标准。

2) 比色确认

设计师需在工程实施阶段进行跟产,保证配色调漆的颜色同设计图所需颜色一致。在工程师完成配色后设计师需对配出的颜色试板进行确认。比色可采用目测法,对试板与颜色标准进行目视对比,确认是否颜色匹配(色调、明度、彩度是否匹配),也可使用光度计或测色仪直接测定色差(ΔE),以确认颜色,详情见 GB/T 3979 - 2008 的规定。

比色应由设计、工程、客户按下列要求共同确认:

(1) 各颜色允许色差范围由设计、工程、客户三方商定。

(2) 色差范围确定后,不得随意变动,如需调整,亦应经设计、工程、客户三方商定。

3) 现场协调

设计方需进行喷涂跟产,在现场同喷漆方进行沟通和协调,以确保涂装设计的喷涂按设计图及工程图正确实施,若遇现场变更等突发情况,可第一时间处理和确认。

7.2.2　涂装技术要求分析

飞机涂装的实际效果受到机身的构造、维度和适航条件等多方面的影响,所以综合多个学科相关知识与技术指标,把握其技术性是成功与否的关键。

7.2.2.1　飞机外观限制要求

民航飞机的结构注意点在彩绘设计上是一样的,要进行避让。

(1)客舱门、货舱门、应急门等在开启时会向前位移,将遮挡图形或破坏图形的完整性。

(2)涂装图案如果过于贴近翼身整流罩,则在不同角度观看时则有可能被遮挡。不同部位的飞机感应器一定要避让或露出,比如机头的前雷达罩、安装在机头的两侧静压孔和空速管等用来测试高度和速度的传感器等;垂尾、翼尖也需要避让。

7.2.2.2　适航标准要求

根据《民用航空器国籍登记规定》(CCAR - 45 - R1),飞机涂装需满足以下要求。

(1)中华人民共和国民用航空器的国籍标志为罗马体大写字母 B。

(2)中华人民共和国民用航空器登记标志为阿拉伯数字、罗马体大写字母或者两者的组合。

(3)中华人民共和国民用航空器的国籍标志置于登记标志之前,国籍标志和登记标志之间加一短横线。

(4)民用航空器上国籍标志和登记标志的位置应当符合下列规定。

a. 固定翼航空器位于机翼和尾翼之间的机身两侧或垂直尾翼两侧(如系多垂直尾翼,则应在两外侧)和右机翼的上表面、左机翼的下表面。

b. 旋翼航空器位于尾梁两侧或垂直尾翼两侧。

(5)民用航空器上国籍标志和登记标志的字体和尺寸应当符合下列规定。

a. 字母、数字、短横线(以下简称字)均由不加装饰的实线构成。

b. 除短横线外,机翼上每个字的字高不小于 50 厘米,机身、垂直尾翼、尾梁及飞艇、气球上每个字的字高不小于 30 厘米。

c. 除数字 1 和字母 I 外,每个字的字宽和短横线的长度为字高的三分之二。

d. 每个字的笔画宽度为字高的六分之一。

e. 每两个字的间隔不小于字宽的四分之一,不大于字宽的四分之三。

(6)民用航空器两侧标志的位置应当对称,字体和尺寸应当相同。机翼或水平安定面上字母和数字的顶端应向前缘,其距前后缘的距离应相等。国籍标志和登记标志的颜色应与背底颜色成鲜明对照,并保持完整清晰。

(7)任何单位或者个人不得在民用航空器上喷涂、粘贴易与国籍标志和登记标志相混淆的图案、标记或者符号。未经民航总局批准,不得在民用航空器上喷涂中华人民共和国国旗、民航总局局徽、"中国民航"字样或者广告。

(8)民用航空器所有人或占有人的法定名称和标志,应当按下列规定在其每一航空器上标明。

a. 名称喷涂在航空器两侧,固定翼航空器还应当喷涂在右机翼下表面、左机翼上表面。民用航空器上喷涂民用航空器所有人或占有人法定名称简称的,其简称应当经过民航总局核准。

b. 标志喷涂在航空器的垂尾上；航空器没有垂尾的，则喷涂在民航总局同意的适当位置。

（9）民用航空器所有人或占有人的标志应当经过民航总局核准，不得与其他机构的标志相混淆。民用航空器所有人或占有人向民航总局申请核准其标志时，应当说明该标志的含义及颜色，并附工程图和彩图各一份。民用航空器所有人或占有人应当将每一型号航空器外部喷涂方案的工程图（侧视、俯视、仰视图）一份及彩图或彩照一式五份报民航总局备案。

7.2.2.3　工业设计要求

1）设计形式的艺术性

（1）突出主题与理念。2011 西安世园会以"天人长安·创意自然——城市与自然和谐共生"为主题，会徽和吉祥物均命名为"长安花"，理念为"绿色引领时尚"。飞机涂装设计紧紧围绕这一主题与理念，以缤纷的花簇组成顺势而上的动态，展现了"绿色引领时尚"的世园会理念。

（2）设计的形式美。飞机涂装要满足设计美感，造型上应遵从艺术设计的形式美法则，做到对称均衡、比例协调、多样统一。

2）施工工序的技术性

（1）图形、文字打样与定位。由航空公司委托专业刻字厂，完成对设计工程图样中的图形与文字的原大放样。将机身图纸整体分为若干个施工部分，分组进行编号排序。以机身各部位明显参照物为基准，将打样的纸模型附着于机身表面。由于机身庞大，每个图形的尺寸也比较大，所以要用记号笔将其造型勾勒出来，便于视觉定位。在每个环节的起点处做垂直符号标记，保证图形和文字的水平效果。所有图案完成后，将纸模型正式粘贴于机身。

（2）方案核准最终效果。飞机涂装最关键的节点在于最终效果在这一阶段定夺。从效果图到工程图再到现场施工，一些因素在纸质平面图上无法预估，原因主要是机身外形十分复杂，必须经过设计师、喷涂执行方、航空公司的共同商定，在现场依据飞机的空间尺度、人与飞机的视距、人的视野等因素进行改进才能最终完成成品。

飞机涂装是一种新的高档次传播载体，它具有跨时空性的视觉冲击力，但是飞机具有它的特殊性，其外形复杂，又受到技术和民航规章规定的诸多要求等多种限制，彩喷实施难度高，因此，如何将设计的技术性和艺术性完美结合就变为了一种挑战。

7.3　涂料种类及使用方法

一般情况下，飞机蒙皮涂层有两种涂装方式可供选择，不同处理方式配套使用的底漆和面漆种类也各异。

7.3.1　喷涂方式的选择

7.3.1.1　装配前喷涂

采用阳极化处理只能在零件状态进行。由于装配完的整机或大部件是不可能放进阳极化槽液中处理的,而按规定,经阳极化处理后必须在 24 h 内涂底漆,所以铝板是带着底漆进行装配加工的,直到整架飞机装配完工,这个过程约需半年至一年,也就是说铝板零件涂底漆后要经半年到一年的时间才能喷上面漆。由于涂上底漆的铝板零件,在装配过程中有污染、划伤以及漆层的老化现象,所以虽然在涂面漆前底漆要经过打磨,并且再喷涂一层底漆,但仍然会影响底面漆的结合力,造成整个涂层系统在飞机作高速飞行时,涂层经受不住高速风沙冲刷,产生小块掉漆的问题。只有当底面漆在同一时间内施工,才能使底面漆具有最大的结合力,其优点如下:

(1) 保证底漆与面漆有最佳结合力,使外层面漆在使用中不易受到破坏。

(2) 可以得到均匀的涂层厚度,这对于在组装后不易涂漆的内部表面尤其重要。

(3) 面漆可应用到连接件的结合面,因装配后连接件的结合面也是无法喷涂的。

然而,这种施工方法也存在一些问题,它会使装配后机身存在一些未涂漆的接缝,影响整机外观。为此需再喷涂一层面漆,但这层面漆的结合力不是很好,且要耗费漆和工时。

7.3.1.2　装配后喷涂

底漆和面漆都待飞机组装完成后再喷涂。用阿罗丁法处理和不经氧化处理直接涂磷化底漆的方法,都可以做到底漆和面漆待整机组装后一起喷涂。在飞机组装前,飞机零件先喷涂临时防护涂料,以保护零件在装配过程中不被腐蚀。这层临时防护涂层具有一定的防腐蚀能力,对铝板的附着力又不是很好,所以在整机组装完成后,可以比较容易地使临时防护涂层脱落下来。在这未经任何处理的机体铝板上,可以采用阿罗丁法或直接涂磷化底漆,再喷涂底漆和面漆。这样施工和固化的涂层系统,底面漆结合力很好,脱漆性也比阳极化处理的要快。这种涂层系统和施工方法正在推广使用中,有可能代替其他涂层系统和施工方法。

临时防护涂料在国外已有一些品种,在航空工业上主要用于保护铝合金和其他金属材料以及有机玻璃等在施工过程中不受外界因素的侵蚀,也对施工过程中机械损伤等起到保护作用,所需保护时间可从几分钟到几年。涂层的厚度作短期使用时为 $10\sim25~\mu m$,长期使用时厚度应为 $300~\mu m$ 或更厚些。漆膜具有很好的柔韧性,为了使这种涂层易于手工脱漆,涂层对金属表面的附着力不能太大,但也不能太小,否则就起不到保护作用。涂层附着力可用剥离强度来表示,一般剥离强度范围为 $1\sim6~N/cm$。

涂层系统的好坏取决于组成涂层系统各种涂料的质量、配套和相容性、表面处理的质量以及整个涂层系统的精心施工。各个环节都要严格控制质量,方能得到符合要求的飞机蒙皮外表面涂层系统。

7.3.2　底漆的选用

不同的表面处理方法需选用不同的配套底漆。经预处理的整机蒙皮表面,选用聚氨酯中间底漆为涂层系统的配套底漆;若是经阿罗丁法处理的整机蒙皮表面,则选用环氧底漆为涂层系统的配套底漆。

7.3.2.1　聚氨酯中间底漆喷涂施工

聚氨酯底漆是一种双组分固化型的涂料,其固化剂组分对潮湿异常敏感,一旦与大气接触就会变质,使用时应注意如下事项:当只需要罐装中的一部分材料时,倒出部分材料后应立即盖紧容器的盖子;当固化剂中有云状物、混浊物或凝胶出现时则不能使用。

1) 配置与稀释

准备基料 4 体积份、固化剂 2 体积份、稀释剂 1 体积份。将基料搅拌均匀,在不断搅拌基料的同时缓缓倒入固化剂,继续充分搅拌均匀。之后倒入稀释剂均匀搅拌并让其进行 15 分钟化学反应。用黏度杯测定黏度,当黏度大于 18 s 时,再加入适量稀释剂调节黏度至 17~18 s 之间。经固化剂混合后的涂料有效使用期为 2 个小时,2 小时后不论其外观如何均应作报废处理。

2) 聚氨酯中间底漆的施工

聚氨酯中间底漆是喷涂在涂有预处理图层的表面,作为预处理图层与聚氨酯面漆之间的中间涂层的,可增加涂层系统的附着力。

喷涂时间必须控制在预处理涂层干燥 1~2 小时之间,绝不能超过 4 小时。

喷涂两层均匀的湿涂层。喷涂第一层湿膜后,让其自然干燥 30~120 分钟,喷涂第二层湿膜。两层之间采用交叉喷涂法,喷涂时喷幅搭接面控制在 50%。

漆膜在室温(25℃)情况下至少干燥 2 小时后才能喷涂面漆,并控制在 24 小时之内完成面漆施工。

干膜的厚度控制在 25~40 μm 之间,漆膜表面不应有影响其性能的缺陷,如气泡、针孔、流淌等。

7.3.2.2　环氧底漆喷涂施工

1) 配合比例

应使用同一制造厂、同一批号的材料按比例配合。禁止使用不同生产厂或不同批号的材料进行配合使用。准备基料 1 体积份、固化剂 1 体积份、稀释剂 1/2 体积份(或 1 体积份)。

2) 配制与稀释

在配制前将基料彻底搅拌均匀,在不断搅拌基料的情况下,缓缓倒入固化剂并充分搅拌均匀(切忌将基料加到固化剂中)。之后按不同比例要求加入稀释剂,调节到最佳喷涂性能。

配制好的环氧底漆应进行 15 分钟化学反应后方能使用,最长使用期限为 8 小时,一旦超过 8 小时,则不论其外观如何均应作报废处理。

3) 环氧底漆喷涂

喷涂底漆应在飞机蒙皮阿罗丁法处理干燥 1 小时后,在保证表面干燥无水气的情况下,且在 6 小时内确保表面没有被重新污染的情况下完成。采用压力喷涂法进行施工,压力供漆罐的压力为 0.04~0.06 MPa;喷枪的雾化压力为 0.27~0.41 MPa;喷涂的流量为 0.56~0.6 kg/min。

整个飞机表面喷涂两层均匀的湿涂层,并采取交叉的方式喷涂,喷幅的搭接面应控制在 50%。

喷涂第一层湿涂层时方向可以任选。30 分钟内沿 90°方向以交叉方式喷涂上第二层湿涂层(大型客机一般在第一层喷涂完毕后即可直接喷涂第二层湿涂层)。

环氧底漆干膜的厚度应控制在 20~30 μm,环境温度下,底漆喷涂后 24 小时内喷涂面漆。喷涂面漆前底漆表面应均匀平整,无流痕流挂、波纹、灰尘等杂质。

7.3.3 面漆的选用

整机外表面漆喷涂应按客户外部标志图及机身纹样要求进行施工。喷涂面漆前,飞机蒙皮的表面应确保涂有环氧底漆或聚氨酯中间底漆,并在规定的干燥时间内喷涂上聚氨酯面漆。

7.3.3.1 底漆表面准备

整个底漆表面用 400♯砂纸或尼龙磨块打磨至涂膜无光、均匀、平整。之后用清洁干燥的压缩空气及白抹布去除磨尘,最后测量底漆厚度并做好记录。

喷涂面漆前,用粘性布轻轻吸取整架飞机表面的灰尘(使用粘性布时切忌用力过猛,否则会影响底漆与面漆之间的结合)。

7.3.3.2 涂料的配制

涂料的混合比例是严格的,应根据制造厂提供的成套包装按体积整套配制。在使用量少于一个包装的情况下,应准确地量取各组分的用量。

(1) 白色和黑色有光涂料:基料 6 体积份,固化剂 6 体积份,稀释剂 1 体积份,黏度控制在 18~19 s(2♯ZHAN 杯测量)。

(2) 其他颜色有光涂料:基料 1 体积份,固化剂 1 体积份,通常不用稀释剂,黏度控制在 19~20 s(2♯ZHAN 杯测量)。

(3) 半光涂料:基料 2 体积份,固化剂 1 体积份,黏度控制在 18~19 s(2♯ZHAN 杯测量)。

(4) 平光涂料:基料 4 体积份,固化剂 2 体积份,稀释剂 1 体积份,黏度控制在 17~18 s(2♯ZHAN 杯测量)。

(5) 金属色涂料:透明基料 3.785 L,固化剂 3.785 L,金属粉末 0.455 kg,适量稀释剂用于调制金属粉浆,黏度控制在 15～17 s(2♯ZHAN 杯测量)。

(6) 透明外层涂料:基料 1 体积份,固化剂 1 体积份,不用稀释即可喷涂。

聚氨酯面漆同底漆一样,当固化剂中出现云状物、混浊物或凝胶状时均应作报废处理。涂料配制时,首先要将基料彻底搅拌,在不断搅拌基料的同时,缓缓将固化剂加入到基料中并充分搅拌均匀,之后让其进行 15 分钟化学反应。外部金属涂料由金属粉、透明基料和固化剂、稀释剂组成,应配套进行采购使用。在配置时,首先用适量稀释剂将金属粉润湿调成均匀的糊状混合物,在不断搅拌基料的同时,缓缓将固化剂加入到透明基料中并充分搅拌均匀,之后让其进行 15 分钟化学反应。将糊状的金属粉混合物加到已混入固化剂的透明基料中彻底搅拌直至金属粉均匀散开为止。配制好的聚氨酯面漆最长使用寿命分别为:白色聚氨酯面漆为 4 小时;其他颜色聚氨酯面漆为 2 小时;金属色聚氨酯面漆为 1 小时。任何聚氨酯面漆超过其最大使用寿命时,不论其外观如何均应作报废处理。

7.3.3.3　聚氨酯面漆的施工

在已准备就绪的整机蒙皮表面均匀喷涂第一层,喷幅搭接面为 50%的单向涂层;30 分钟至 2 小时内沿 90°方向交叉喷涂第二层,喷幅搭接面为 50%。如需要喷涂第三层,则按第一层的方式喷涂,喷涂时为防止出现橘皮状,需要足够湿润以达到最大的流平性,但要防止产生流挂和流淌。

喷涂时涂料流量应作如下控制:白色与黑色有光涂料为 0.52～0.55 kg/min;其他面漆为 0.48～0.52 kg/min;金属色和透明涂料为 0.45～0.48 kg/min。

喷枪与飞机蒙皮间的距离应控制在 20～25 cm。

喷雾扇形的幅度应控制在 30～35 cm。

压力供漆罐的压力为 0.04～0.06 MPa;随着喷枪位置的提高,相应增加压力;喷枪的雾化压力应控制在 0.34～0.38 MPa。

涂层干膜的厚度应控制在:一层单向涂层厚度为 18～25 μm;二层单向涂层厚度为 38～50 μm;三层单向涂层厚度为 50～66 μm。

在已喷涂完毕的聚氨酯面漆表面喷涂其他颜色面漆作标志时,必须在 25℃和相对湿度 45%～55%条件下干燥 8 小时后才能进行。随着温度和相对湿度的变化,相应增加或减少时间,但必须干燥到可以贴装遮蔽胶带。

喷涂时温度和相对湿度的控制:喷涂聚氨酯面漆的最佳温度为 21～30℃,相对湿度为 35%～50%;在相对湿度 60%～90%时喷涂,要将涂料的黏度适当调稀,每层的干膜厚度不能超过上限,每层间的喷涂间隔时间不少于 1 小时;相对湿度大于 90%时,应停止喷涂[1]。

7.3.4　新的技术与涂料

随着飞机涂装技术的不断发展,近些年产生了许多新材料与新技术。这些新材料与技术的应用,为飞机涂装效率、效果及质量都带来了质的飞跃。

7.3.4.1 直接喷墨技术

2014 年 9 月 16 日,空客公司推出了一项新的飞机喷漆解决方案,让喷涂那些面积大、构成复杂的飞机涂装工作变得更加容易、高效。新方案采用直接喷墨技术,极大地提高了生产速度,改进了工作方式。

位于德国汉堡的 A320 系列飞机喷漆工厂的工程师们研发了这种技术,它可以喷涂任何涂装设计——不论是摄影作品、现代艺术作品还是其他复杂的图形,相比传统喷漆过程更迅速、更高效、更精细。

直接喷墨技术的原理和传统的喷墨打印机很相似,使用带有喷嘴的喷墨头,在飞机部件表面喷洒三原色(红、蓝、黄)和黑色。喷墨头在 7 平方米的工作台上自上而下逐行喷绘出图案。喷绘完成后,飞机部件表面将会被密封上一层透明保护层。

空客公司技术经理马蒂亚斯·奥托表示,相比传统喷漆方式,直接喷墨技术拥有很多的优势。"我可以创造出传统喷漆技术无法实现的渐变色或是非常逼真的图案。"新方案还可以喷涂任何尺寸、任何形状的飞机部件。过去,复杂的涂装需要使用更重的印刷薄膜,但是这些薄膜易受高温、寒冷及高压影响,最后可能导致撕裂或脱落。

空客公司对直接喷墨技术的商业前景十分看好。传统喷漆中图案需要一层一层地建立,直接喷墨技术则完全不需要分层,大大减少了工作步骤,降低了工作时长。此外,直接喷墨技术的喷涂过程不会出现过量的喷涂或油墨蒸汽,为工作人员营造了更为健康的环境。

7.3.4.2 新型水性涂料

不久前,美国 Dunn-Edwards 涂料公司推出了一种新型水性涂料 Bloc-Rust Premium,该涂料用于喷涂金属表层,具有防腐蚀性能。

Bloc-Rust Premium 气味淡且干燥时间短。生产商指出,新产品完全不逊色于类似的溶剂型涂料。Dunn-Edwards 生产管理部称,新涂料不仅能够防止锈蚀,保持金属表面干燥,而且对不同的黑色金属和有色金属具有较强的附着力。此外,盐雾试验还证明了 Bloc-Rust Premium 比其他水性防腐蚀涂料的性能更强。

Dunn-Edwards 涂料公司此次推出的新产品有红、白两种颜色,客户可根据个人喜好挑选。未来的飞机涂装将拥有更多可能性。

7.4 整机喷涂工艺详解

飞机整机涂装喷漆是一个非常重要的工作程序,在实际的工作中,整机喷漆的作用不仅在于美观、赋予每架飞机特殊意义、展现企业形象等视觉功能,还可以增加飞机自身的抗腐蚀性,同时对飞机自身的性能提升也有着十分积极的作用,使得飞机在运行过程中的稳定性和安全性得到了显著的提升。这项工作从表面上看是一个非常简单的内容,但实际上并非如此,因为其工作流程非常的复杂,同时在很多方面也需要特别注意,所以在实际的工作中,它对工艺有非常高的要求。

整机喷涂的工序较为繁杂,必须按部就班,沿先后顺序逐个完成。每完成一道工序都要及时填写工艺合格证,由操作者和检验员签字验收。喷涂工序由以下 11 部分组成,整机喷漆具体工序安排如图 7 - 23 所示。① 喷漆前整机清洗和保养;② 喷涂底漆;③ 喷涂 13 - 2 丙烯酸聚氨酯磁漆,或 W04 - 1、W04 - 80、TB04 - 16 磁漆和无光磁漆;④ 玻璃钢表面喷涂 H04 - 1 绿色环氧磁漆;⑤ 喷制标记;⑥ 喷制维护使用盖标字、水平测量点;⑦ 喷制飞机大号码;⑧ 座舱内部、舱盖的补漆;⑨ 起落架支柱、轮盘涂漆;⑩ 局部涂铝色耐热磁漆;⑪ 去保护物,总检查。

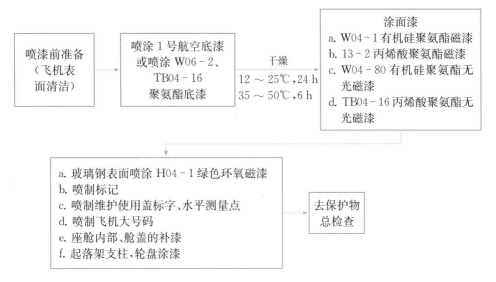

图 7 - 23　整机喷漆工序安排

7.4.1　喷漆前准备工作

飞机整机喷涂施工用的厂房既要满足工艺的要求,又要符合国家劳动安全、卫生及环境保护的有关规定,确保飞机喷漆质量和操作人员的生命安全及身体健康。各型飞机的喷漆厂房基本上是将飞机喷漆过程中的每道工序聚集在一个相对固定的工作位置上,为使操作者顺利完成整机喷涂工作,必须配有相应的工作架梯设备。飞机机体在喷涂前应经过严格处理以保证最佳喷涂效果。

7.4.1.1　厂房环境要求

(1) 整机喷涂厂房的大小应以飞机大小而定,以保证具有一定的操作空间。过小则不利于喷涂工作的展开,影响飞机喷漆的质量;过大则不利于厂房的温湿度控制和换气量控制,浪费能源。

(2) 厂房应保持地面、墙壁、顶棚等处清洁无尘。

(3) 喷涂工作场地的环境温度应不低于 15℃,相对湿度应不大于 75%。最佳环境温度为 25℃±5℃,相对湿度为 40%～60%。

(4) 整机喷涂厂房必须具备排风净化设备和进风系统,通过工件的风速不低于 0.5 m/s,以使喷涂时产生的漆雾能较快地通过漆雾净化设备排出去。零件喷漆必须有喷漆抽风柜。

（5）喷漆厂房的照明度应不低于 300 lx，最佳为 500 lx。

（6）喷涂厂房内喷漆用的压缩空气不允许有水滴或油滴，机械杂质密度不大于 1 mg/m³。

（7）喷涂厂房的地坪要求耐轮压，不起灰，不产生火花，且有排水措施。墙面及顶棚等范围要求平滑不易积灰，便于冲洗。

7.4.1.2　设施系统

（1）通风系统。大型飞机喷涂厂房，通常采用上送风、下排风的通风系统，保证厂房内换气量达到 15 次/h。进风室装有二次过滤装置，喷漆处的风速控制在 0.4～1 m/s。

（2）采暖系统。常采用进风热空气循环（在进风室内装有散热器）与在厂房外墙内侧窗下设置对流散热器并用。

（3）电气系统。照明采用屋架灯具照明、两侧壁灯式照明及可移动工作架梯上灯具照明的结合，以保证喷涂施工时工作点的照明度不低于 300 lx。厂房内设置防爆型红外烟感与光感探测器以及手动报警按钮，并需装有火警直通电话机。厂房内的电气装置必须实施总等电位连接。高出屋顶的排风口、障碍灯等处必须装有避雷针保护。飞机喷漆时的停机处必须装置供飞机静电释放用接地的地坑插座。

7.4.1.3　飞机机体要求

（1）机体不允许有毛刺、锐边、锈蚀、油污和明显的伤痕。

（2）熔焊和点焊处表面应平整、无焊剂及焊接飞溅。

（3）铆接处铆钉不应松动。

（4）凡有刻字、刻线处应无明显的划伤，字迹周围 5 mm 内无凹凸不平的粗糙痕迹，字迹清晰、无毛刺[2]。

7.4.2　飞机喷漆工艺概述

做好前期准备工作之后，就可以按照相关的工艺要求去做喷漆作业，在喷漆施工的过程中，一定要具备较高的安全意识，比如清洁剂、面漆或者是稀释剂等化学试剂都不能进入操作人员的口、鼻，也不能粘到皮肤上。此外，对溶剂所挥发的气体也要有高度的防范意识，在实际的工作中需要保证工作区域具有非常好的通风效果。在喷漆施工的时候有一些物质可能是易燃易爆的，因此要在距离火源比较远的位置进行喷漆施工，工作区域的温度也应该限制在合理的范围之内，在试剂的选择方面也要严格地控制，不能使用对玻璃有损坏作用的试剂，否则会对飞机运行的安全构成严重的威胁。

在喷漆过程中为了保证飞机涂漆的效果，减少橘皮现象，可以采取以下措施。对于喷漆设备来说，可以选择使用气喷式喷枪，这样喷射出来的油漆颗粒的尺寸比气助式喷枪要小得多,可以有效地减少橘皮现象。如果需要喷漆的部位比较粗糙,也容易产生橘皮现象,则在这种情况下可以考虑使用 DesorpimeHS 高固态底漆,这种漆料比传统的底漆更容易形成比较光滑的表面;如果因条件限制需要使用传统的底漆,那么在飞机的表面可以使用 Scotch-Brite 进行打磨,使飞机表面更加平滑。在喷漆的过程中,还应当注意稀释剂的选择使用,如果气温比较高,则可以使用效果比较缓慢的稀释剂,可以有效地增加干燥的时间,增加湿边,进而减少橘皮现象。除了以上的原因,影响橘皮现象最重要的因素就是喷漆的工序。在对飞机进行喷漆的过程中应当首先喷涂飞机的一边,喷出一个长约为 1 m 的区域,然后从正前方开始喷射到手臂伸展开的长度范围。在喷漆的过程中,施工人员的个人动作和行为对喷漆的效果都会产生重要的影响。在喷漆的过程中施工人员要保证喷射速度匀速和稳定,保证在喷射的过程中都使用了同样多的面漆;如果喷射的距离比较远或者喷枪移动的速度比较快也容易产生橘皮现象。在飞机的喷漆过程中应当特别注意第一遍喷漆工序,在进行第一遍喷漆工序的时候就应尽量保证喷射表面的光滑;如果第一遍喷射得太薄,则在后续的喷射中就容易产生难以克服的橘皮现象。

7.4.3　喷漆工艺的影响

喷涂工艺一般会受到喷涂距离、喷枪移动速度、喷枪运行路线及漆雾图样搭接程度的影响。喷涂距离一般约为 250～300 cm,可根据经验判断漆雾图样来确定喷涂的距离。一般选择雾化最细且漆雾不飞散的位置为被喷工作表面的位置。喷枪与工件距离太远,漆雾已经分散后再到达工件表面,容易造成漆膜薄且不均匀的缺陷;这样也会使漆料损失增大,太近则容易造成漆膜厚且容易产生流挂、皱纹。喷枪的移动速度与漆料的黏度、固体含量、喷枪喷雾图形、出漆量及要求的厚度有关,应满足不流淌且能尽量喷满为佳。行枪的速度要均匀,始终保持喷枪与工件表面成 $90°$ 角,以确保漆膜的厚度均匀。喷雾图样的搭接与喷枪雾化后漆雾的展开程度有关,可将喷雾图样从圆形调节到椭圆形,椭圆形的喷涂效率最好,喷涂时每一枪要压着前一枪痕迹的三分之一,每一次行程都要在同一地点开始。

对于飞机的喷涂施工而言,会受到很多因素的影响,所以在施工的过程中需要对一些重要的参考数据进行充分的考察,在温度和湿度都比参考温度和湿度低的情况下,应适当地延长其操作时间,同时还要对喷漆的效果和质量进行严格检验,在保证其满足相关的标准和要求之后,才能进行下一项工序的操作,这样才能保证喷漆的质量和水平。

7.5　涂装设计样例分析

7.5.1　飞机涂装的更新换代

由于企业合并、机构重组等方面的原因,为了扩大企业的知名度、进一步提升品牌形象,航空公司出现了一次公司 logo 和机身涂装的更新换代潮,总体趋势是更简洁、美观,符合现阶段审美需求。新的 logo 和机身涂装在充分凸显品牌特质和品牌形象的同时,使任何地域、任何语言、任何文化的受众都能够轻松辨识其喜爱的航司。

7.5.1.1　厦门航空新涂装

厦门航空在公司成立 28 周年之际,正式发布全新的企业 logo"一鹭高飞"和飞机涂装"海阔天空"(见图 7-24、图 7-25)。新标识的启用拉开了厦门航空新一轮跨越式发展的大幕。

图 7-24　厦门航空"一鹭高飞"logo①

图 7-25　厦门航空"海阔天空"涂装②

全新的厦门航空企业标识在原有设计的美好寓意之上,更加凸显厦门航空新战略的恢宏气势,同时将"向高飞、向远飞、向外飞"的发展战略和企业文化的核心要素"诚信、坚毅、和谐、精进"进行了完美的形象展示。

厦门航空全新企业 logo 淡化了原有视觉上的束缚感,强化了视觉张力。同时沿用经典的"厦航蓝",使新的白鹭造型更加简洁舒展、大气有冲劲,更具活力与现代感。

新飞机涂装名为"海阔天空",交汇融合的海浪造型代表着厦门航空诞生于滨海城市,兼备海洋文化的包容大气以及受闽台文化滋润成长的人文魅力,整体设计

---

① 图片来自 http://www.58pic.com/zhuangshi/12384824.html。
② 图片来自 http://cdn.feeyo.com/pic/20121225/201212250907486264.jpg。

体现了厦门航空"舒适温馨而力求完美"的品牌承诺,表明厦门航空致力于为旅客提供"舒心旅程"的美好愿望。

新标识发布之后,广为熟知的"蓝天白鹭"将被赋予"高飞远航、追求卓越"的丰富内涵,预示着厦门航空将"一'鹭'高飞向未来"。厦门航空机队今后的飞机外观也将逐步更换全新涂装。

7.5.1.2　东航新涂装

东航此次换标是对原有标识的优化升级。原 logo 诞生于 1988 年,设计理念基于红日与大海间翱翔的一只飞燕,一直以来都是诠释东航理念和企业精神的视觉符号,是令几代东航人都引以为傲的身份象征。历经二十多年,企业战略的重大调整和时代发展为东航的品牌战略提出了更高的要求,换标是对原有标识的优化升级,这样在给旅客全新视觉感受的同时,也有利于提升东航的品牌形象。

新的 logo 保留了原 logo 的核心元素"飞燕"。在中国古代,燕子被称为吉鸟;而在远古的西方,燕子也代表了平安回家的美好祝愿。因此,东航新 logo 传承了其核心元素"飞燕",也传承了对旅客和顺吉祥的祝愿。

在此基础上,新 logo 重点突破了 20 世纪 80 年代国内企业普遍采用的圆框设计风格,优化了工业设计痕迹浓重的对称式硬朗线条,以灵动舒展的流畅线型和红蓝品牌为基准色,将东航简称(China Eastern)的首字母"CE"与核心视觉元素"燕子"巧妙融为一体,呈现出一只轻盈灵动的"领头燕"振翅高飞的形象(见图 7 - 26)。

图 7 - 26　东航新涂装①

7.5.1.3　美国航空新涂装

2013 年 2 月 14 日,全美航空公司与美国航空原母公司 AMR 宣布合并,联手

---

① 图片来自 http://cdn.feeyo.com/pic/20141213/20141213100346464.jpg。

组建全球最大的航空公司；与此同时，新公司 logo 以及新的飞机涂装予以公布（见图 7 - 27）。

图 7 - 27　美国航空新涂装①

美航此次公布的新 logo 非常简洁，灵感仍来自其经典的老鹰标志，只是新 logo 中的老鹰形象更为抽象。美航于 1934 年首次在 logo 中加入了老鹰标志，这些年其 logo 也经历了数次更新。

7.5.2　航空公司标准涂装设计样例

随着民航业的快速发展，民机涂装也在不断地发展提升，航空公司标准涂装的总体趋势更为简洁、大气、环保，更加凸显公司的中英文名称及尾翼的 logo，全球大型航空公司如法航、汉莎航空、新西兰航空等公司的涂装都是这样的简洁风格（见图 7 - 28～图 7 - 30）。

图 7 - 28　Air France 法航涂装②

---

①　图片来自 http://www.sj33.cn/sjjs/sjjx/201301/33257.html。
②　图片来自 http://cdn.feeyo.com/pic/20161205/201612051043363693.jpg。

图 7 - 29　Lufthansa 汉莎航空涂装①

图 7 - 30　Air New Zealand 新西兰航空涂装②

　　色带与色块结合型也很常见,有水平型、流线型、倾斜型等。美国忠实航空 Allegiant 的倾斜型涂装如图 7 - 31 所示,采用大色块强调尾翼 logo,形成了独具魅力的特征风格,饱和的蓝橘色调赋予了该航空公司热情活力的性格基调。

7.5.3　航空公司彩喷涂装设计样例

　　相比以上几种涂装类型,航空公司为某一特定主题设计的彩喷涂装以其绚丽的色彩、鲜明的主题、强烈的视觉冲击力,紧紧抓牢了观者的眼球(见图 7 - 32、图 7 - 33)。

---

① 图片来自 http://cdn.feeyo.com/pic/20130201/201302011023027505.jpg。
② 图片来自 http://pic.baike.soso.com/p/20140725/20140725153102 - 1205981696.jpg。

图 7 - 31　Allegiant 倾斜型涂装①

图 7 - 32　全日空皮卡丘涂装②

图 7 - 33　国航国色天香号③

①　图片来自 http://zh.flightaware.com/photos/view/729600-ac3047c7304ce1d1c27ecff3941f9e95ceef93a8。

②　图片来自 http://news.carnoc.com/list/343/343976.html。

③　图片来自 http://cdn.feeyo.com/pic/20090108/200901081041253740.jpg。

7.6 某国产民机涂装设计样例

涂装是乘客认知航空公司品牌的重要途径之一,优秀的涂装能够表达出超乎产品之外的文化与价值,对于提高乘客对航空公司的忠诚度有着非常重要的影响力。中国商飞正在从提升民机工业设计素质的角度参与国际民用飞机市场的竞争,使其生产的各型号飞机产品化、系列化、利润化、品牌化。为符合国家战略需求,顺应国内外工业设计发展趋势,符合市场与客户需求,中国商飞为其自主研制的大型客机和支线客机设计了一系列飞机外表涂装,这些方案将成为中国商飞特有的名片,提升整个公司的品牌形象。本节将重点阐述中国商飞工业设计团队设计的涂装样例。

7.6.1 大型客机涂装设计方案

7.6.1.1 首飞涂装方案

2017 年 5 月 5 日,中国商飞自主研制的大型客机首飞成功,首飞涂装(见图 7 - 34)所传达的设计象征意义非常巨大。整个涂装大面积选用中国商飞 logo 的蓝色和绿色,一方面象征国人对蓝天的向往,寄托了国人对国产大飞机终于翱翔蓝天的喜悦之情,另一方面传达了绿色环保的意义,与中国商飞品牌形象相互辉映。

图 7 - 34 大型客机首飞涂装

7.6.1.2 "飞扬"涂装方案

"飞扬"方案(见图 7 - 35)以明朗醒目的"C919 型号"为主要展示内容,大面积冷色调的使用散发出理性的严谨和成熟的稳重。飞机鼓包喷涂沉稳的深蓝色,承托着机身上鲜活的绿色线条,表述了中国商飞在国家坚强有力的保障下,在中国商飞全体员工的共同努力下,对 C919 型号飞机研制取得成功的坚定信心。

7.6.1.3 "超越"涂装方案

"超越"方案(见图 7 - 36)用中国商飞 logo 进行新的变形演绎,盘旋如同 DNA 螺旋式的彩带向前不断延伸的动态,如同生命的进化史一样越来越先进,代表着中

图 7 - 35　大型客机"飞扬"涂装方案

图 7 - 36　大型客机"超越"涂装方案

国商飞勇于开拓、不断创新的精神,"商飞蓝"体现着中国人的蓝天梦,代表希望的蓝色与热情的中国红组合,运动感色和红蓝撞色象征着活力青春,让人耳目一新。

7.6.1.4　"吉光凤羽"涂装方案

"九苞应灵瑞,五色成文章",拥有五彩羽翼的凤凰自古便是祥瑞的象征。此涂装选用橘、黄、蓝、绿、玫红五种颜色,分别象征安全性、经济性、舒适性、环保性和艺术性。变化的图案如同凤凰的五彩羽翼,缤纷成章;又如迎风飞舞的绸缎,寓意 C919 将如同中国丝绸之路般享誉全球,彩虹在机身前段汇聚成"C919",代表中国商飞集四面八方的智慧与力量,取得 C919 的成功研制(见图 7 - 37)。

7.6.1.5　"律动"涂装方案

"律动"方案(见图 7 - 38)以中国商飞 logo 的变形图样为载体,图样硬朗有力、勃然向上、展翅欲飞。方案以"商飞蓝"和"商飞绿"为主色调,深蓝给人以深沉、稳重和信任之感,草绿让人联想于健康、生命与活力。"律动"方案在使乘客产生愉悦的心情的同时,也让乘客对飞机充满了希望和憧憬。

图 7 - 37 大型客机"吉光凤羽"涂装方案

图 7 - 38 大型客机"律动"涂装方案

7.6.1.6 "腾飞"涂装方案

"腾飞"涂装方案(见图 7 - 39)基于中国商飞 logo,抽象出神鸟图腾寓意吉祥;跃九州、跨四海的气魄,寓意中国的飞机事业蒸蒸日上;形态行云流水,宛若 C919 优雅的身姿;色彩搭配巧妙得体,传达出了十足的希望与激情;历史的图腾表明了中华民族悠久的飞天梦想,现代的设计语言彰显了商飞人融合古今的设计理念;飞翔的 C919 搭载着中华文明,向世人讲述着中国故事。

7.6.2 新型宽体客机涂装

新型宽体客机由中俄两国联合设计,其涂装方案的设计均选用了具有两国特色的典型元素,表达对两国合作的祝福之意。

7.6.2.1 "飞天"涂装方案

"飞天"方案(见图 7 - 40)对中国与俄罗斯两国国旗进行了艺术化处理,把中国与飞翔有关的感性意向加以提炼,创意来源于敦煌壁画中舞动的飞天、传统装饰中灵动的飞龙、喜庆节日里飞舞的彩带。把中国与飞翔有关的审美特征加以提炼,用

图7-39   大型客机"腾飞"涂装方案

图7-40   新型宽体客机"飞天"涂装方案

现代艺术语言进行解构加工,生成简约的流线型条带状装饰。通过控制线形的走向及宽窄特征,传达出流畅的活力动感。整体涂装如彩绸迎风,有着高度的识别性,飘洒出一抹瑰姿艳逸的从容。

7.6.2.2   "神鸟"涂装方案

"神鸟"方案(见图7-41)基于中俄国旗配色与中国商飞logo的造型语言,用现代设计手法塑造出中国神鸟图腾,寓意吉祥;羽翼采用俄罗斯的国旗配色与中国的吉祥图腾相得益彰,象征着中俄两国深厚的友谊。图腾整体形态蜿蜒流转,动态十足,行云流水间显示了飞行的优雅。鸟首微微抬起,鸟翼色彩鲜艳,结合飞机尾翼的造型张力,寓意中国飞机事业一日千里的发展态势与大展宏图的发展愿景。

7.6.2.3   "龙"涂装方案

"龙"涂装方案(见图7-42)以中国的吉祥元素龙与俄罗斯白、蓝、红三色国旗为基本元素。简洁流畅、昂头向上的蛟龙,搭配随风飘动、熠熠生辉的俄罗斯国旗,两者浑然一体,象征中俄紧密合作、前景光明。

图 7 - 41　新型宽体客机"神鸟"涂装方案

图 7 - 42　新型宽体客机"龙"涂装方案

7.6.3　某国产支线客机涂装

7.6.3.1　成都航空主题涂装

1) 剪纸主题涂装方案

剪纸主题涂装方案(见图 7 - 43)的需求方为成都航空。选用川剧脸谱、熊猫、蜀绣、四川扬琴等成都特色为基本元素,采用剪纸风格,将内容错落有致地分布在整个机身上。颜色上采用成都航空现有 logo 的金色和红色,视觉冲击强烈,醒目亮眼,让人记忆深刻。

2) "金"秀前程主题涂装方案

"金"秀前程主题涂装方案(见图 7 - 44)以优雅的浅香槟色为主色调,配以中国传统书法文化元素,苍劲有力的"成都"二字配以同色系英文,在彰显浓郁高端国际化的同时,更加凸显中西文化和谐交融,寓意成都航空的锦绣前程。

3) 福满蓉城主题涂装方案

自距今九百多年前的五代十国起,成都就被赋予"蓉城"的美称。方案(见图 7 -

图 7 - 43　成都航空剪纸主题涂装方案

图 7 - 44　成都航空"金"秀前程主题涂装方案

45)以成都市花"芙蓉"为元素,谐音"福蓉",寓意美好。机尾花朵以成都航空 logo 为花蕊,设计巧妙,粉色花瓣飘舞在天空蓝和青草绿的丝带上,代表着成都航空把幸福洒满大地,把吉祥和欢乐带给人间。

7.6.3.2　盐商集团公务机涂装

1) 盐商集团公务机商务涂装方案

方案(见图 7 - 46)采用简约流线构成,商务感的设计简约大气,使用深藏青色与金色作为主色,体现低调奢华,更加突出上海盐商集团有限公司(简称盐商集团)的 logo。

2) 盐商集团公务机"鸿业远图"涂装方案

方案(见图 7 - 47)以简洁明快的图形化语言勾勒出机身线条,突出了盐商集团"大气如海、纯朴如盐"的风格。利用红、灰两色的大色块的组合醒目亮眼、视觉冲击力强,让人一眼铭记。

图 7-45　成都航空福满蓉城主题涂装方案

图 7-46　盐商集团公务机商务涂装方案

图 7-47　盐商集团公务机"鸿业远图"涂装方案

3) 盐商集团公务机"浪涌天地"涂装方案

本方案(见图 7-48)以盐商集团"大气如海"的精神为灵感,用海浪作为设计元

图 7-48　盐商集团公务机"浪涌天地"涂装方案

素,寓意盐商集团的事业将如海浪一样不断涌进,蓬勃有力。

4) 盐商集团公务机"云腾海跃"涂装方案

方案(见图 7-49)取盐商集团"萃海成盐,创富为商"的企业精神和信念,在机身勾勒海浪澎湃、气势如虹之形,喻其气吞湖海之势。

图 7-49　盐商集团公务机"云腾海跃"涂装方案

5) 盐商集团公务机"龙腾云海"涂装方案

方案(见图 7-50)由盐商集团 logo 中的书法字体"YAN"字变幻为一条金龙盘踞在机身上,底部设计为水墨祥云,构成一幅龙腾云海的写意画,寓意富贵如意,龙飞翔、铸辉煌。

6) 盐商集团公务机"迎风逐浪"涂装方案

方案(见图 7-51)采用海浪为原型,进行艺术抽象化变形,将海的苍蓝与阳光的绚烂结合在一起,运用年轻且充满活力的涂鸦手法来表现,描绘波光粼粼、充满朝气和美好的海面。寄予盐商集团"乘风破浪会有时,直挂云帆济沧海"的豪迈气概。

图 7 - 50　盐商集团公务机"龙腾云海"涂装方案

图 7 - 51　盐商集团公务机"迎风逐浪"涂装方案

参考文献

［1］　何鼎,雷骏志,华信浩.航空涂料与涂装技术［M］.北京:化学工业出版社,2000.
［2］　中国航天工业总公司.QJ813A - 96 涂装通用技术条件［S］.1996.

第8章 客舱设备智能化与创新设计

客舱设备与乘客、乘务人员直接相关。为提升旅客乘坐舒适性,减轻乘务人员工作负荷,航空公司努力改进客舱内部装饰和设计,客舱设备的智能化改进与创新设计是重点。本章主要介绍了娱乐系统、座椅、舷窗等客舱设备的创新发展情况。

8.1 客舱设备创新发展概述

8.1.1 客舱设备分类

客舱设备通常是指飞机上直接与乘客有关的全部设备和设施。客舱设备由乘务员或乘客使用,以保障乘客安全到达目的地。

按照区域,客舱设备主要分为三部分:乘务员服务区、客舱旅客区和盥洗室。按照使用人分类,可分为两类:旅客设备和乘务员设备。旅客设备包括旅客座椅、安全带、小桌板、旅客服务装置(PSU)、行李箱、遮光板、救生衣、盥洗室、娱乐设备等。乘务员设备包括乘务员座位附近的设备,如座椅、氧气面罩、旅客广播/内话系统、客舱照明系统、手电筒、防烟面罩、麦克风、应急发报机、客舱记录本、衣帽间。

本章将重点阐述旅客设备创新设计。

8.1.2 客舱设备创新发展趋势

自商业航空产生以来,飞机客舱一直是旅客在旅途中关注的中心和重点。早期的客舱只提供广播和音视频点播功能,内容单一枯燥,对乘客没有太大的吸引力;乘务员没有集成化的客舱管理终端,管理操作复杂,工作效率低。如今的飞机客舱,不再一味追求豪华,它更加强调并传达一种"家"的感觉或是营造一种住店风情,以便最大限度地减少旅行压力。

随着信息技术的发展,越来越多的电子化技术被客舱系统和设备所采用,旨在最大限度地降低乘务员的操作负担,提高服务质量;同时也为乘客提供更加轻松、舒适的客舱环境。与此同时,为迎合旅客需求,航空公司努力改进客舱内部装饰和设计,改进的重点集中在客舱窗户、边墙壁板、娱乐系统和情景照明等关键环节上。

总体而言,客舱发展有以下几大趋势。

1) 无线客舱[1]

随着无线技术及网络的飞速发展,客舱系统将逐渐向无线传输方式发展,由无线网络替代以太网,有效简化了系统架构,减少了飞机上的线缆及重量,进而降低了飞机的使用成本,同时还能满足乘客的不同需求。一方面,无线显示终端将进一步为客舱服务工作提供便利。现阶段,乘务员通过操作固定于前后服务区内饰板上的管理终端来查看客舱内的状态以及控制客舱内设施的使用情况。而无线显示终端作为乘务员的便携式设备,可以使乘务员随时随地查看客舱状态和控制客舱设施,例如水/废水状态、厨房加热状态等。无线终端之间还可以进行信息传输,大大简化了乘务员之间的沟通。

另一方面,随着无线信号在大型客机中的逐步验证以及智能手机和手持式设备的广泛使用,通过无线信号的方式将便携设备与机上娱乐系统相连接从而替代了原有的座椅嵌入式娱乐终端,为乘客提供音视频点播、地理定位、游戏等功能,另外也可以通过这些具有无线接入功能的电子设备浏览因特网、收发电子邮件等。相比于传统的机载娱乐系统,这种方式无须花费大量的系统研发费用及安装费用,降低了管理维护成本;同时对于飞机的减重、减少燃油损耗的益处也是显而易见的。

2) 智能客舱

智能客舱的概念正在日益发展。通过对飞机客舱核心系统、机载娱乐系统、外部通信系统的高度集成设计,一方面可以为乘客提供多种智能信息服务,如目的地租车、机上电子点餐等,乘客通过无线终端上显示的餐食图片完成点餐,从而替代了原有的纸质餐谱点餐,餐食选择更加直观,范围更广,同时也为乘务员的工作提供了便利。另一方面,智能客舱可以对机组人员的任务进行智能化管理,乘务员只需通过简单的操作(无安全影响的)便可控制整个客舱系统,如智能舷窗的应用[5]。传统的客舱舷窗分布于飞机机身侧面,能够为乘客及乘务员提供辅助采光功能。当机外的光强过强时,乘客只能关闭机械塑料遮光板,无法观赏机外风景。虽然可以降低客舱内部光线,但同时也给乘客增加了心理压力,容易使乘客产生烦躁等消极情绪,极大地影响了飞行途中乘客的舒适性。随着客舱舷窗向着智能化方向发展,窗口的玻璃没有了遮光板,取而代之的是一个按钮,乘客根据需要调暗或者调亮玻璃;同时,乘务员也可以通过操作 GUI 界面上的按钮,统一调节乘客处的舷窗明暗度,降低了乘组的工作负荷,不仅方便而且更加安全。

3) 舒适空间

为了营造尽可能好的客舱环境,波音公司和空客公司展开了竞赛。空客公司推出了"客舱直观实物模型",取消客舱墙壁和天花板之间的老式设计,将天花板和墙壁交融一体。与 A330/340 相比,空客公司把 A350 客舱加宽了 12 英寸(30.5 厘米);与 B787 相比,A350 客舱宽了 5 英寸(12.7 厘米)。为进一步改进空间感,空客公司采取了几项措施,在现有标准基础上,把 A350 窗户加大了 50%,并且使用改进的情景照明,在客舱中央开办酒吧。

空客公司正在打造革命性的"客舱之家"新产品,在宽体机特别是A380上安装"套座隔间",每个隔间占地4平方米,比现有一等舱座位大25%,隔间内有一个椅子和一个沙发,两者组装起来可以变成一个长达2米的床;床边配有壁橱、抽屉、私人台灯等家具,旅客仿佛置身于酒店房间。旅客可以全权控制隔间小环境,通过操作触摸屏,任意调整情景照明。隔间广泛应用吸噪声材料,可以有效防止来自客舱其他部位的干扰。每个隔间都是成套独立的个体,拿过来就可以安装在A380客舱中,也可以安装在A340和A350XWB客舱中。众多隔间之中设有一个休息室作为社交区域,社交区酷似家里的客厅,包含有大尺寸电视、图书室和其他娱乐设备。

波音公司也密切跟进,与老伙伴Teague公司合作,努力提高旅客舒适度。波音B787飞机安装了最大的窗户,使用了更加柔和的LED照明。客舱窗户的遮阳系统引用了电铬技术,旅客只需轻弹按钮,窗户就可以变暗或变亮。窗户内外之间,插入朦胧色调的板状装置,控制舱外光线进入量。B787客舱改进了巨大的空气净化系统,能够提供更清洁的空气,而更低的客舱高度和更高的客舱湿度也将提升旅客的舒适度。

为了满足社交需要,飞机客舱需要更大的面积,与之相适应的新产品正被重新引进(很早以前跨大西洋飞行的波音飞机曾经有这类产品),飞机上高端客舱休息室日益受到旅客青睐。最近,卡塔尔航空公司在它的旗舰客机新A340-600上推出了特色服务,客舱中摆放了圆桌,桌旁配有奶色真皮沙发,旅客可以坐在那里享受用餐或者喝鸡尾酒的过程。维尔京大西洋航空公司是这一特色的先驱者,它很早就开办了客舱酒吧并配备高凳。阿联酋航空公司是首批更新头等舱座位的公司之一,它在超远程客机A340-500上引进了"天人合一(Skysuites)"座位。

要在飞机客舱创造家的感觉和轻松气氛,灯光照明起着至关重要的作用。正是基于这种考虑,白色荧光灯管已经被彻底淘汰,如今的客舱照明,特别是高端客舱,使用的是发光二极管,它可以随着不同飞行进程调整不同的色调和闪烁,还能模拟白天和黑夜,在远程飞行中帮助旅客调整生物钟,更好地适应环境,最大限度减小喷气节奏对人的影响。

8.2 机载娱乐系统创新发展

机载娱乐(In-flight Entertainment,IFE)系统是指航空旅行中在机舱内为旅客提供任何可能的娱乐实现手段的系统,是民用航空飞机客舱系统的重要组成部分,其性能是旅客判断航空公司服务质量好坏的重要标准之一。世界各航空公司为此花费巨额资金进行机载娱乐设备的采购、修理、维护及升级等。

8.2.1 机载娱乐系统介绍

如今经常搭乘飞机旅行的人早已对机载娱乐系统习以为常。事实上,无论是高端的干线航空公司还是中小型的低成本航空公司,都在想方设法帮助旅客打发几小时甚至十几个小时枯燥的飞行时间。IFE 伴随着工业革命和信息革命一起发展,从简单的荧幕电影播放走到了互联网接入时代。在航空业竞争愈发激烈的今天,对于骨干型航空公司而言,在 IFE 方面进行科学的配置,最大化满足不同层次的旅客需求,将 IFE 从成本中心转化成利润中心,以旅客需求为导向、以科技发展为导向的设计方式将使得航空公司受益匪浅。

机载娱乐系统必须具备为旅客提供安全通告、安全须知的广播适航安全功能,除此之外还应为旅客在飞行期间提供两类服务:IFE 系统选择餐饮、乘务服务以及消遣和公商务需求。第一种服务的实现主要体现在诸如机舱内独特的点对点服务,能让乘客随意选择日常餐、乘务员呼叫、调整座椅靠背、灯光和按摩等功能。第二种服务的实现主要表现在诸如让旅客自行选择 IFE 中存储的电视、电影、音乐节目功能,甚至是互联网的接入。机载娱乐系统需要有良好的人机接口界面,将上述功能综合体现在用户终端的显示器上。

传统 IFE 系统主要由服务器端、乘客端以及分配网络(Distribution Network)三部分组成。其中服务器端主要负责整个系统的运行管理,包括向乘客端设备提供各种数据并与机上其他系统交联;乘客端设备包含壁挂式显示器、吊挂式显示器、乘客终端、乘客控制单元等,乘客端 LRU 通过以太网或其他链接方式与服务器相连,主要实现与乘客间的人机交互;分配网络主要负责将数据和电源分配至乘客端。

8.2.2　娱乐系统发展历史

IFE 的历史可以追溯到飞机旅行刚刚开始大众化的那个时代,IFE 的官方定义是指在航空旅行中在机舱内为旅客提供任何可能的娱乐实现手段。第一次出现机上娱乐概念的雏形是 Aeromarine 航空在 1921 年第一次在飞机内为旅客播放了银幕式电影《Howdy Chicago》[2]。11 年后的 1932 年,Western Air Express 首次尝试了在机舱内放置电视机(in-flight television),并命名为"media event";IFE 概念系统化是在 1936 年,一家名为 Hindenburg 的航空公司在欧美之间的远程跨大西洋航线上为旅客提供了电影、钢琴、酒吧、餐厅、吸烟室等设备,在当时这样的航线要飞两天半。1985 年,个人音响播放设备被首次引人到了机舱内。到了 20 世纪 90 年代,为旅客与航空公司提供全方位的高品质的 IFE 系统才逐渐成为飞机制造商设计时的重要参考指标。今天,现代化的 IFE 几乎已经配备在了全球每架客机上,而 IFE 的好坏,也直接决定了航空公司的服务品质。毕竟,现实经验表明,在硬环境与软环境的建设之中,前者的效果是立竿见影的,而软环境如果没有硬件的支持,其效果也将大打折扣。

传统意义上的机载娱乐系统是为了给乘客提供音视频服务以及个性化休闲服务而装载的,从 BE 公司生产机上老虎机开始,迎合着影视技术和电子技术的发展,以音视频为主要媒体软件,以日趋智能的显示终端为硬件平台,奠定了机载娱乐系统早期发展的主基调。

早期的影视可以说是以 1893 年 T.A.爱迪生发明电影视镜并创建摄影场为开端,经历了一百多年的技术革新,从无声电影到有声电影;从黑白电影革新为彩色电影;从模拟信号升级为数字信号;从普通数字信号增强为高清数字信号,每一次技术的进步都带来了媒体内容的革新,并且随着媒体内容的增强,对媒体服务软硬件的要求也越来越高。

早期媒体多采用模拟信号进行传输,设备之间的连接通过普通线缆就可以完成,系统搭建简单,一般一个存储单元和多个电视机就可以搭建一个机载娱乐系统。考虑到机载娱乐系统相对飞机的安全性影响非常小,所以系统验证层次上多以功能验证为主。

早期的机载娱乐系统构架为储存单元、模拟信号传输网络和媒体播放器,功能服务多为广播服务,即单点对多点的服务形式。20 世纪八九十年代,随着媒体内容以及媒体存储发生的巨大变革,早期传统的设备已经不能满足要求,机载娱乐系统的设备以及构架进行了很大的革新。

大容量硬盘代替了早期的多个磁带、影带和光盘,作为当时行业内部比较统一的解决方案,增加了存储单元的数据分配功能以及音频点播的功能,并将多种功能植入智能计算机作为整个机载娱乐系统的数据媒体服务器。显示终端的数据解析能力有了很大的提高,并且随着显像管技术的飞速发展,显示终端的体积和重量变得更小和更轻。

在系统构架上初步奠定了服务器客户端的网络构架,服务形式增加了点对点的音频服务,针对服务形式的改变,系统的分配网络增加了单独的分配供电单元来完成点对点的音频服务功能,传统的广播分配网络也保留了下来。

到了 20 世纪 90 年代末期,随着 LED 技术的大力发展,在上一代系统的基础上增加了点对点的视频点播服务,将个人娱乐概念引入了机载娱乐系统当中,从而催生出集成在座椅上的个人显示娱乐终端,分配网络将个人音视频娱乐数据和电源具体分开传输。头端服务器的存储分配能力、数据交换能力因为个人娱乐点播的要求得到了很大提升。在服务器客户端之外,为乘务员增加了 IFE 控制管理的单独界面以及终端,便于该系统的管理及维护人员对媒体内容进行更新。20 世纪 90 年代末期的 IFE 变革,将 IFE 引入了一个新的时代,客户定制、媒体服务个性化等概念在下一代 IFE 系统中得到了集中体现。从 21 世纪到现阶段的 10 年间,IFE 系统有了飞跃式的发展,并且多家系统供应商的解决方案左右着未来 IFE 系统的发展方向。

8.2.3　娱乐系统发展趋势

随着航空电子技术、消费类电子技术、通信技术及电子商务的飞速发展,机上娱乐系统的娱乐功能正在不断弱化,取而代之的是正在成为给旅客提供全方位信息服务,也为航空公司及有关服务产业创造价值的机载个人信息平台,机上互联网环境的突破性发展为该类应用创造了无限的遐想空间。机载娱乐系统发展呈现以下几大趋势[3]。

1) 以座椅为中心

传统系统架构是将服务器端数据通过分配网络分配给各乘客端,这导致系统性能完全依赖于服务器和网络,使得服务器和网络逐渐成为系统发展瓶颈,并导致乘客体验舒适度下降。而未来 IFE 系统将更加强调"以座椅为中心"的发展模式,也就是说,将原来服务器端的部分媒体和应用转移到乘客端,一方面减小了对服务器和网络的依赖,另一方面极大地增强了客户端的应用自主性;另外,RCI 推出了另一种创新技术,可通过乘客个人终端设备的使用来实现乘客座位上的娱乐功能,乘客可以点播个人终端上的音乐、电影或游戏,而不依赖于自身 IFE 系统网络所能提供的娱乐资源。这大大提高了客户体验满意度。

2) 全数字化、高带宽

THALES、PANASONIC 等公司目前大力提倡全数字化、高带宽的发展趋势,通过模拟向以太网数字化的数据传输方式的转变,令所需设备数量大幅度减少,以实现系统架构的不断精简。机载娱乐系统随着网络技术的不断发展,将逐步取消传统的区域分配盒、座椅电子盒以及视频分配盒等设备,换作采用千兆以太网进行网络终端的互联,这样一方面大大提高了传输速率,可实现纯数字流媒体传输,实现高清电影播放、机上游戏、购物、航空公司客户调查等互动功能来提高乘客体验度,另一方面也大大减少了系统的布线、功耗以及重量,提高了产品的竞争力。

3) 无线客舱

在未来,IFE 将逐渐向无线传输方式发展,可能会逐步放弃使用双绞线或者光纤以太网。同时,还将乘客个人移动通信业务融入 IFE,使得乘客可以使用自己或者机上的设备上网来进行移动通信。

无线互联技术主要有以下几项优点。

(1) 可显著降低集成新信息、通信和空中娱乐系统等各种应用的成本。

(2) 系统和天线能够传输和接收范围广泛的数据,满足未来的发展需要。

(3) 客舱中只使用一根天线来传输和接收数据,网络的可靠性更高。

(4) 无须安装或变动电线或电缆,航空公司可灵活自如地改变客舱布局。

(5) 只需对客舱应用进行维护,不用检查或变动电线和电缆,可有效降低维护成本。

(6) 客舱无线网络将让乘客在客舱任何位置都可通过笔记本和掌上电脑轻松实现无线上网,而且可靠性更高。

4) 便携式娱乐设备更新传统 IFE 系统

目前越来越多的航空公司和航空供应商也在进行用便携式/手持式娱乐设备

来替代座位嵌入式娱乐设备，以求为乘客提供更多的娱乐服务。目前全球比较知名的服务提供商包括 digEcor、IMS Infight、e.Digital、Bluebox Avionics、AIRVOD、松下及 Mezzo 等公司。

相对于传统 IFE 系统，这种设备优点在于：作为工业级产品，无须像后座嵌入系统那样花费大量的系统研发费用及安装费，同时这种设备可以不被当作航空电子产品，无须严格的适航取证。这极大缩减了研发费用及周期，因而被视作一种更为灵活和可升级的解决方案。同时便携式设备在重量上也轻于传统的 IFE 设备，对飞机的减重、降低燃油损耗都极有益处。这对于窄体飞机而言是一个具有吸引力的选择。

8.3　智能舷窗

在民用飞机客舱中，舷窗位于飞机机身两侧，为客舱乘客及乘务组提供辅助采光；同时，舷窗作为飞机逃生救援的重要观察口，在特定条件及环境下，为飞机外营救人员提供观察口，便于应急逃离时选择路线，对乘客及乘务员尽快逃离事故现场起着重要作用。

但是客舱是乘客空中旅行中唯一的活动空间，客舱乘坐的舒适性已经成为民用飞机众多机型竞争力中的重要方面，特别是飞行时间长、载客量大的远程大型飞机。传统的客舱舷窗设计中，当机外的光强过强导致乘客感觉刺眼或者燥热时，只能生硬地关闭遮光板；但在遮光板关闭后，乘客不仅无法欣赏机外的风景，而且客舱光线陡然变暗，也会给乘客增加心理压力，容易产生烦闷情绪。

现在，许多新型民用飞机的设计越来越多地考虑了客舱环境，尤其是舷窗带给乘客的舒适性飞行体验。随着新材料以及新的光电技术不断发展，客舱舷窗系统也在向更加智能化的方向发展。

8.3.1　电致变色舷窗

电致变色舷窗是率先在飞机舷窗上应用的新科技[4]。该技术采用电致变色技术，改变舷窗系统的透光率，淘汰传统的机械塑料遮光板，使乘客在不影响其他人的情况下改变舷窗处入射太阳光的光强，既能调节光线、减少紫外线的入射及眩光，也不会阻碍乘客观看机外的风景。

为提高飞机客舱的舒适性，"梦想客机"B787 在飞机客舱中率先使用电致变色窗技术，采用了 PPG 公司与金泰斯（Gentex）公司合作开发的新型电致变色舷窗。而之后空客 A350XWB 也表示将电致变色技术作为设计的备选项，巴西航空公司及霍克比奇飞机公司也表现出对电致变色窗的使用意向。

1）电致变色原理

电致变色是指材料的光学属性（反射率、透过率、吸收率等）在外加电场的作用下发生稳定、可逆的颜色变化的现象，在外观上表现为颜色和透明度的可逆变化。

具有电致变色性能的材料称为电致变色材料,用电致变色材料做成的器件称为电致变色器件。

电致变色器件的典型结构从上到下分别为:玻璃或透明基底材料、透明导电层(如 ITO)、电致变色层、电解质层、离子存储层、透明导电层(如 ITO)、玻璃或透明基底材料,原理如图 8-1 所示。

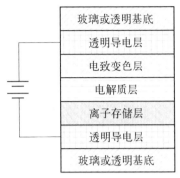

图 8-1　电致变色器件原理

电致变色单元在着色过程中,需要在透明导电层上加入较小的(一般约 1~2 V)正向直流电压,此时离子经过离子导电层进入透明变色层,发生氧化还原反应,变色层颜色发生变化,透光率也发生变化。此时当太阳光入射时,因变色层反射了一部分太阳光,透射的光强变弱。电致变色单元在消色过程中,需要在透明导电层加入反向电压,离子从变色层通过导电层而进入存储层,变色层褪色,太阳光入射时,透射光变强。

电致变色智能玻璃在电场作用下具有光吸收透过的可调节性,可选择性地吸收或反射外界的热辐射和内部的热扩散,减少办公大楼和民用住宅在夏季保持凉爽和冬季保持温暖而必须消耗的大量能源,同时起到改善自然光照程度、防窥的目的。

电致变色材料具有双稳态的性能,用电致变色材料做成的电致变色显示器件不仅不需要背光灯,而且显示静态图像后,只要显示内容不变化,就不会耗电,从而达到节能的目的。电致变色显示器与其他显示器相比具有无视盲角、对比度高等优点。

用电致变色材料制备的自动防眩目后视镜,可以通过电子感应系统,根据外来光的强度调节反射光的强度,达到防眩目的作用,使驾驶更加安全。

电致变色智能玻璃能以较低的电压(2~5 V)和较低的功率调节汽车、飞机内部的光线强度,使旅途更加舒适。目前,电致变色调光玻璃已经在一些高档轿车和飞机上得到应用。

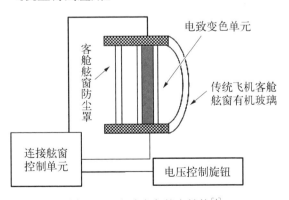

图 8-2　电致变色舷窗结构[4]

2) 电致变色舷窗结构

图 8-2 是客舱智能舷窗系统中单个舷窗设计结构图。

在单个舷窗结构中,在舷窗靠近乘客一侧设计一个透明的防尘罩,在舷窗的最外侧(直接接触飞机外的空气)设计仍然采用传统飞机客舱舷窗用的有机玻璃,以保证舷窗有可靠的力学强度和足够的承受高空载荷能力,保证飞机完整的气动外形。而在防尘罩与传统飞机客舱有机玻璃的中间，则将电致变色单元设计在其中。电致变色单元在结构设计的两端均连接至舷窗控制单元，电压控制旋钮可将乘客的需求传输至控制单元，控制单元经过处理后可改变电致变色单元两端的电压，从而控制电致变色单元的颜色，改变舷窗的透光率，达到改变飞机客舱入射光线强弱的目的。

8.3.2 智能交互舷窗

法国视觉系统公司正在研制一种全新的飞机舷窗，能根据光线、温度变化自动调节明暗度，还能变身为触摸屏，智能交换舷窗如图 8-3 所示[5]。这种舷窗在现有"电致变色"舷窗技术基础上更进一步，后者涂有一层特殊胶状物质，按下按钮通电几分钟后变得不透明，而新型舷窗将不需要人为操作，而是靠光照和温度自动控制通电量，而且几秒钟就能变暗，变得最暗时可阻挡 99% 的紫外线。

图 8-3　智能交互舷窗[5]

视觉系统公司开发的智能交换舷窗，增加了触摸屏功能，让乘客可以在上面查看航班信息或者与乘务员交流。舷窗能向乘客提供例如旅游信息、兴趣点或股票交易所指数等信息，并允许他们通过触摸屏与订购小吃和饮料提供的信息进行互动，或直接从窗口上显示的广告处购买产品。通过航班服务员的面板，可以向特定的飞机窗口乘客发送优先公告和特定的广告。通过广告、乘客订购以及机票的附加成本，该舷窗能产生辅助收入，提高航空公司的业务利润率，同时提供适合其客户日益增长的要求的产品和服务。

8.4　旅客座椅创新设计

民用飞机旅客座椅是飞行过程中保障旅客生命安全及旅程舒适性的直接设备，也是民用飞机最重要的客舱设备之一。自民航开通以来，各大航空公司、座椅厂家想尽一切方法不断改进乘客飞行的舒适性，除了提高飞行服务的质量，还采用更人性化的设计和更具舒适的座椅，这也是提高竞争力的主要手段。在座椅创新设计方面，涌现出了众多出色的设计。

8.4.1　座椅创新设计

8.4.1.1　AirGo 座椅

现在使用的经济舱座椅存在一些问题,即只能有小角度倾斜;假如前排乘客倾斜座椅靠背,后排乘客将损失三分之一的空间。此外,除了空间被占用,由于小桌板和娱乐屏幕是固定在前排座椅靠背之后的,这样的座椅将让旅客在倾斜座椅靠背时无法控制小桌板和娱乐屏幕,尤其是在前排的乘客也倾斜其座椅靠背时。马来西亚大学生 Alireza Yaghoubi 针对此问题设计了 AirGo 的飞机座椅[6],如图 8-4 和图 8-5 所示。这是一款价廉物美、符合人机工程学、适用于经济舱的座椅。

图 8-4　AirGo 座椅[6]

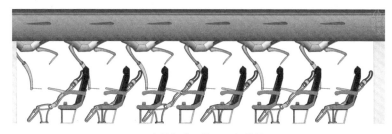

AirGo客舱与典型的B787经济舱

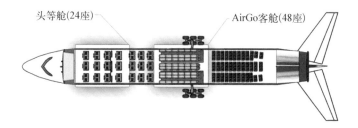

在同等舒适性条件下,比头等舱提升了200%的空间利用率!

图 8-5　AirGo 座椅平面示意[6]

　　AirGo 座椅不仅仅给每名乘客提供了独立的空间,还让乘客可以在不影响后排乘客的情况下自如地控制触摸屏和小桌板。AirGo 座椅将小桌板和屏幕安装在座位上方的行李箱上,与前排座位分离。座椅靠背采用柔韧性好且非常牢固的尼龙网布,它能够舒适地匹配旅客的身型,缓解飞行疲劳,避免出汗。旅客可以根据自己的姿势来调整座椅,避免颈椎和背部疼痛。AirGo 座椅也取消了安装在前座的脚踏板。触摸屏幕也是 AirGo 座椅的一部分,可用于调整座椅姿态,乘客能够通过椅臂轻松地调整触摸屏和小桌板的位置。

　　2012 年,为了奖励这项突破性设计,英国发明家 James Dyson 成立的基金会为 Alireza Yaghoubi 颁发了马来西亚"James Dyson 设计奖"。

8.4.1.2　可调式座椅

Rebel Aero 公司设计了可调式座椅,如图 8-6 所示。乘客可以像使用普通座椅一样使用这种座椅,也可以朝上方调整座椅以坐着或站立。这样乘客可以拥有更多的伸腿空间,并且可以变换姿势。该座椅获得了 2016 年"乘客舒适硬件设备奖"。

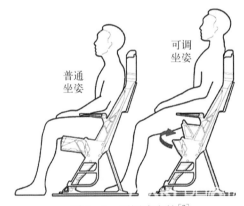

图 8-6　可调式座椅[7]

图 8-7　影院座椅[8]

8.4.1.3　影院座椅

意大利航天内装公司(Aviointeriors)设计了特殊的飞机座椅——可适应弯曲座椅,如图 8-7 所示,在不使用时可折叠起来。这种座椅类似电影院的折叠座椅系统。对于那些在经济舱旅行的人来说,这将使在客舱周围走动更容易。

8.4.1.4　个人睡眠舱

伦敦某创新工厂发布了"空中巢穴"设计,推出了有别于座位的个人睡眠舱概念,如图 8-8 所示。乘客可以控制他们自己的光源、声音和温度空间,在这些休憩的"小屋"里彻底放松。

8.4.2　座椅扶手创新

8.4.2.1　隔离式座椅扶手装置

在坐飞机时,乘客都会碰到中间座椅的扶手被邻座的乘客占用,自己的手臂却

图 8 - 8　空中巢穴概念[8]

无处可放的烦恼情况。美国 Soarigami 航空设备公司针对"座椅扶手之争",发明了隔离式座椅扶手装置[9],如图 8 - 9 和图 8 - 10 所示。

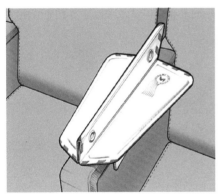

图 8 - 9　隔离式座椅扶手装置[10]　　　　　图 8 - 10　隔离式座椅扶手应用效果[10]

　　装置外形酷似一架纸飞机,乘客可以将这个装置放置在座椅扶手上。装置中部高起的部分正好充当了分界线,将扶手一分为二。放置后,相邻的两位乘客就可以共享一个扶手。该装置是用橡胶和塑料制成的,经久耐用,携带方便。而且,当使用该装置时,其放置手臂的面比扶手面还大。装置虽然将扶手一分为二,但每名乘客享受到的空间却与独享一个扶手相当。

8.4.2.2　Nexus 集成座椅扶手

　　尽管客舱座位空间正在缩小,但是越来越多的乘客希望能够在飞行中为他们的电子设备充电。Inflight Peripherals(IFPL)公司针对这种需求,提出了 Nexus 一体化座位扶手概念,如图 8 - 11 所示。

图 8 - 11　　Nexus 集成座椅扶手[9]

　　Nexus 一体化座位扶手在扶手上乘客易于发现的位置设置了一个 USB 接口（而不是在座位下方的黑暗处）。这个扶手还包含了控制功能，比如乘务员呼叫铃和指示灯，避免再出现乘客伸长胳膊越过邻座乘客去呼叫乘务员的窘况。

　　这种创新概念也曾被运用在 IFPL 与 Mirus 合作的产品中，Mirus 的 Hawk 座椅以扶手配置了 USB 接口为特色。

8.4.3　其他座椅系统创新

8.4.3.1　温度控制座椅

头等舱和商务舱的舒适性已经接近完美，但是创新永无止境。在一个覆盖了有代表性的客户群体的调查研究中发现，在评估舒适性时，客舱的温度至关重要。这是因为，热舒适性是非常个性化的，而且会强烈影响人对舒适性的感觉。热舒适性主要受区域、身体、个人特征等因素影响。

　　但是，飞机客舱温度是集中控制的，这样的温度控制方式是一个折中措施。对于每个乘客而言，可能舒适，也可能不舒适。如果乘客能够独立选择自己座位的温度，这将极大提升乘坐舒适度。目前，单个座椅区域的独立温度控制是创新方向之一。Gemtherm 公司推出了成熟的温度控制座椅方案，如图 8 - 12 所示。

　　温度控制座椅在后垫和底部垫上使用集成的热电装置（TED），座椅能够通过流动的空气进行主动降温或加温。其基本结构包括一个简单的鼓风机和加热垫，通过通道将调节的空气从热电系统传递给乘客，提供按需冷却或加热功能。图中显示了由热电模块（绿色模块）和风扇组成的热电装置[11]。

8.4.3.2　座椅降噪系统

长久以来，噪声一直是困扰航空业发展的主要问题。对乘客来说，安静的乘机环境至关重要，所以飞机内部噪声控制关系到舱内乘员的舒适性，也是商用飞机参

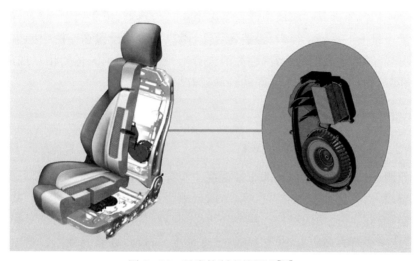

图 8 - 12　温度控制座椅原理[11]

与市场竞争的重要参数。如何在考虑成本的情况下最大限度地降低舱内噪声是飞机设计者和制造商们的共同目标。飞机的主要噪声来自高速旋转的发动机叶片和飞机表面的气动噪声,所以,降低发动机噪声成为飞机降噪设计中的重要工作。飞机的噪声控制最常用的方法有:在机舱侧壁内添加玻璃纤维毛毡等材料降低发动机噪声以及优化飞机外形设计来帮助降低高速气流与飞机表面摩擦时产生的噪声。在现有技术水平下,这些措施的降噪能力已经达到极限;如果继续用传统手段降噪则会产生高额成本。

针对传统噪声控制的缺陷,新一代主动降噪座椅如图 8-13 所示,能够大幅度降低噪声的分贝值,提高乘客乘机的舒适度。

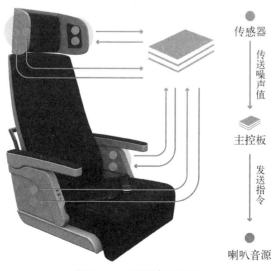

传感器

传送噪声值

主控板

发送指令

喇叭音源

图 8 - 13　座椅降噪系统

降噪座椅的原理是在座椅中设置了多个声音传感器,采集周围噪声量值;再将测得的噪声量值汇总到主控板,经消音算法计算后,驱动设置在座椅中的多个喇叭音源,发出能够抵消噪声的声音(称为消去音)。噪声值和消去音的相互抵消合成,使得乘客听到的声音非常小,从而达到静音效果。

8.5　其他客舱设备创新

8.5.1　客舱自平衡服务机器人

客舱服务是所有航空公司都非常重视的服务环节,它是按照民航服务的内容、规范和要求,以满足乘客需求为目标,为航班乘客提供相应服务的过程。其服务质量直接影响到航空公司的形象。航空公司必须不断提高客舱服务的技术和管理水平,以适应乘客对客舱服务不断提高的要求标准。目前,客舱服务主要是由乘务人员使用餐车为乘客提供服务。

在航空公司客舱服务未来的发展趋势中,智能服务系统是不可或缺的重要组成部分。客舱服务智能服务系统可以根据乘客的要求,准确送达相关服务,进一步降低乘务人员工作量,提高客舱服务效率。因此,智能服务机器人将成为未来客舱服务的重要硬件组成部分。

自平衡全姿态座舱机器人原理示意如图 8-14 所示,具有如下功能。

图 8-14　自平衡服务机器人

1）双陀螺全姿态自平衡

为了适应飞机在空中飞行的不同姿态，保证服务产品（尤其是液体食物）的平稳送达，机器人采用全自由度桌面，并在其下方安装双向垂直陀螺机构进行姿态稳定，通过在俯仰方向和横滚方向进行十字交叉布置，保持机器人工作台在水平位置。

2）轨道—齿轮驱动

在客舱过道设置轨道，机器人底部设置行走齿轮。通过齿轮与行进轨道的契合，确保客舱机器人在湍流等紧急情况下，能安全、精确地送达相关服务。机器人行走采用充电电机驱动，通过电脑智能控制。

3）红外避障

客舱机器人服务系统前后设置有红外传感器，通过检测前后通道有无障碍物，确保有效规避，不发生碰撞，并与中央智能控制系统连接。

4）客舱机器人物联网

在客舱机器人上设置了网络接口模块，乘客座椅上设有乘客需求界面和模块，客舱内部设置了客舱服务集中处理系统，三者组成了客舱服务网络。客舱服务集中处理系统收集并汇总客舱内乘客的服务需求，分发给客舱机器人服务系统，由机器人服务系统进行处理。

8.5.2 自清洁盥洗室

传统航空公司的机上厕所总是难以避免使用人数增加后造成的脏污。波音公司发布了高科技的解决方案——自清洁盥洗室，使用了紫外线光线进行消毒，设计如图 8-15 所示。该盥洗室能主动清洁内表面、空气和水。同时减少需要乘务人员清洁盥洗室的时间，从而减少航班之间的间隔时间，提高运营效率，提升航空公司收益。

图 8-15　自清洁盥洗室[8]

8.5.3 快速可折叠机组休息装置

Assystem 公司在 2017 年德国汉堡内饰展展出了一个快速可折叠机组休息装置[12]，提供了一个基于经济舱座位的机组休息解决方案，如图 8-16 和图 8-17 所示。该装置展开后可安装在任意一个经济舱座椅上，且对客舱布局（LOPA）的影响最小。对于理想的单通道飞机而言，这种装置能保持最高密度布局，在非机组人员休息行动期间，能保持客舱乘客满员能力。使用该装置，能简单地将任何经济座椅切换成机组人员座位，以满足CS-FTL.13 类的座位要求。在几分钟内就能完成机组人员休息位置和完整的客舱乘客满员布局之间的转换。

图 8-16　Assystem 公司快速可
折叠机组休息装置[12]

图 8-17　快速可折叠机组休息
装置折叠后[12]

参考文献

［1］　柳斯婧.浅谈客舱系统在民机中的应用与发展［J］.科技创新导报,2015(34)：33-34.

［2］　黄崑.机载娱乐系统发展的研究［J］.科技信息,2012(28)：280-281.

［3］　钱伟,卢倩,丁艺.客舱娱乐系统竞争格局与未来发展趋势研究［J］.经贸实践,2015
(07)：277.

［4］　曾艺.民用飞机客舱智能舷窗系统设计［J］.航空科学技术,2015(8)：53-56.

［5］　Onboard entertainment ［EB/OL］. http：//www. vision-systems. fr/solutions/onboard-
entertainment/.

［6］　刘冰洋.飞机经济舱座椅创新设计　舒适度堪比头等舱［EB/OL］.［2013-02-20］http：//
news. carnoc. com/list/244/244392. html.

［7］　The future of aircraft seating ［EB/OL］. http：//www. rebel. aero/.

［8］　This is what the passerger planes of the future will look like ［EB/OL］. https：//brightside.
me/wonder-curiosities/this-is-what-the-passenger-planes-of-the-future-will-look-like-209005/.

［9］　Deborah.创新座椅扶手：航空公司提升客户体验必争之地［EB/OL］.［2017-03-21］
http：//news. carnoc. com/list/396/396533. html.

［10］　美国创新发明或将解决客机座椅扶手之争［EB/OL］.［2014-12-09］http：//www.
chinanews. com/gj/2014/12-09/6857404. shtml.

［11］　Heremans J P, Dresselhaus M S, Bell L E, et al. When thermoelectrics reached the
nanoscale［J］. Nature Nanotechnology, 2013, 8(7)：471-473.

［12］　Crew Rest Unit ［EB/OL］. http：//www. aircraftinteriorsexpo. com/en/Exhibitors/
2110810/Assystem Products/1116722/Crew-Rest-Unit.

第9章 工业设计规范和常用工具

本章主要介绍飞机工业设计过程中涉及的标准规范和常用的计算机软件工具。

9.1 航空标准概述

航空标准是在航空工业的科研、生产、管理工作中,对实际的或潜在的重复性问题,通过制定、发布和实施标准,达到统一,以求获得最佳秩序以及最大经济效益、军事效益和社会效益的活动。航空工业标准化的基本任务是在航空工业范围内制定标准,组织实施标准,并对标准的实施情况进行监督。航空工业标准主要包括航空产品标准、航空通用基础标准、航空材料及制品标准、通用零部件及元器件标准、航空工艺标准和航空工装标准等类别。

当前,我国航空工业发展正处于难得的战略机遇期。多年来的技术积累与近年来国家的大力扶持和快速发展,为我国发展成为世界一流航空强国奠定了坚实基础。然而与发达国家相比,我国航空工业在生产管理等方面还存在明显不足,迫切需要通过加快转变发展方式,抓住机遇、厚积薄发;发展先进的航空生产制造技术与产业模式;以后发优势抢占世界航空产业新的战略制高点。标准化作为国家加快经济发展方式、实现产业转型升级、走新型工业化道路的重要抓手,对于加快转变航空产业发展方式同样也是必不可少的重要因素。例如,通过标准化对文件体系、技术语言、技术指标、软件文档、企业 ERP 系统等的统一、规范,是建立以研发设计为核心、以总装生产为主导、以系统部件集中生产与配送为保障、以稳定供应链为基础、以高可靠性为保证的一体化协同生产模式的必经途径。再例如,以标准化为基础,大力提升航空产品的"三化"(通用化、系列化、组合化)水平,走基本型派生的产品研制道路,是提高军民航空产品构型管理的有效手段;也是充分利用现有产能,以最低投入,促进军民航空产业融合式发展,形成多样化的航空系列产品的最有效方式。

在民用航空市场中,航空运输公司在购买飞机的时候主要考虑两个因素:一是性能,即购买的飞机性能应满足使用要求;二是价格,即经济性,不仅仅是购买价格,飞机的运行与维护费用、燃油消耗率等都是航空运输公司关注的重点。因此,在民机市场竞争中,波音公司、空客公司等航空企业都致力于生产性能符合要求、经济性好的民用飞机,以赢得市场竞争。从某种程度上来说,这不仅仅是技术、管理上的竞争,更是标准的竞争。只有采用合适的、符合航空运输公司要求的技术标准,才能够确保在竞争中立于不败之地。在军用航空市场的竞争中,也同样如此,采用高水平标准的飞机往往具有更加优异的性能,更容易在市场竞争中赢得优势。

9.2　与工业设计相关的适航要求

9.2.1　民用航空器适航管理

民用航空器的适航性(Airworthiness)是指该航空器包括其部件及子系统整体性能和操纵特性在预期运行环境和使用限制下的安全性和物理完整性的一种品质,这种品质要求航空器应始终处于保持其型号设计和安全运行的状态。

适航标准是一类特殊的技术性标准,它是为保证实现民用航空器的适航性而制定的最低安全标准。适航标准与其他标准不同,它是国家法规的一部分,必须严格执行。

目前中国民用飞机设计经常接触的适航标准体系是:

(1) FAA(美国联邦航空局)的《联邦适航条例》(FAR)。

(2) EASA(欧洲航空安全局)的《联合适航条例》(JAR)。

(3) CAAC(中国民用航空局)的适航标准体系。

适航标准是长期工作经验的积累,吸取了历次飞行事故的教训,是经过必要的验证或论证及公开征求公众意见不断修订而成的。我国的适航标准主要参照目前国际上应用最广泛的欧洲适航标准和美国适航标准,结合我国的实际情况而制定,作为CCAR的组成部分。适航标准具有法规性、务实性、稳健性和平衡性,它是最基本的标准,同时又体现了经济利益[1]。

适航标准是维持航空器适航性的必然产物,而这个标准又是法定的、强制执行的最低安全标准,用这个标准去控制适航性,就需要进行适航管理。适航管理就是适航性控制,是以保障民用航空器的安全性为目标的技术管理,政府适航部门在制定的各种最低安全标准的基础上,对民用航空器的设计、制造、使用和维修等环节进行科学统一的审查、鉴定、监督和管理。民用航空器的适航管理分为初始适航和持续适航两大类。从航空器的设计、制造到航空器的使用、维修一直到退役为止,航空器的适航管理贯穿始终。

9.2.2　适航管理分类

适航管理分两类,分别是初始适航管理和持续适航管理。

1) 初始适航管理

初始适航管理是指航空器交付使用前,适航部门依据各类适航标准和规范,对民用航空器的设计与制造所进行的型号审定和生产许可审定,以保证航空器和航空器部件的设计、制造是按照适航部门的规定进行的，初始适航管理是对航空器设计、制造的控制。

2）持续适航管理

持续适航管理是在航空器满足初始适航标准和规范、满足型号设计要求、符合型号合格审定基础上，获得适航证投入运行后，保持其设计制造时基本安全标准或适航水平，并保障航空器能始终处于安全运行状态而进行的管理。持续适航管理是对航空器使用、维修的控制。

9.2.3　与工业设计相关的适航要求

工业设计相关适航规章如表 9-1～表 9-4 所示。

表 9-1　工业设计相关 CCAR

规　章　编　号	规　章　名　称	总局令号	日　期	重要度
CCAR-25-R4	运输类飞机适航标准	209	2011-11-07	★★★★★
CCAR-45-R1	民用航空器国籍登记规定	76	1998-06-10	★★★★★
CCAR-121-R4	大型飞机公共航空运输承运人运行合格审定规则	195	2010-01-04	★★★★★

表 9-2　工业设计相关 CTSO

规　章　编　号	规　章　名　称	日　期	重要度
CTSO-C13f	救生衣	2003-04-30	
CTSO-C22g	安全带	2003-04-30	
CTSO-C39b	航空器座椅和卧铺	2003-04-30	
CTSO-C70a	救生船（可翻转式和不可翻转式）	2011-05-30	
CTSO-2C601	航空地毯	2015-07-20	★★★★★

注：CTSO（适航技术标准规定）为适航审查时必须遵守的。

表 9-3　工业设计相关 AP

规　章　编　号	规　章　名　称	重要度	日　期	备注
AP-21-AA-2014-36	航空产品设计更改审定基础的确定程序	★	2014-01-26	
AP-45-AA-2008-01R3	民用航空器国籍登记管理程序	★	2008-12-15	

注：AP（Aviation Procedure 适航管理程序），为 CAAC 雇员必须执行的指令性文件。

表 9 - 4 工业设计相关 AC

规章编号	规章名称	总局令号	日期	重要度
AC - 21 - AA - 2013 - 14R6	航空器内、外部标记和标牌		2013 - 12 - 27	★★★★★
AC - 21 - AA - 2015 - 10R14	已获批准的民用航空产品和零部件目录		2015 - 04 - 30	★★★
AC - 121FS - 005	关于客舱乘务员执勤期/飞行时间和休息时间问题的意见		2001 - 12 - 24	★
AC - 121 - 20	关于旅客手提行李程序的咨询通告		2006 - 12 - 20	★
AC - 121 - 22	机组标准操作程序		2007 - 03 - 16	★
AC - 121 - 23	关于规范航空承运人飞行前准备的咨询通告		2007 - 04 - 05	★
AC - 121 - 55R1	航空器的修理和改装		2005 - 08 - 10	★★★
AC - 121 - 102R1	大型飞机公共航空运输机载应急医疗设备配备和训练		2011 - 03 - 28	★★★
AC - 121FS - 008	关于飞机上飞行机组睡眠区的要求		2002 - 06 - 18	★★★★
AC - 121 - FS - 2009 - 34	客舱训练设备和设施标准		2009 - 12 - 28	★★
AC - 121 - FS - 2009 - 35	关于制定空中颠簸管理程序防止人员伤害的要求		2009 - 12 - 28	★
AC 20 - 60	应急出口的可达性			

注：AC(Advisory Circular 适航咨询通告)，非强制性，也不是唯一的符合性验证方法。

9.3 国家标准

工业设计相关国家标准如表 9 - 5 所示。

表 9 - 5 工业设计相关国家标准

规章编号	规章名称	总局令号	生效日期	重要度
GB 2893 2008	安全色		2008	
GB/T 10000 - 1988	中国成年人人体尺寸		1988	
GB/T 10001.1 - 2012	公共信息图形符号　第 1 部分：通用符号		2012	

（续表）

规 章 编 号	规 章 名 称	总局令号	生效日期	重要度
GB/T 1252	图形符号　箭头及其应用		1989	
GB/T 12985 - 1991	在产品设计中应用人体尺寸百分位数的通则		1991	
GB/T 13379 - 2008	视觉工效学原则　室内工作场所照明		2008	
GB/T 13547 - 1992	工作空间人体尺寸		1992	
GB/T 14543	标志用图形符号的视觉设计原则		1993	
GB/T 14778 - 2008	安全色光通用规则		2008	
GB/T 15566.1 - 2007	公共信息导向系统　设置原则与要求　第 1 部分：总则		2007	
GB/T 15608 - 2006	中国颜色体系		2006	
GB/T 15759	人体模板设计和使用要求		1995	
GB/T 16252	成年人手部号型		1996	
GB/T 16903.1 - 2008	标志用图形符号表示规则　第 1 部分：公共信息图形符号的设计原则		2008	
GB/T 17245 - 2004	成年人人体惯性参数		2004	
GB/T 26158 - 2010	中国未成年人人体尺寸		2010	
GB/T 26382 - 2011	精梳毛织品		2011	
GB/T 3977 - 2008	颜色的表示方法		2008	
GB/T 4026 - 2010	人机界面标志标识的基本和安全规则　设备端子和导体终端的标识		2010	
GB/T 5698 - 2001	颜色术语		2001	
GB/T 7291 - 2008	图形符号　基于消费者需求的技术指南		2008	

9.4　行业标准

工业设计相关行业标准如表 9 - 6 与表 9 - 7 所示。

表 9 - 6 工业设计相关航空行业标准

规 章 编 号	规 章 名 称	重要度	分类号	生效日期
HB 6491 - 1991	飞机内部照明设备通用要求	★	6220	1991 - 10 - 01
HB 6784 - 1993	飞机内部和外部照明	★★	6220	1994 - 06 - 01
HB 7392 - 1996	民用飞机应急撤离照明要求	★★★★	6220	1996 - 10 - 01
HB 7404 - 1996	民用航空器救生位置灯最低性能要求	★	6220	1997 - 01 - 01
HB 7484 - 1997	民用飞机客舱照明要求	★★★★★	9910	1997 - 10 - 01
HB/Z 144 - 1989	飞机蒙皮用脂肪族聚氨酯涂层系统涂覆工艺	★	0182	1989 - 12 - 01
HB 6733 - 1993	飞机零部件和整机涂漆工业质量控制	★	0110	1994 - 03 - 01
HB 5470 - 1991	民用飞机舱内非金属材料燃烧性能要求	★★★	0143	1991 - 07 - 01
HB 7253 - 1995	飞机防火灭火系统通用规范		1680	1996 - 01 - 01
HB 7391 - 1996	旅客飞机供氧系统设计要求	★	1660	1996 - 10 - 01
HB/Z 277 - 1995	飞机舱内材料适火性设计准则	★★★★	0114	1996 - 01 - 01
HB 7662 - 1999	民用航空产品供应商质量保证要求	★	0110	1999 - 07 - 01
HB 8397 - 2013	民用运输类飞机应急撤离的安全要求	★★★	/	2013 - 09 - 01
HB 6102 - 1986	乘员应急离机救生系统名词术语	★★	1680	1987 - 05 - 01
HB 8396 - 2013	民用飞机内外部应急标识	★★★★	/	2013 - 09 - 01
HB 8397 - 2013	民用运输类飞机应急撤离的安全要求	★★★	/	2013 - 09 - 01
HB 7041 - 1994	航空行业非金属材料代码	★	0102	1995 - 01 - 01
HB 7123 - 1994	飞机内部噪声测量	★	0120	1995 - 06 - 01
HB 5888 - 2008	航空辅机产品用字体和符号	★★★	1100	2008 - 10 - 01
HB 6220 - 1989	公、英制尺寸的相互换算	★★	0199	1989 - 12 - 01
HB 6653 - 1992	民用航空器安全带最低性能要求	★	1680	1993 - 03 - 01
HB 6654 - 1992	民用航空器座椅和卧铺最低性能要求	★★	1680	1993 - 03 - 01
HB 6870 - 1993	飞机地板滑轨型式及尺寸	★	1670	1994 - 06 - 01

（续表）

规章编号	规章名称	重要度	分类号	生效日期
HB 7045 - 1994	民用飞机客舱内部装饰设计要求	★★★★★	1500	1995 - 01 - 01
HB 7047 - 2013	民用运输类飞机旅客座椅通用要求	★★★★★	1600	2013 - 09 - 01
HB 7048 - 1994	民用飞机旅客安全带设计要求	★★★	5325	1995 - 01 - 01
HB 7049 - 1994	民用飞机充气式救生衣设计要求	★	4220	1995 - 01 - 01
HB 7263 - 1995	民用飞机座椅垫燃烧试验方法	★	9910	1995 - 12 - 13
HB 7046 - 2013	民用运输类飞机驾驶员座椅通用要求	★	/	
HB 7050 - 1994	民用飞机厨房通用规范	★★★★★	1500	1995 - 01 - 01
HB 7051 - 1994	民用飞机盥洗室设计要求	★★★★★	4500	1995 - 01 - 01
HB 7085 - 1994	民用飞机乘员环境的防撞设计要求	★★	1680	1995 - 01 - 01
HB 7489 - 1997	民用飞机环境控制系统通用要求	★	0120	1997 - 10 - 01
HB 7729 - 2003	航空产品 CAD 文件管理规定	★★★	0102	2003 - 12 - 01
HB 7753 - 2005	CATIA 制图规则	★★	0112	2006 - 05 - 01
HB 7754 - 2005	CATIA 文字、尺寸与公差标注	★★	0112	2006 - 05 - 01
HB 6555 - 1991	飞行模拟器名词术语	★★	6930	1992 - 03 - 01
HB 7504.2 - 1997	飞行模拟器设计和性能的数据要求布局设计	★	9910	1997 - 10 - 01

表 9 - 7　工业设计相关其他行业标准

规章编号	规章名称	重要度	分类号	生效日期
MH 0005 - 1997	民用航空公共信息标志用图形符号			
MH 7005 - 1995	旅客运输机与直升机座舱卫生标准			
MHT 0004 - 1995	民用航空标准体系表			
MHT 3010.12 - 2006	民用航空器维修管理规范　第 12 部分：民用航空器的清洗			

（续表）

规 章 编 号	规 章 名 称	重要度	分类号	生效日期
MHT 3011.11 - 2006	民用航空器维修 地面安全 第11 部分：民用航空器局部喷漆、客舱整新和焊接			
MHT 3011.13 - 2006	民用航空器维修 地面安全 第13 部分：红色警告标记的使用			
MHT 6003 - 1996	民用航空器客舱内部装饰用塑料板材			
MHT 6007 - 1998	飞机清洗机			
MHT 6016 - 1999	飞机食品车			
MHT 6060 - 2010	航空地毯			
FZT 24005 - 2010	座椅用毛织品（关注航空航海类）			

9.5 国际自动机工程师学会

国际自动机工程师学会（Society of Automotive Engineers，SAE）是国际上最大的汽车工程学术组织，成立于 1905 年，研究对象是轿车、载重车及工程车、飞机、发动机、材料及制造等。每年新增或修订 600 余个汽车方面及航天航空工程方面的标准类文件。SAE 标准是世界上比较有影响力的工业标准，如表 9 - 8 所

表 9 - 8   工业设计相关 SAE 标准

规 章 编 号	规 章 名 称	重要度	发布日期	备 注
SAE AIR512 F	Aircraft Cabin Illumination		2014 - 01	
SAE ARP1315 E	Safety Considerations for Airplane Lavatories		2013 - 10	
SAE ARP503 G	(R) Emergency Evacuation Illumination		2015 - 12	
SAE ARP695 E	Galley System Design and Installation Criteria		2013 - 09	
SAE ARP712 B	Galley Lighting		2011 - 05	
SAE AS1426 Appendix II B	Standard Galley System Specification Appendix II 20.0 Data Requirements and Procedures		2013 - 03	
SAE AS8049 C	(R) Performance Standard for Seats in Civil Rotorcraft, Transport Aircraft, and General Aviation Aircraft		2015 - 08	

示,广泛地为航空航天领域、汽车行业及其他行业所采用。许多标准被美国国防部采用,并被采用为美国国家标准。SAE 标准分为三种:SAE - AMS 宇航材料标准、SAE - AS 宇航标准、SAE - GVS 地面车辆标准。

9.6　ARINC 标准

美国航空无线电联盟主要制定航空导航及通信设备规格、设备标准及材料指南,制定标准的机构为美国航空电工委员会(AEEC),由于在航空无线电设备领域发展较早,并且技术领先,因此其制定的标准也得到了世界航空领域的广泛认可。美国航空电工委员会(AEEC)是一个国际性标准化组织,主要致力于为飞机驾驶人员以及空间研究者提供相关标准,AEEC 的成员与相关工业领域人员密切合作,其中包括飞机制造商、航空电子设备供应商、航空电子设备元件供应商。这使得其制定的ARINC 标准成为在工业领域内获得广泛承认的标准。

ARINC 标准分为三种类型:ARINC 性能规范(ARINC Characteristics)、ARINC 标准规范(ARINC Specifications)、ARINC 报告(ARINC Reports)。ARINC 性能规范详细说明了航空电子设备的构成、装配和功能。AEEC 制定了两个系列的性能规范:ARINC - 700 系列和 ARINC - 500 系列。ARINC - 700 系列性能规范是从 20 世纪 80 年代初期至最近开发的,用于 B757、B767、A310 和 MD - 80 系列飞机。它们是老版本模拟式设备标准的数字式版本,数字式航空电子设备的崛起为设备集成和标准化提供了极大的机遇。ARINC - 700 系列性能规范参照了 ARINC - 600 系列的支持文件。AEEC 正在继续开发新的 ARINC - 700 系列性能规范和新的 ARINC - 600 系列支持文件。ARINC - 500 系列性能规范用于定义老的模拟式航空电子设备以及 1960 年以前生产的喷气式飞机。这些规范广泛用于 B727、DC - 9、DC - 10 以及早期的 B737、B747、A300 飞机。ARINC - 500 系列性能规范参照 ARINC - 400 系列支持文件。2005 年,又新增了两个系列,即ARINC - 800 系列和 ARINC - 900 系列,表 9 - 9 为工业设计相关 ARINC 标准。

表 9 - 9　工业设计相关标准

规 章 编 号	规 章 名 称	重要度	发布日期	备注
ARINC SPECIFICATION 810 - 5	Definition of Standard Interfaces for Galley Insert (Gain) Equipment Physical Interfaces		2015 - 11 - 23	

9.7　常用工业设计软件介绍

9.7.1　计算机辅助工业设计技术

计算机辅助工业设计(Computer Aided Industrial Design, CAID)是 ID 和

CAD 的有机结合,也是计算机辅助设计系统(CAD)的内部支持技术,即设计人员在计算机及其相应的计算机辅助工业设计软件系统的支持下,进行工业设计领域的各类设计活动。

CAID 以工业设计知识为主体,以计算机硬件、软件、信息存储、通信协议、周边设备和互联网等为技术支持,以信息科学为理论基础,包括信息离散化表述、扫描、处理、存储、传递、传感、物化、支持、集成和联网等领域的科学技术集合。

工业设计是一门比较综合性的学科,涉及了诸多知识领域,而工业设计解决的是人的需求问题,以人为本、张扬个性,所以 CAID 更应该关注人的因素,建立人与机器的互动模式。计算机辅助工业设计也包括了计算造型技术、多媒体技术、优化技术、虚拟现实技术、人机工程学等技术领域。计算机强大的信息处理能力为工业设计提供了良好的工具,可以辅助设计师进行方案的创意和表达,给设计工作者带来极大的方便。

与传统的工业设计相比,CAID 在设计方法、设计过程、设计质量和设计效率等各方面都发生了质的变化,它涉及了 CAD 技术、人工智能技术、多媒体技术、虚拟现实技术、敏捷制造、优化技术、模糊技术、人机工程学等许多信息技术领域,是一门综合的交叉性学科。

CAID 系统主要包括数字化建模、装配、评价、制造以及数字化信息交换等方面内容。

9.7.2　二维设计软件

与三维建模相比,使用 Photoshop、Illustrator、CorelDRAW、SketchBook 等图像处理软件和带压力感的数字化手写板来模拟手绘效果,可以更快得到产品预想效果。

9.7.2.1　Photoshop

Photoshop 是使用比较广泛的编修与绘图工具,可以有效地进行图片编辑、设计、修改等工作。其功能种类繁多,在图像、文字、图形、出版、视频等各方面都有涉及。Photoshop 亦可以用于产品设计效果图各种材质的表现和图片后期的处理,具有透视准确、材料质感逼真、可反复修改的优点。Photoshop 对产品设计的效果图表现、技法能力和意识创新进行了优化,在此软件中可以运用滤镜菜单中的程序模块来做产品特殊材质效果,如肌理、渐变等一些表现效果。Photoshop 的应用提高了设计工作的有效性,提供了探索、创新的产品表达方式,提高了工作效率,且易于修改,符合工业设计产品开发与创新的宗旨,图 9-1 所示为 Photoshop 二维操作界面。

9.7.2.2　CorelDRAW

CorelDRAW 也是平面矢量图设计软件(见图 9-2),它为设计师提供了页面设计、位图编辑、网页动画、工业产品造型设计、产品包装设计、标识等多种设计领域

图 9-1　Photoshop 二维操作界面

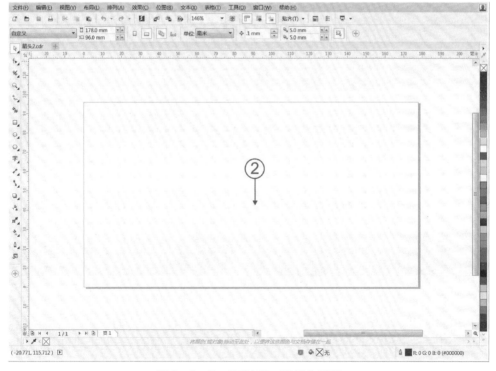

图 9-2　CorelDRAW 二维操作界面

的表现及制作方式。CorelDRAW 提供的智慧型绘图设计工具和新的动态向导使设计师的操控难度得以简化，从而可以更精确地创建图形的尺寸和位置，简化了软件操作步骤并节省了设计时间。

CorelDRAW 在工业产品设计领域，具备视图上色、复杂曲面、视图精描、金属质感等的表现方法以及产品绘图、产品系列感和产品分解图的综合表现方法，其中还包括 3D 的绘图技法。另外，它还适用于文字和图片的排版，创建、设计矢量图等功能，并具备软件输出、输出中心描述文件制作程序等功能，描述文件制作程序可协助进行专业打印。

CorelDRAW 的图形精确定位和变形控制方案给商标、标志等需要准确尺寸的设计带来了极大的便利。

9.7.2.3　Illustrator

Adobe Illustrator 是一种应用于出版和多媒体、在线图像的工业标准矢量插图的软件，如图 9 - 3 所示，作为一款非常好的图片处理工具，Adobe Illustrator 广泛应用于印刷出版、海报书籍排版、专业插画、多媒体图像处理和互联网页面的制作等，也可以为线稿提供较高的精度和控制，适合生产任何小型设计和大型的复杂项目。

图 9 - 3　Illustrator 绘图设计操作界面

Adobe Illustrator 提供丰富的像素描绘功能以及顺畅灵活的矢量图编辑功能。Adobe Illustrator 软件功能包括即时色彩、Adobe Flash 整合、绘图工具和控制项、提升作业效能、控制面板、橡皮擦工具、新增文件描述档、裁切区域工具、分离模式、Flash 符号等，这些智能化的功能与 Photoshop 相配合使用，可以创造出让人叹为观止的平面世界盛宴。

在效果上,Illustrator 是矢量绘图设计软件,使用 Illustrator 绘制的图形可以随意缩放,图像质量保持不变;在功能上,Illustrator 的鼠标绘图功能是最强大的,还有一些嫁接了 Photoshop 的滤镜,加上 Illustrator 自带的滤镜,可以让鼠标达到手绘的效果。

Illustrator 也常用于工业设计中,Illustrator 在产品设计中更多是为了更好地表现屏幕效果图以及各种材质与结构的结果表现。

9.7.2.4　SketchBook

SketchBook 是一款新一代的自然画图软件,比较偏向于绘图板的搭配。SketchBook 界面新颖动人,功能强大,并且仿手绘效果逼真,笔刷工具也相对比较丰富,可以自定义选择界面,功能比较人性化,绘画爱好者使用起来简单自如,其界面如图 9-4 所示。

图 9-4　SketchBook 界面

SketchBook 提供了智能而专业的矢量线段功能,非常适合设计师应用于工业设计产品的草图绘制。SketchBook 具备高质量的画笔、简单自然的用户界面、注释工具、背景模板等绘图功能,同时兼容数字图像以及 TIF、BMP、GIF、PNG 或 JPEG 等文件格式。

9.7.3　三维设计软件

9.7.3.1　3ds Max

3ds Max 是一款可用于三维建模、三维动画渲染和制作的软件,具有强大的角色动画制作功能,也是一款强大、高效的建模软件(见图 9-5)。其应用范围相对比较广泛,属于一款专为设计师和可视化专业人士量身定制的 3D 应用软件。多应用于影视、广告、建筑设计、工业设计、三维动画、游戏、多媒体制作、辅助教学以及工程可视化等领域。

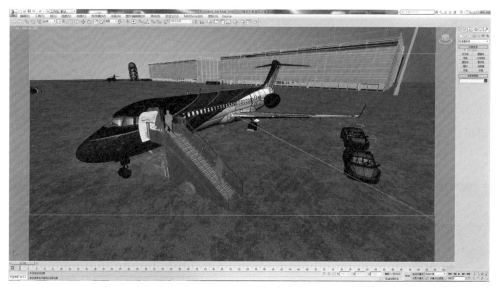

图 9 - 5　3ds Max 三维建模界面

3ds Max 的主要建模方式是网格式,原理就是将几何体或者表面分成适当数量的网格,通过对网格上的顶点、线段和多边形等元素进行编辑,以实现形态的编辑和调整。由于 3ds Max 没有足够的尺寸精度,因此不适合用于工业设计后期的工程流程,比如涉及机构设计和装配设计等工序。在工业设计的前期方案构思阶段,可以利用 3ds Max 进行快速建模和表现,充分利用虚拟三维效果,来实现对形态造型的探索和方案效果的推敲,从而实现其对工业设计的辅助应用,并且是比较适合前期的应用,因为工业设计的前期,尤其是概念开放、造型构思阶段,最能体现设计者的感性思维。

在建模上,3ds Max 有着极强的多边形建模能力,但 3ds Max 与 Rhino 相比,其 NURBS 工具因不够精确,并且无法进行尺寸的标注,所以在工业产品建模上具有一定的局限性。因此,将 Rhino 的精确建模与 3ds Max 的渲染动画互相搭配使用,才能在工业产品的设计及广告制作上产生完美的组合效果。

9.7.3.2　Rhino

Rhino 是一个以 NURBS 曲线技术为核心,以曲面的拼接与修剪为主要手段的建模软件(见图 9 - 6)。NURBS 是一种非常优秀的建模方式,它是在三维建模的内部空间用权限和曲面来做轮廓表现和外形,能够比传统的网格建模方式更好地控制物体表面的曲线度,从而能够创建出更逼真、更生动的造型。NURBS 建立的物体基于线数定义方式,准确性极高,对于具有复杂性曲面的物体,如人物、汽车等具有很大的优势。最大的优点是有多边形建模方法及编辑的灵活性,但是不依赖复杂网格细化表面,即 Rhino 可以在 Windows 系统中建立、编辑、分析和转换NURBS 曲线、曲面和实体而不受复杂度、阶数以及尺寸的限制。Rhino 也支持多边形网格和点云功能。

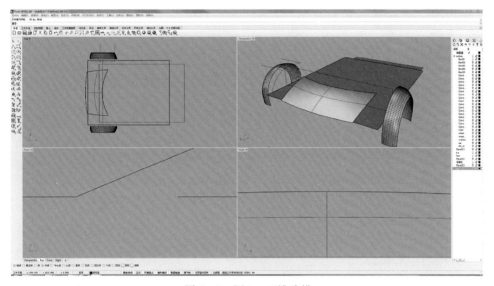

图 9 - 6　Rhino 三维建模

　　在工业设计的应用中,利用 Rhino 进行建模之前必须对要设计产品的造型有个系统的把握,对形体的各个面的形状和线条的走势以及面与面之间、线条与线条之间的过渡关系等都必须非常了解,是逻辑思维的综合应用,Rhino 的应用需要使用者具备相当的理性思维能力。对于工业设计而言,这种状态比较适合于后期设计师需要对自身的设计方案进行整理的阶段。

　　9.7.3.3　Alias

　　Alias Studiotools 软件是目前世界上最先进的工业造型设计软件(见图 9 - 7),是全球汽车和消费品造型设计的行业标准设计工具。Alias 软件包括 Studio/paint、Design/Studio、Studio、Surface/Studio 和 AutoStudio 五个部分,提供了从早期的草图绘制、造型,一直到制作可供加工采用的最终模型的各个阶段的设计工具。设计过程中,用户可实时地对其产品同时在顶视图、正视图、侧视图和透视图的四个窗口中进行交互式的构型、修型,先形成产品的造型框架,然后依用户所好给其装潢上色,最后还要进行光学效果处理,以模拟实物在实际光照下呈现的明暗层次。

　　Alias 是一套以曲面模型为基础的软件,用户在设计过程中,不必局限在传统实体模型的参考面、约束条件的限制下绘制模型,可以让设计师的创意得到很好的展现,Alias 可以随意地改变曲线及曲面形状。

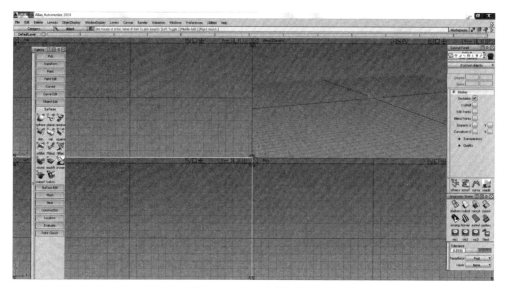

图 9 - 7　Alias 操作界面

9.7.4　三维渲染软件

9.7.4.1　V-Ray

V-Ray 是 3ds Max 的高级全局照明渲染器,是专业渲染引擎公司 Chaos Software 公司设计完成的拥有"光线跟踪"和"全局照明"的渲染器,用来代替 3ds Max 原有的"线性扫描渲染器"。V-Ray 还包括了其他增强特性如真实的三维运动模糊、级细三角面置换、焦散、通过 V-Ray 材质的调节完成次表面散射的 sss 效果和网络分布式渲染等等。

V-Ray 渲染器提供了一种特殊的材质——VrayMtl。在场景中使用该材质能够获得更加准确的物理照明(光能分布)、更快的渲染,反射和折射参数调节更方便。使用 VrayMtl,可以应用不同的纹理贴图,控制其反射和折射,增加凹凸贴图和置换贴图,强制直接进行全局照明计算,选择用于材质的 BRDF。V-Ray 可用于建筑设计、灯光设计、展示设计等多个领域(见图 9 - 8)。

9.7.4.2　Patchwork 3D

Patchwork 3D 是一款便捷的工业设计利器,广泛应用于汽车制造、航天航空、建筑设计、消费品包装等不同的工业设计领域,不仅节省了制作物理样机的成本,大大缩短了设计周期与费用,而且有效地拉近了使用者与设计者的沟通距离。

Patchwork 3D 能够实时把数模转化为可视化三维图像(见图 9 - 9)。内嵌的 Parasolid 几何引擎通过清量化处理、法线检查、贴图映射、轴心处理、烘焙贴图和增加材质等工艺流程,可以将普通的 CAD 文件渲染成逼真的互动 3D 展示内容;支持快捷实时拖放式渲染,通过基于 GPU 的渲染模式,创造照片级真实感的数字样机;在创建物理原型前便可以对产品模型的有效性进行评估和验证,简化项目审核流

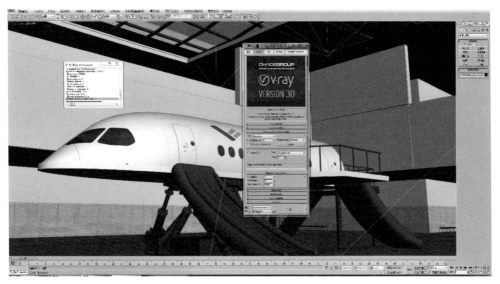

图 9 - 8　V-Ray 渲染界面

图 9 - 9　Patchwork 3D 三维操作界面

程，通过它，用户还可以实现多通道沉浸式虚拟现实体验，让设计师通过不同的交互式操作浏览产品模型。

　　基于 Patchwork 3D 独立的快捷实时渲染方式，用户只需将材质文件拖拽到模型表面，即可轻松地改变当前模型的材质和纹理，可以快速实时地变更产品样式；Patchwork 3D 的数字样机基于原始的真实 CAD 数据，可直接获取 2D 和 3D 图像，通过基于 GPU 的渲染模式，创造出照片级真实感数字样机，获取逼真的视觉体验。

　　Patchwork 3D 具备实时渲染计算功能，包括分布式计算功能；有多种格式（含

CATIA)模型导入能力,可优化处理模型。

　　进行渲染前,做好模型导入、尺寸调整、光照设置、光源调整的前期设置准备。通常在实时渲染软件中,对于面料材质的精确表达参数有漫射、反射强度、反射光泽度、透明强度、凹凸贴图五种,实时渲染的精确表达就是研究众多参数之间的优化组合。精确材质是由多种参数组合决定的,研究其中哪些参数组合一起时,起主要影响作用,就能高效地制作符合效果表达需求的材质,如图 9-10 所示。如制作镜子材质时,反射强度和反射光泽度起到主要影响作用;制作布料材质时,漫射和凹凸贴图起到主要影响作用。制定优化的组合,并针对不同材质(如木材、金属等)制作实例。

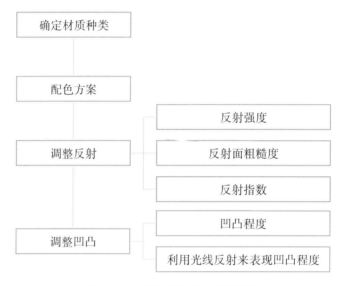

图 9-10　精确材质表达设置流程

　　在民机客舱设计中,普通渲染软件表达出来的座椅、侧壁板、分舱板质感生硬,客舱光线不饱满,色调灰暗,如图 9-11 所示,整体视觉效果苍白单一。应用 Patchwork 3D 实时渲染表达客舱整体场景,调整各部件的反射强度(Intensity)、反射面粗糙度(Roughness)、反射指数(Refraction index)、凹凸程度(Diffuse depth)、利用光线反射来表现凹凸程度(Reflection depth),为整体客舱光照(Lighting)设置灯光种类,光源调整渲染完成后,各部件形态立体丰满,客舱光线柔和均匀,如图 9-12 所示,整体视觉效果丰富饱满。

　　Patchwork 3D 是航空业内较多使用的实时渲染软件,具有导入 CATIA、CAD 等工业模型和逼真的材质编辑功能,真实的全局光照和点光源系统以及同屏方案对比等功能。基于此软件进行的实时渲染操作应用,具体适用于以下范围。

　　(1) 客舱内饰设计:客舱内工业产品配色及纹样设计,飞机客舱内饰整体空间的渲染及局部场景渲染。

图 9 - 11　客舱场景实时渲染应用前

图 9 - 12　客舱场景实时渲染应用后

　　(2) 飞机外表涂装设计：飞机外表涂装配色、图案设计及机身渲染。

　　(3) 地面支援设备(GSE)设计：地面设备配件材质性能展示及方案对比。

　　(4) 公司宣传资料、宣传片：形象生动的公司企业文化及产品演示。

　　(5) 客户选型：展示方案的过程中，可进行产品演示动画及实时方案对比。

　　(6) 技术出版物插图绘制：需要渲染的部分插图可进行逼真绘制渲染。

　　(7) 三维虚拟培训课件：培训课程实时交互，生动真实便于教学演示。

　　实时渲染技术在以上这些领域的应用，极大地提高了设计可视化的效率，革新了设计流程。

　　结合操作过程中对理论参数的调整及其与实际参数的比对，得出参数更改对设计效果的影响，从而得到实时渲染精确表达在实际设计过程中的应用结果。将实时渲染技术与客舱内饰设计进行有机结合，同时延伸到飞机外表涂装设计、地面支援设备(GSE)设计、公司宣传资料宣传片、客户选型、技术出版物插图绘制、三维虚拟培训课件等方方面面的设计中，达到提高设计效率、革新设计流程的目的。

9.7.4.3　Showcase

Showcase 软件可以利用三维 CAD 数据创建逼真、精确、动人的图像，快速对多种设计方案进行评估。

作为 Autodesk 数字样机解决方案的组成部分，Showcase 可以帮助设计师表现概念设计的外形和品牌特色，同时可以使用 Showcase 演示多个设计方案。照片级真实感的图像有利于工作人员浏览实际环境下的设计方案，更迅速地批准设计，也便于工作人员实现经济高效的评审流程。

Showcase 能够帮助设计师快速、清晰地交流自己的创意，它支持设计人员为数字样机创建出色的三维可视化效果图，并将其放在真实的环境中。可以利用数字样机来反映不同的材质和几何图形。借助 Showcase，可以生成照片级真实感的图片，精确表现真实的材质、照明和环境。这一切在转瞬间即可完成。

Showcase 让可视化功能更易于使用，其拥有令人惊叹的设计演示文稿。凭借简单的用户界面、完备的应用编程接口和脚本语言，Showcase 可以适应不同水平的用户并满足其需求。在同一应用软件中，可以利用三维 CAD 数据准备、处理和演示高质量的逼真图像。

9.7.4.4　KeyShot

KeyShot 是一个互动性的光线追踪与全域光渲染程序，无须复杂的设定即可产生相片般真实的 3D 渲染影像。KeyShot 能在 Mac 和 PC 上支持多种 3D 文件格式的同时快速创建惊人的效果图，并有专为 3D 数据设计的、基于 CPU 独立的 3D 渲染器和动画系统，为设计师和工程师提供简单快速地创建逼真图片和 3D 动画模型的功能。

KeyShot 相较于其他渲染器比较快速，可以同时改变很多参数，在改变的同时设计师就可以看到相应的效果。KeyShot 可呈现准确的 3D 数据，并且设有唯一的渲染引擎，软件提供最精确的图像，可以在几秒钟时间内结合 3D 场景。

9.7.5　通用 CAD 软件

通用的 CAD 软件一般用于产品的工程对接。

9.7.5.1　CATIA

CATIA 内容涵盖了从概念设计、工业设计、三维建模、分析计算、动态模拟与仿真、工程图的生成到生产加工产品的全过程，其中还包括了大量的电缆和管道布线、各种磨具设计与分析、人机交换等实用模块。CATIA 不但能够保证企业内部设计部门之间的协同设计功能，而且可以提供企业整个集成的设计流程和端对端的解决方案。

CATIA 同时提供了对曲面重建及逆向工程的支持,允许点云的方式生成曲面,并对其进行优化和动态修改。

CATIA 主要应用于飞机工业、汽车工业、摩托车行业、季节、电子、加点与 3C 产业、NC 加工和造船业及厂房设计,它的特点在于提供了变量驱动及后参数化能力,使设计者不必考虑如何将设计目标参数化。其中,CATIASTYLER 模块提供了处理复杂型面及外表面设计的解决方案,也是计算机辅助工业设计造型设计的理想工具,图 9-13 为 CATIA 操作界面。

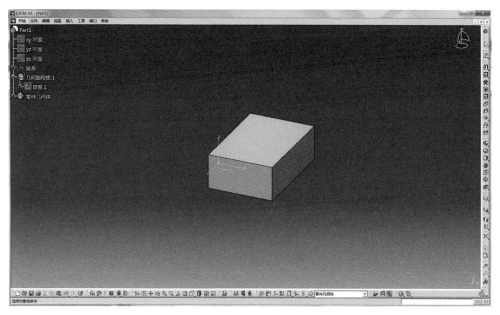

图 9-13　CATIA 操作界面

UG 是一个交互式计算机辅助设计与计算机辅助制造系统,功能强大,可以轻松实现各种复杂实体及造型的建构。它在诞生之初主要用于工作站,但随着 PC 硬件的发展和个人用户的迅速增长,它在 PC 上的应用取得了迅猛的增长,已经成为模具行业三维设计的一个主流应用。

工业设计方面,利用 UG 建模能够迅速建立和改进复杂的产品形状,并且使用先进的渲染和可视化工具来最大限度地满足设计概念的审美要求。

UG 在产品设计方面包括了世界上最强大、最广泛的产品设计应用模块。它具有高性能的机械设计和制图功能,为制造设计提供了高性能和灵活性,以满足客户设计任何复杂产品的需要。UG 优于通用的设计工具,具有专业的管路和线路设计系统、钣金模块、专用塑料件设计模块和其他行业设计所需的专业应用程序。

9.7.5.2　SolidWorks

SolidWorks 软件功能强大,组件繁多,并且有易学易用和技术创新的特点,这使得 SolidWorks 成为领先的、主流的三维 CAD 解决方案。SolidWorks 能够提供不同的设计方案,减少设计过程中的错误以及提高产品质量。

SolidWorks 软件体系结构中配置管理是非常独特的一部分,它涉及零件设计、装配设计和工程图。配置管理使得用户能够在一个 CAD 文档中,通过对不同参数的变换和组合,派生出不同的零件或装配体。

9.7.5.3　Pro/E

Pro/E 是一款 CAD/CAM/CAE 一体化的三维软件。它是参数化技术的最早应用者,在国内产品设计领域占有重要地位。Pro/E 采用了模块方式,可以分别进行草图绘制、零件制作、装配设计、钣金设计、加工处理等,用户可以按需选择使用。Pro/E 能够将设计至生产全过程集成到一起,实现并行工程设计。它不但可以应用于工作站,而且也可以应用到单机上。

9.7.5.4　AutoCAD

AutoCAD 是一款自动计算机辅助设计软件,用于二维绘图、详细绘制、设计文档和基本三维设计,现在已经成为国际流行的绘图工具。它具有完善的图形绘制功能和图形编辑功能,可以采用多种方式进行二次开发或用户定制;可以进行多种图形格式的转换,具有较强的数据交换能力;支持多种硬件设备和操作平台,广泛用于土木建筑、装饰装潢、机械设计、航空航天等诸多领域,图 9-14 为 CAD 操作界面。

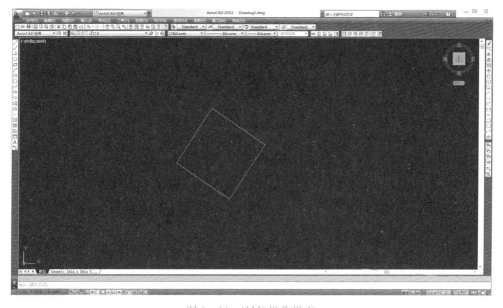

图 9-14　CAD 操作界面

9.7.6　多媒体设计软件

9.7.6.1　After Effects

作为一款图形视频处理软件,After Effects 软件可以高效且精确地创建无数种引人注目的动态图形和震撼人心的视觉效果。利用与其他 Adobe 软件无与伦比的紧密集成和高度灵活的 2D 和 3D 合成以及数百种预设的效果和动画,为电影、视频、DVD 和 Macromedia Flash 作品增添令人耳目一新的效果。

After Effects 软件具有强大的路径功能,可以轻松绘制动画路径或者加入动画模糊。同时还具有强大的特技控制,After Effects 使用多达几百种的插件修饰增强图像效果和动画控制,可以同其他 Adobe 软件和三维软件结合,还可以在导入 Photoshop 和 Illustrator 文件时,保留层信息。

After Effects 软件具有高质量的视频、多层剪辑、高效的关键帧编辑、无与伦比的准确性、高效的渲染效果、渲染和编码、同时渲染多个帧多重处理的功能。

9.7.6.2　Adobe Promiere

Adobe Promiere 功能主要包括功能、影音文件的压缩合成、与线性设备的实时对接等。一般来说,影视制作人员首先将拍摄来的素材在线性编辑机上进行简单的对编,然后通过视频采集设备,使用非线性编辑软件采集至硬盘,再在 PC 平台上使用非线性编辑软件进行编辑,最后合成、存盘或刻录,或者直接利用实时系统录制到磁带上。从采集到成品输出,非线性编辑软件颠覆了以往的电子对编和特技模式,使编辑更加随心所欲,效果更加酣畅淋漓。Promiere 正是非线性编辑软件中的佼佼者,也是当之无愧的经典软件。

Adobe Promiere 有以下几项内容分类:

(1)项目。在此对工作项目及素材进行设置和管理。

(2)时间线。相当于 Photoshop 中的工作区,在此以时间的次序和分轨(分层)的方式对素材进行编辑。

(3)工具。对素材进行相应的操作。

(4)特效。包含音频、视频和转场三个部分的特殊效果。

(5)插件。与 Adobe 的其他软件一样,Promiere 也有开放式的插件管理系统。

参考文献

[1]　曲景文.世界通用飞机[M].北京:航空工业出版社,2014.

缩　略　语

ABS　　　acrylonitrile butadiene styrene　丙烯腈-丁二烯-苯乙烯共聚物
ACJ　　　airbus corporate jets　空客公务机
AC　　　　Advisory Circular　适航咨询通告
AEEC　　American Airlines Electrotechnical Commission　美国航空电工委员会
AI　　　　Adobe Illustrator　某种软件名称
AP　　　　Aviation Procedure　适航管理程序
APP　　　Application　应用程序
ARINC　　Aeronautical Radio Inc.　美国爱瑞克公司,全名为航空无线电通信公司
BBJ　　　Boeing business jets　波音公务机
CAAC　　China Civil Aviation Administration　中国民用航空局
CAD　　　computer aided design　计算机辅助设计
CAID　　computer aided industrial design　计算机辅助工业设计
CATIA　　Computer Aided Three-dimensional Interactive Application　某种软件名称
CCAR　　China Civil Aviation Regulations　中国民航规章
CMF　　　color/material/finishing　色彩/材料/表面装饰
CTSO　　China Civil Aviation Technical Standards　中国民用航空技术标准规定
CES　　　Cambridge Engineering Selector　剑桥工程选择器,一种支持 CMF 工作的软件
DPI　　　dots per inch　每英寸点数,量度单位
EASA　　European Aviation Safety Agency　欧洲航空安全局
FAA　　　Federal Aviation Administration　美国联邦航空管理局
FZT　　　中华人民共和国纺织行业标准
GB　　　　中华人民共和国国家标准
HB　　　　中华人民共和国航空工业标准

索　引

大飞机出版工程

书 目

一期书目（已出版）

《超声速飞机空气动力学和飞行力学》（译著）

《大型客机计算流体力学应用与发展》

《民用飞机总体设计》

《飞机飞行手册》（译著）

《运输类飞机的空气动力设计》（译著）

《雅克-42M和雅克-242飞机草图设计》（译著）

《飞机气动弹性力学和载荷导论》（译著）

《飞机推进》（译著）

《飞机燃油系统》（译著）

《全球航空业》（译著）

《航空发展的历程与真相》（译著）

二期书目（已出版）

《大型客机设计制造与使用经济性研究》

《飞机电气和电子系统——原理、维护和使用》（译著）

《民用飞机航空电子系统》

《非线性有限元及其在飞机结构设计中的应用》

《民用飞机复合材料结构设计与验证》

《飞机复合材料结构设计与分析》（译著）

《飞机复合材料结构强度分析》

《复合材料飞机结构强度设计与验证概论》

《复合材料连接》

《飞机结构设计与强度计算》

三期书目（已出版）

《适航理念与原则》

《适航性：航空器合格审定导论》（译著）

《民用飞机系统安全性设计与评估技术概论》

《民用航空器噪声合格审定概论》

《机载软件研制流程最佳实践》

《民用飞机金属结构耐久性与损伤容限设计》

《机载软件适航标准 DO‐178B/C 研究》

《运输类飞机合格审定飞行试验指南》(编译)

《民用飞机复合材料结构适航验证概论》

《民用运输类飞机驾驶舱人为因素设计原则》

四期书目(已出版)

《航空燃气涡轮发动机工作原理及性能》

《航空发动机结构强度设计问题》

《航空燃气轮机涡轮气体动力学：流动机理及气动设计》

《先进燃气轮机燃烧室设计研发》

《航空燃气涡轮发动机控制》

《航空涡轮风扇发动机试验技术与方法》

《航空压气机气动热力学理论与应用》

《燃气涡轮发动机性能》(译著)

《航空发动机进排气系统气动热力学》

《燃气涡轮推进系统》(译著)

《燃气涡轮发动机的传热和空气系统》

五期书目(已出版)

《民机飞行控制系统设计的理论与方法》

《民机导航系统》

《民机液压系统》(英文版)

《民机供电系统》

《民机传感器系统》

《飞行仿真技术》

《民机飞控系统适航性设计与验证》

《大型运输机飞行控制系统试验技术》

《飞行控制系统设计和实现中的问题》(译著)

《现代飞机飞行控制系统工程》

六期书目(已出版)

《民用飞机构件先进成形技术》

《民用飞机热表特种工艺技术》

《航空发动机高温合金大型铸件精密成型技术》

《飞机材料与结构检测技术》

《民用飞机构件数控加工技术》

《民用飞机复合材料结构制造技术》

《民用飞机自动化装配系统与装备》

《复合材料连接技术》

《先进复合材料的制造工艺》(译著)

七期书目(已出版)

《支线飞机设计流程与关键技术管理》

《支线飞机验证试飞技术》

《支线飞机电传飞行控制系统研发及验证》

《支线飞机适航符合性设计与验证》

《支线飞机市场研究技术与方法》

《支线飞机设计技术实践与创新》

《支线飞机项目管理》

《支线飞机自动飞行与飞行管理设计与验证》

《支线飞机电磁环境效应设计与验证》

《支线飞机动力装置系统设计与验证》

《支线飞机强度设计与验证》

《支线飞机结构设计与验证》

《支线飞机环控系统研发与验证》

《支线飞机运行支持技术》

《支线飞机项目发展历程、探索与创新》

《飞机运行安全与事故调查技术》

《基于可靠性的飞机维修优化》

《民用飞机实时监控与健康管理》

《民用飞机工业设计的理论与实践》

《民用运输类飞机驾驶舱人为因素设计原则》

国际版

《动态工程系统的可靠性分析：快速分析法和航空航天应用》(英文版)

《商用飞机液压系统》(英文版)

《涡量空气动力学原理》(英文版)

《基于可靠性的飞机维修优化和应用》(英文版)

复合材料手册系列

《聚合物基复合材料——结构材料表征指南》(译著)

《聚合物基复合材料——材料性能》(译著)

《聚合物基复合材料——材料应用、设计和分析》(译著)

《复合材料夹层性能》(译著)

《夹层结构手册》(译著)

《金属基复合材料手册》(译著)

民机系统工程与项目管理丛书

《商用飞机系统工程》(译著)

《中国商用飞机有限责任公司系统工程手册》

《飞机设计——基于系统工程方法》(译著)

航空市场及运营管理研究系列

《民用飞机设计及飞行计划理论》

《民用飞机销售支援与客户价值》

《商用飞机经济性》

《民用飞机选型与客户化》

《民用飞机销售支援定性与定量模型》

其他

《民机空气动力设计先进技术》

《飞机客舱舒适性设计》

《上海民用航空产业发展研究》

《政策法规对民用飞机产业发展的影响》

《特殊场务条件下的民机飞行试验概论》

《国际航空法》(译著)

《民用飞机飞行试验风险评估指南》

《现代飞机飞行动力学与控制》

《英汉航空技术缩略语词典》

《运输类飞机驾驶舱人为因素设计评估指南》

《推进原理与设计》

《工程师用空气动力学》(译著)

《飞机喷管的理论与实践》(译著)

《大飞机飞行控制律的原理与应用》(译著)

论文集

《航空公司运营经济性分析与飞行设计》

《民用驾驶舱人机工效综合仿真理论与方法研究》

《民用飞机设计与运营经济性及成本指数》

《商用飞机技术经济性》